中国乾燥地の環境と開発
―― 自然、生業と環境保全 ――

北川 秀樹
【編著】

成文堂

はしがき

　中国陝西省の省都・西安を2000年8月にはじめて訪問してから今年ではや15年となる。この間訪中は40数回を数えたが、その大半は陝西省を訪問している。とりわけ2000年代前半は中国政府が内陸部の開発を進めるために始動させた西部大開発戦略のプロジェクト実施の高揚期であり、スローガンを掲載した横断幕が市中心部の東大街に掲げられていたのを思い出す。

　学生の頃から、唐代をはじめとする中国古代の文化、シルクロードによる東西文化の交流に深い関心を持っていた編者にとり、90年代から数多く報道されるようになった中国の環境汚染と破壊は懸念を抱かせるものであった。私の最初の西安への関心は研究というより、内陸部の環境悪化は直接、間接に一衣帯水の日本の環境に大きな影響を与えるため、京都とつながりの深い西安を含む西北地域の自然環境の保全に貢献したいということであった。初回訪問時に、西北大学の馬乃至教授に案内してもらい、西安市南部の秦嶺山脈を視察した。当地に生息するパンダ、キンシコウなどの貴重動物や暖温帯植物の多様な生物多様性に感動した。これを契機にNPO法人環境保全ネットワーク京都を2002年に立ち上げ、社会貢献として現在まで西安市近郊の黄土丘陵で植樹活動を継続している。

　その後、本学社会科学研究所の共同研究や科学研究費補助金による研究活動の中で、陝西省北部の延安、楡林、寧夏回族自治区、甘粛省にも足を延ばし、その自然と文化に触れてきた。西北地域は黄土に覆われた高原や砂漠・砂地が広がっており、その特徴として降水量が少ないこと、耕地開発や放牧により植被が失われたため、降水による表土の流失（水土流失）が深刻であることなどが挙げられる。一方で西部大開発戦略の下で、西北地域も道路、高速鉄道、ダム、発電所、鉱山などインフラ整備が進み、経済が急速に発展した。しかし、このような脆弱な自然環境はいったん破壊されてしまうと再び回復することはきわめて困難である。環境に配慮しながらいかに持続可能な発展を図っていくか、そのためにどのような政策を志向すべきか。

　本書はこのような認識を出発点として進めてきた龍谷大学社会科学研究所

指定研究「中国西北部・乾燥地における大規模開発と環境保全政策に関する研究」（2011-2013年度）の成果である。共同研究者は自然科学、社会科学および人文科学を専門とし、主に中国をフィールドとする研究者であり、それぞれの専門領域から西北地域の自然、生業、環境保全について考察している。これにより西北地域の厳しい自然の現状、営まれている生業（農林業）、環境保全のための対策などを一定程度明らかにできたのではないかと考える。なお、研究調査の実施にご協力いただいた陝西省林業庁の技術職員の方の論文を特別寄稿として掲載した。

　本書の完成に至るまでには、中国の多くの関係機関や研究者に調査にご協力いただいた。謝意を表したい。また、編集、校正に当たりお世話になった成文堂の飯村晃弘氏にお礼を申し上げる。なお、本書の刊行に当たっては、龍谷大学社会科学研究所より出版助成をいただいた。記してお礼申し上げる。

　中国西北地域は広く、さまざまな自然環境を抱えている。本書はその一端を取り上げたに過ぎず、今後よりきめ細かい調査研究と分析・考察が必要であろう。読者の方々から忌憚のないご意見、ご批判を賜れば幸いである。

2015年1月吉日

編著者　北川　秀樹

目　　次

序章　中国西北部・乾燥地の環境と開発——現状と課題——
　　　………………………………………………… 北川秀樹　　1

第1部　自然と環境保全政策

第1章　中国西北地域における近年の気候の変化と
　　　　異常気象現象……………………………… 増田啓子　　13
　第1節　中国西北地域の概況（13）
　第2節　中国西北地域の気候分布（16）
　　1　1961-2010年における年平均最高・最低気温および年降水量（16）
　　2　中国西北地域の年平均気温および年降水量の平年値の特徴（17）
　　3　中国西北地域の近年の異常高温の発生状況（20）
　第3節　中国における気温の長期的変動（21）
　　1　全国における年平均気温、年降水量（21）
　　2　中国西北地域における年平均気温、年降水量（23）
　　（1）気温（24）
　　（2）降水量（26）
　第4節　中国西北地域の自然災害・異常気象（地震を除く）（29）
　第5節　中国西北地域の乾燥化、強風化による砂塵嵐
　　　　（duststorm, sandstorm）（33）

第2章　中国の環境政策とガバナンス
　　　　——西北地域における環境保護政策——　…… 北川秀樹　　45
　はじめに（45）
　第1節　深刻化する環境問題と群体性事件（46）

1　PM2.5（*46*）
　　2　土壌汚染（*47*）
　　3　群体性事件（*50*）
　第2節　習近平政権の環境政策（*51*）
　　1　生態文明の提起（*51*）
　　2　18期3中全会の決定（*53*）
　　（1）自然資源財産権制度と用途管理制度の健全化（*53*）
　　（2）生態保護の方針の確定（*53*）
　　（3）資源有償使用制度と生態補償制度の実行（*54*）
　　（4）生態環境保護管理体制の改革（*54*）
　　3　環境法の動向（*55*）
　　（1）法体系（*55*）
　　（2）環境保護法の改正（*57*）
　第3節　西部大開発と生態環境保全（*61*）
　　1　西北地域の成果と課題（*61*）
　　2　環境政策についての考察（*64*）
　　（1）環境影響評価制度（*64*）
　　（2）生態補償制度（*73*）
　おわりに（*80*）

第3章　中国資源税制度30年の成果と課題　………　何彦旻　　89
　はじめに（*89*）
　第1節　中国の資源税制度成立の経緯および史的変遷（*90*）
　　1　中国の資源税制度成立の経緯（*90*）
　　2　中国資源税制度の史的変遷（*91*）
　　（1）第一段階の資源税制度：1984年から1986年まで（*91*）
　　（2）第二段階の資源税制度：1986年から1993年まで（*92*）
　　（3）第三段階の資源税制度：1994年から2011年10月31日まで（*96*）
　　（4）第四段階の資源税制度：2011年11月1日以降（*98*）
　第2節　中国資源税制度の評価と課題（*101*）

    1　中国資源税制度の評価（*101*）
    2　中国資源税制度の課題（*105*）
  おわりに（*108*）

第2部　農業と水資源、土地

第4章　乾燥・半乾燥地域の農業開発と水資源保全
　　　　……………………………………… 窪田順平　*117*
  第1節　問題の所在と本章の目指すもの（*117*）
    1　乾燥・半乾燥地域の大規模灌漑農地開発（*117*）
    2　乾燥・半乾燥地域の農業開発はなぜ問題か：グリーンウォーターと
       ブルーウォーター（*118*）
    3　本章の目指すもの（*119*）
  第2節　中央ユーラシア乾燥・半乾燥地域（*120*）
    1　地域の概要（*120*）
    2　中央ユーラシアの多様な気候・生態系と農牧複合（*121*）
  第3節　中央ユーラシアの大規模農業開発と水資源への影響（*124*）
    1　黒河流域の水循環と近年の水不足（*124*）
    2　タリム河流域の事例（*127*）
    3　アラル海流域の事例（*128*）
  第4節　まとめと今後の課題（*131*）

第5章　中国西北農村における水資源管理体制の改革と
　　　　その効果——甘粛省張掖オアシスを例に——
　　　　……………………………………… 山田七絵　*135*
  はじめに（*135*）
  第1節　中国における水資源問題（*137*）
  第2節　水資源開発と関連政策の変遷（*139*）
    1　水資源開発政策の展開（*139*）
    （1）建設の時代（1949～1980年）（*139*）

（2）農民負担の時代（1980〜2000年）（*142*）
　　　（3）市場化と分権化の時代（2001年〜）（*143*）
　　2　水利建設の展開と政府水利投資の変化（*145*）
　　　（1）農業水利建設の展開（*145*）
　　　（2）政策投資額の推移（*148*）
　　3　中国版 PIM の評価（*149*）
　　　（1）中国版 PIM モデルの性格（*149*）
　　　（2）農民用水者協会の評価（*151*）
　第3節　甘粛省張掖オアシスにおける節水型農業モデルの
　　　　　推進と環境への影響（*154*）
　　1　調査地域における水資源問題と政策的対応（*154*）
　　　（1）地域の概況（*154*）
　　　（2）水資源問題と節水型農業の普及（*156*）
　　　（3）農業の現代化と環境汚染問題（*157*）
　　2　末端水管理体制の改革とその効果（*159*）
　　　（1）農村基層の水管理体制（*159*）
　おわりに（*166*）

第6章　陝西省関中三渠をめぐる古代・近代そして現代
　　　　　……………………………………………… 村松弘一　　*175*

　はじめに——関中平原と水利施設——（*175*）
　第1節　涇恵渠の履歴（*176*）
　　1　涇恵渠を訪れる（*176*）
　　2　秦・鄭国渠と漢・白渠（*178*）
　第2節　洛恵渠の履歴（*181*）
　　1　洛恵渠を訪れる（*181*）
　　2　漢の龍首渠（*182*）
　第3節　渭恵渠の履歴（*184*）
　　1　渭恵渠を訪れる（*184*）
　　2　漢の成国渠（*186*）

第4節　関中三渠の整備——近代中国と漢王朝——（*188*）
　おわりに（*191*）

第7章　中国の農地抵当権制度をめぐる諸問題
　　　　………………………………………………… 奥田進一　*197*
　第1節　問題の所在（*197*）
　第2節　農村集団所有権と権利主体（*198*）
　第3節　農村土地請負経営権の法的性質（*202*）
　第4節　荒地利用権の法的性質（*204*）
　第5節　農村土地請負経営権流動化の試み
　　　　——抵当権設定を中心として——（*207*）
　第6節　農村土地請負経営権流動化の阻害要因——将来の展望——（*211*）

第3部　砂漠化防止と自然保護

第8章　政府主導下の中国乾燥半乾燥地砂漠化対策の歩みと
　　　　特徴………………………………………… 金紅実　*217*
　はじめに（*217*）
　第1節　土地の荒廃化・砂漠化と地域社会のグリーン民生（*218*）
　第2節　三北防護林建設事業の30年（1978-2008）（*223*）
　第3節　京津風沙源対策の10年間（2001-2010）（*228*）
　おわりに（*235*）

第9章　中国の乾燥地における草原生態系自然保護区の
　　　　現状と課題…………………………… 谷垣岳人　*239*
　はじめに（*239*）
　第1節　中国の乾燥地（*240*）
　第2節　寧夏雲霧山国家級草原自然保護区の概要（*243*）
　第3節　雲霧山自然保護区の生物多様性（*246*）
　第4節　雲霧山自然保護区の保護管理および研究（*247*）

第5節　雲霧山自然保護区の問題点（248）

おわりに（250）

第4部　【特別寄稿】陝西省の林業と持続可能な発展

第10章　陝西省の乾燥地域に文冠果を植栽する優位性、問題および対策……………………… 郭俊栄　谷飛雲　255

第1節　文冠果の成長特性（255）

第2節　文冠果資源についての調査（256）

第3節　文冠果の分布（259）

第4節　文冠果の栽培地域分類（259）

　1　文冠果の成長しやすい地域（259）

　2　文冠果が一般成長する地域（260）

　3　文冠果成長に適さない地域（260）

第5節　文冠果を栽培する利点（260）

　1　干ばつ地区の植生回復のパイオニア植物（260）

　2　都市、道路の風景植物（261）

　3　良質の花蜜資源（262）

　4　健康食品と漢方薬の原料（262）

　5　バイオマスエネルギー（262）

　6　食用油とたんぱく質添加剤（264）

第6節　問題と対策（265）

　1　生態優先の理念を提唱し、文冠果の生態効果を発揮する（265）

　2　混合林を形成し、病害と虫害のまん延を予防する（265）

　3　良質な種類を選び、文冠果の産量を高める（266）

　4　文冠果の総合利用技術の研究を展開する（266）

第11章　陝北モウス砂地における針葉樹造林の総合技術およびその応用研究 …………………………… 漆喜林　*269*

第1節　砂の障壁（草方格）の建設技術および応用効果（*270*）
1. 砂の障壁の主要な建設技術（*271*）
2. 砂の障壁による風蝕、砂漠化の抑制効果（*272*）
3. 砂の障壁によって造林効果を高める役割（*272*）
4. まとめ（*274*）

第2節　バスケット（かご）植林技術と応用効果（*275*）
1. バスケット植林の主要技術（*275*）
2. バスケット植林により風蝕と砂漠化をコントロールする（*277*）
3. バスケット植林技術により土壌の水分量を高める（*277*）
4. バスケット植林技術により土壌の養分状況を改善する（*278*）
5. バスケット造林技術により他の特性を改善する（*278*）
6. バスケット造林技術により造林効果を高める（*279*）
7. バスケット造林技術のバイオマス調節メカニズム（*280*）
8. 要約（*281*）

第3節　混成造林技術および応用の効果（*283*）
1. 混成林の主要技術（*284*）
2. 混成林により土壌養分を高める（*284*）
3. 混成林により造林効果を高める（*286*）
4. 混成林によって群落を形成することを促進する（*287*）
5. 混成造林により造林のバイオマスの投資と分配を調整する（*288*）
6. 要約（*289*）

第4節　土壌を変える栽培の効果（*291*）

第5節　結論（*293*）
1. 砂の障壁の建設、バスケット造林と被膜、土壌混交はすべてモウス砂地の造林効果を高められる（*293*）
2. バスケット造林と被膜は、風蝕軽減と土壌水分の保持、土壌養分の増加という多様な効果がある（*294*）
3. 土壌交換、混交造林はモウス砂地における効果的モデルである（*294*）

  4　造林の効果を高めた原因はヨーロッパアカマツ
　　　　個体群のバイオマス投資と再分配を変えたことによる（295）
　おわりに（295）

第12章　陝北黄土高原の困難現地における植生回復の総合的技術措置、収益と影響 …… 張偉兵、陳全輝　299

　はじめに（299）
　第1節　プロジェクトを実施する地区概況（300）
  1　自然条件（300）
  2　社会経済と林業状況（301）
  3　問題点（302）
　第2節　「自然に近づく」森林育成技術（303）
  1　森林育成技術（303）
  2　主要な樹種の苗木育成技術と品質標準の設定（306）
  （1）プロジェクトの主要な造林の種類の苗に関する育成技術の
　　　　　ハンドブックの編集（306）
  （2）苗木の質に関する基準、1ムー当たりの最高苗木生産量の
　　　　　基準を制定する（306）
  3　黄土高原の干ばつを克服する造林統合技術（307）
  （1）樹幹を切り、土壌を被せる干ばつ対応の造林技術（308）
  （2）水と泥に浸すことにより干ばつを克服する造林技術（309）
  4　林木虫害とウサギ害の防止技術（311）
  （1）被害現状の調査（312）
  （2）防止と改善技術（313）
  （3）防止と改善の効果（313）
  5　黄土高原混成林の営造技術（316）
  6　黄土高原における水土流失総合的制御技術（321）
  （1）魚鱗溝状の穴で整地技術を全面的に応用することによって
　　　　　水土流失を制御する（322）
  （2）防護林のタイプの設置と造林技術（322）

（3）防止と保護の効果（*324*）
　7　造林水準の観測（*325*）
　8　造林の情報化の管理技術（*326*）
第3節　収益と影響（*330*）
　1　生態効果（*331*）
　2　経済収益（*331*）
　3　社会的効果および制度への影響（*333*）

序章　中国西北部・乾燥地の環境と開発
——現状と課題——

北 川 秀 樹

はじめに

　中国では、1978年に提唱された改革開放政策により、沿海部では経済が急速に発展したが内陸部の西部地域ではインフラの整備が遅れるとともに、所得の伸びは鈍く沿海部と内陸部の格差が拡大した。改革開放政策を推進した鄧小平は「先富論」[1]の下で、沿海部の発展をまず優先し沿海部が発展した後、沿海部が内陸部を支援するとの基本的考え方を抱いていたが、90年代には格差は縮小するどころか逆に一層拡大することとなった。このため、次の江沢民政権は、西部大開発戦略を打ち出し道路、鉄道、ダムなどのインフラ建設を精力的に推し進めた。また、2003年ころから農業、農村、農民の三農問題[2]が顕在化する。貧困と地方政府の搾取にあえぐ農村を救済するため農業税の撤廃、家電製品への補助、社会福祉制度の充実などの諸施策が進められてきた。

　本書は、2011年度から3年間にわたる龍谷大学社会科学研究所の指定研究の成果である。中国内陸部の西北地域は降水量が少ない乾燥地域、半乾燥地域、乾性半湿潤地域（砂漠化対処条約の定義については別表参照）であり、砂漠・砂地、黄土高原が広がる一方、石炭、石油、天然ガスなどの鉱産資源が豊富で、開発が急速に進められている。脆弱な生態環境を保全しながら、いかに持続可能な発展を図っていくか困難な課題を抱えている。今回の研究では西北部のうち主として、陝西省、寧夏回族自治区、甘粛省をフィールドとした。同地域は黄土高原に位置し、人口増加、過度の耕作や燃料採取により森林が失われ、降雨とともに表土が失なわれる「水土流失」が深刻な地域である。また、北方は内モンゴル自治区にわたって、風蝕による砂漠化が進行

別表

	乾燥地域	半乾燥地域	乾性半湿潤地域
乾燥指数 ＝年降水量（P）／年可能蒸発散量（PET）	0.05-0.20	0.21-0.50	0.51-0.65
年降水量（mm）	200以下	200-800	800-1500
生長期間（日）	1-59日	69-119	120-180
陸地に占める割合（％）	10.6	15.2	6.7

出典：UNEP, "Global Environment Outlook-4" 2007ほか

しており黄砂の発生源の一つにもなっている。近年、中国政府は、黄土高原地域においては、退耕還林還草（耕地を森林や草に戻すこと）政策を推進し、森林・草の被覆率は大幅に向上している。また、砂漠化対策として、2002年に砂漠化防止法（原文は「防沙治沙法」）を制定し、開発、居住を一切認めない「砂漠化土地封禁保護区」を設定するなど、強制的な手法によりその拡大防止に努めている。

　鉄道、道路、鉱山、ダムなどの基盤施設の整備や石炭、天然ガスなどの鉱産資源の採掘により地下水の水位低下、河川の汚染、森林資源の枯渇などの影響も顕在化している。同地域は、主として降水量400〜500mmの半乾燥地帯で、脆弱な生態環境のもとにあり、開発事業により一旦環境が破壊されると、再び回復することは困難であると考えられる。

　指定研究では、自然科学の視座から環境の現状を認識した上で、歴史的な視点も踏まえ、持続可能な発展のためにどのような政策制度が望ましいかについて、共同研究者が専門領域に即して考察している。

　まず、自然科学の視点から、現地の環境状況、すなわち気候、砂漠化面積、河川・湖沼の水資源量・水質、森林被覆率、野生動物生息数などの近年の推移を調査し、環境の実態を把握した。その基礎の上に、法学、経済学など社会科学の視座から、開発と環境保全の調整をはかるための制度の運用状況と課題を把握した。中国では、2002年に環境影響評価法が制定され、日本より数多くの対象事業に対して環境アセスメントが行われている。しかし、地方政府の経済発展志向の下で、先に建設して後で評価するような補正が広

く認められており、その実効性が疑問視されている。環境影響報告書の環境配慮の手続き、内容、公衆参加の状況等を調査し、環境保全の実態と課題を把握した。また、土地の開発を許可する地方政府の政策決定のプロセス、環境保全の恩恵を受ける受益地域が環境保全活動を行う地域に金銭補償する生態補償制度、資源の過採取を抑制しようとする資源税制度、陝西省関中地域における水資源管理の歴史的変遷、水資源の乏しい地域における節水のための取組、水利権をめぐる問題や農村の土地抵当権をめぐる問題のほか、砂漠化防止のための財政制度や自然保護区の現状と課題について考察した。最後に、本研究の遂行にあたって様々な助言と協力を得た陝西省林業庁の技術専門家による砂漠化防止のための様々な造林の取組を特別寄稿として本書に収録した。以下では、各部ごとの概要と論点について紹介する。

第1部　自然と環境保全政策
・近年の気候変化と異常気象
　全球的な地球温暖化の進行は西部地域においても顕著である。年平均気温は陝西省西安市では、1973年からの10年間平均で0.57℃とヒートアイランド現象もあり、その上昇幅は著しい。特に冬季（12月-3月）の気温上昇は顕著である。また、西北部の降水量については、多い年が連続する一方極端な少雨現象が現れるというように、変動が大きくなっているのが近年の特徴である。さらに、砂塵嵐（砂嵐）や黄砂については必ずしも頻度の増加はみられないが、規模は拡大している。

・環境ガバナンスと政策
　中国では、自然環境の劣化が進行するとともに、急速な経済発展の下でPM2.5や土壌汚染などの深刻な環境汚染が蔓延している。近年住民の群体性事件（集団行動）も多発しており、社会的な安定にも大きな脅威となっている。このような背景もあり、習近平政権は生態文明政策の提唱や共産党18期3中全会決定などにより、環境保護重視へと政策に修正を加え始めた。また、本年1月から環境保護法が大幅に改正されるが、罰則強化と公衆参加に重点を置いた。一方で、西北地域に限ると、環境汚染や破壊を未然に防止するための環境影響評価制度については、地方政府の経済発展志向の下で、事

後評価や公衆参加の軽視などもあり効果的な執行が図られているとは言い難い。さらに、制度建設に向け作業を進めている生態補償制度については、その概念定義が曖昧かつ複雑であり条例制定にはなお相当の歳月を要するものと考えられる。

・経済的手法－資源税の変遷と課題

　資源の有効利用と汚染防止に寄与する石炭、石油、天然ガスなどに対する資源税は30年前に導入された。しかし、税率が低いことやエネルギー使用の非効率性もあり、十分な価格効果を発揮することができず環境保全への貢献は必ずしも明らかではない。とりわけ、多くの石炭を使用してきた中国では、地質の破壊、廃棄物による土地占用、粉じん、燃焼による大気汚染や河川の汚染など様々な環境問題が顕在化した。この点、中国の資源税制度は資源採掘量の抑制というより、石油、天然ガスに限定し自治区や自治州の財政強化を目的として実施されたため、かえって石炭の採掘を促進することとなった。最近は資源節約、地球温暖化防止の要請もあり、厳格な省エネルギー政策が推進されている。このため、価格は安いものの、二酸化硫黄などの汚染物や温暖化を促進する二酸化炭素を大量に排出する石炭の使用に対する規制が大胆に進められている。これらの動向に引き続き注視していく必要がある。

第2部　農業と水資源、土地

・農業開発と水資源保全

　西北地域では、第二次産業や第三次産業は急速に拡大しているものの、依然として生業の中心は農業である。水資源のストレスが大きい本地域においては、黄河や内陸河川から引水する大規模な灌漑農業が進められている。中央ユーラシア大陸という広域的な視点から俯瞰し、中国甘粛省黒河流域、新疆ウイグル自治区のタリム河流域、アラル海流域における農業開発と水資源との関係についての歴史的変遷をみる中で、脆弱な生態環境の下で遊牧民のように移動を繰り返し、その負荷の軽減が図られてきたことがわかる。人間活動、生業と自然との関係を分析し、持続可能な発展への影響をさらに深く考察していく必要がある。

・水資源管理体制の改革と成果

　甘粛省を例に、近年農民の水利組織として導入された農民用水者協会は水資源の有効利用にどのような役割を果たし、節水効果や増収効果にどのような影響を与えたのか。農民用水者協会は1990年代初頭に世界銀行のプロジェクトにより導入された参加型灌漑管理（Participatory Irrigation Management）モデルであり、その有用性が強調され全国に広がった。資金不足、人材不足により水系ではなく行政村単位で組織されている。また、公的補助に依存しており、限られた水資源はトップダウン的に管理され、水利費徴収の適正化、村民間の水利紛争の減少、節水技術の普及と水利費の徴収による節水意識の向上などの成果がみられる。一方で、水利権取引については、農家間の水票取引はほとんど行われていない。その理由として、異なった灌漑区間の取引は技術的・コスト的に困難であるためである。さらに、アグリビジネスの普及した一部地域については、農業収入の増加をもたらしている。しかし、水供給が不安定な地域では出稼ぎ収入に依存している。

・陝西省関中平原の灌漑の歴史から

　歴史的には、西安付近の渭河流域の南北に広がる盆地は関中平原と呼ばれる。ここは古代から農業に適した肥沃な大地とされ、紀元前3世紀から1世紀の秦漢時代のころ、大規模な灌漑施設が整備されている。これらは地理的環境に即して一定の成果を発揮してきたものもあったが、1930年代の大干ばつによりコンクリートや排水渠等の西洋の近代技術を用いることによって復元、維持された。現代に至って涇恵渠、洛恵渠、渭恵渠の三渠は現在まで利用されている。しかし、渭河の下流の黄河は上流の過度な水利用によって断流や水不足が起こっており、近代以降の開発の在り方を再考すべきかもしれない。

・土地請負制度と抵当権

　農村における土地政策として、2014年1月、習近平政権下で最初に公布された中共中央1号文件での「農村土地制度改革の深化」が打ち出された。農村の土地請負経営権は農村の集団所有権のもとで、農民に請負経営権を配分し、これに基づいて農民が耕作に従事するが、経営資金の拡充のために請負経営権の担保化の必要性が議論されてきた。しかし、物権法は、この「請負

経営権の三権分離」について明文の規定を設けず、農村土地請負法や担保法は請負経営権の担保化を禁止しており、農地流動化の阻害要因として指摘されてきた。2008年以来試験的に実施されてきた農地請負経営権の担保化について、農民の多くは消極的であるが、背景には、農村の社会保障制度の不備も影響している。また、農地の担保価値や行政機関による登録制度など、土地流動化の進展には多くの課題がある。

第3部　砂漠化防止と自然保護
・三北防護林建設事業と京津風沙源対策

　1978年の三北防護林建設事業[3]をはじめ、京津風沙源対策、退耕還林政策等の国家重点林業プロジェクトが実施されてきた。

　三北防護林建設事業は30年来、①中央財政の特定資金移転、②地方政府の中央財政移転資金に対する一定の割合の資金投入、③住民の義務植樹活動、の三つの柱によって実施されてきた。2008年までの全体投資額のうち、中央財政の資金は8.3％に過ぎない。2008年まで投下された住民の義務植樹労働を貨幣に換算すると全体の約78.1％を占めており、住民の労働力に多くを頼ったことがわかる。また、第4期の2001年から2007年の中央投資金額は計画目標の18.7％に過ぎず、地方への造林ノルマも事業計画の約半分の57.4％しか達成できていない。特に、アクセスしやすく、自然条件上活着率が比較的に高いところから着手する傾向があるため、今後の植林造林対象地域はコストの上昇が懸念される。

　京津風砂源対策事業は、①急速に広がる土地の砂漠化を防止し、②土地の生産性の向上を図り、③深刻な水土流失を改善し、④植生の悪化状況に歯止めをかけると同時に、⑥地域社会の経済発展につなげることで、地域社会の貧困解消と生態環境保全を同時に実現するのが政策目的である。2003年以降の農村農業税の撤廃や農村住民への義務教育、公的医療制度および公的年金制度を導入して以来、2000年以降の約10年間に実施された新農村建設事業の結果、都市と農村間の所得格差および公共サービスの格差が大幅に是正され、自然資源への過度な依存現象が大幅に改善されている。しかし、2001年から始まる第2期京津風砂源対策事業には、北京市やその周辺地域における

砂塵暴現象の発生や資源・コストの問題が残されている。

・自然保護区の現状と課題

　中国では自然保護区が盛んに建設されているが、放牧や農地利用などの人為を排除する必要があり、地域住民との間で利害が対立する政策である。

　国家林業局が取り組んでいる6大林業重点事業の中で乾燥地の草原生態系の自然保護区では放牧のような人為を排除することで植生が回復をしてきた。これは陝西省の森林生態系の自然保護区において、捕食者の減少により増加したモグラのような草食動物の個体数管理が重要な課題となっていた。現在導入されているアカギツネの黒色亜種の導入は、日本のフイリマングースの移入と同様、人間の想像の範疇を超える被害を今後もたらす可能性がある。

　乾燥地の自然保護区においては、原生自然の保護と同時に持続可能な利用に関する模索も続けられてきた。日本の環境省と国連大学高等研究所が提唱したSATOYAMAイニシアティブの考え方は、新たな共同管理のあり方（「コモンズ」の発展的枠組み）を提唱しており中国の乾燥地にも適用可能かもしれない。

第4部　【特別寄稿】陝西省の林業と持続可能な発展

　今回の指定研究の遂行過程で、陝西省林業庁の林業技術専門家の方からは多くの支援を受けた。特に、2011年9月には、陝西省森林資源管理局の協力を得て「乾燥地における開発と環境保全」をテーマに、総合地球環境学研究所と共催で、西安でワークショップを開催した。また、終了後に関係者で北部楡林市の露天掘り炭鉱、植林地、固砂機能に優れた油料植物・長柄扁桃の栽培地などを視察した。この成果については、論文集（郭ほか2012）として出版した。ここでは関係者から寄稿された3編の論文・報告を特別寄稿として本書に編集、収録した。

・乾燥地域の郷土樹種・文冠果

　文冠果（Xanthoceras sorbjfolia Bunge）はムクロジ科、ブンカンカ属（1属1種）であり、落葉樹あるいは大型低木の郷土樹種である。中国北部乾燥、寒冷地域において広く分布している。干ばつと寒冷気候に強く、耐塩性にも

優れ、西北部の黄土高原からモウス砂地の南縁に生育しており、中には樹齢1000年を超えるものもある。中国での近年の研究から葉や実の成分は、高血圧、高血糖、高脂血症の患者に対して治療効果があることが確認されている。葉は茶葉と混ぜ黒茶として、実からはオイルを取るなど様々な用途に使われており、その多様な用途を紹介する。

・モウス砂地における針葉樹造林

　陝西省北部から内モンゴルにわたるモウス砂地においては、風蝕と砂漠化、干ばつと水不足、激しい蒸発、土地の不毛、動物による破壊などが植林に大きな影響を与える。モウス砂地において植林の有効性を高めることが生態建設の課題である。砂地の研究者は過去の植林の教訓を学び、砂の障壁の建設、フィルムの蔽い、窒素固定樹木などの植樹と混成により植林の新技術を提唱し良好な結果を達成している。この地域の主要造林樹種・ヨーロッパアカマツ（樟子松、Pinus sylvestris var. mongolica）を対象に、関連する技術の実施要点をとりまとめるとともに、砂の危険性を軽減し、土壌水分と栄養状態を改善し、植林の効果を高める技術の効果を比較分析しながら、砂嵐を防止するための造林技術の統合応用手法を提案する。

・陝北黄土高原の植生回復の総合的技術の成果

　従来の林業管理の多くは単一の措置に限られ、特にその多くが技術措置に重点を置き、総合的な措置を採用することが少なかったため、樹木成育率と保存率の向上と植生回復改善効果の持続可能性を制限していた。林業は管理と技術のみではなく、同時に重要な社会活動である。社会、政治、経済と法制度も造林の成否、造林地の保護と経営管理、林業の持続可能な発展に対して極めて重要な影響を与える。伝統的な林業の粗放的な管理も大量に資金、人力、資源の浪費をもたらしている。陝北黄土高原の造林の成育率を高めるため、水土流失を減らし、黄土高原地区の劣悪な自然環境を改善し、当地区の植生回復を促進することが、林業の持続可能な発展を実現することになる。中独協力により陝西省延安市で行われた造林プロジェクトの研究調査をもとに、植生回復の総合的技術措置について紹介する。

参考文献

郭俊栄、北川秀樹、村松弘一、金紅実（2012）『中日干旱地区開発輿環境保護論文集』西北農林科技大学出版社、2012年。

北川秀樹「中国の砂漠化と緑化協力」『季刊中国』NO114、13-26頁、季刊中国刊行委員会、2013年。

北川秀樹「中国的退耕還林政策和林権制度改革―以陝西省黄土高原為中心―」『陝西林業科技』2011年年3期、第187期。

北川秀樹「中国の退耕還林政策と林権制度改革」『人間と環境（日本環境学会誌）』第36巻第2号、2010年。

北川秀樹「中国の退耕還林政策の成果と課題―陝西省黄土高原を中心に―」『砂漠研究』20巻1号、2010年。

國谷知史、奥田進一、長友昭『確認中国法用語250』成文堂、2011年。

1　先に豊かになった地区が経済発展の遅れた地区の発展を援助して共同で豊かになることを目標としていた。

2　生産性が低い農業、経済発展から取り残された遅れた農村、および低収入、貧困生活にあえぎ社会保障の恩恵を受けない農民の苦しい状態を表す言葉として用いられている。2003年3月、湖北省棋盤郷の党委員会書記・李昌平が「農民は本当に苦しんでおり、農村は本当に貧しく、農業は危険な状態にある（農民真苦、農村真窮、農業真危険）」と、朱鎔基総理に手紙で訴え、中央政府に三農問題への関心を喚起した。政府は問題解決に向け、2005年の中国共産党第16期五中全会で、「国民経済と社会発展第11次五カ年規劃制定に関する中共中央の決議」により、都市と農村の一体的な発展のための農業・農村への投資の増加、農業の施設建設、生産組織の調整、総合生産力の向上、農民の自主性による土地請負権などの改革、義務教育、衛生医療の改革、農民の収入の増加などを打ち出した。2006年からは、農業税も廃止された。

3　東北、華北、西北の三つの地域に対して、国を挙げて実施する体系的な防護林建設計画を打ち出した

第 1 部

自然と環境保全政策

第1章　中国西北地域における近年の気候の変化と異常気象現象

増田　啓子

第1節　中国西北地域の概況

　中国の地形は世界の最高峰、砂漠、草原・高原、森林など、複雑で多様な変化に富んでいる。また、気候は温帯を中心に亜熱帯から亜寒帯までと幅広い。中国西北地域は甘粛省、新疆ウィグル自治区、青海省、内蒙古自治区、陝西省、寧夏回族自治区の3省2自治区からなり、中国で最大面積、最小人口地域である。鉄道や自動車道路が全区に、航空基地も西安、蘭州、ウルムチに備わり、大砂漠までの交通網は便利になった。この地域は綿花や牧畜業の農業生産が主であったが、現在は工業も発展し、各種大型工業生産基地となっており、西部大開発で石油や天然ガスなどの自然資源の大規模開発が期待されている地域でもある。しかしながら、この西北地域は経済力の点では中国6大地域のなかで最も低い。大規模開発も問題であるが、それ以上にこれらの地は乾燥地域であることから大きな水不足問題を抱えている。近年、世界の異常気象による気象災害は年々増加しており、中国では毎年3億8千人の人々が干ばつ、異常高温、集中豪雨、地震、地滑りなどの自然災害の影響を受け巨大な被害額（1998年に約3兆6千億円、2012年は4兆7千億円）に上っている。

　中国西北地域は、図1-1に示す気候区分では温暖乾燥気候と温暖半乾燥気候、寒冷半乾燥気候に位置する。新疆ウィグル自治区、甘粛省は年降水量が特に少ない乾燥地帯である。その一方で、近年の中国の都市開発によって地球温暖化や都市化にともなうヒートアイランド現象による2つの温暖化や乾燥化が進んでいる。黄河流域では大規模ダム建設が行われ、大水害は減少したものの地表水が減少傾向にある。また、乾燥・半乾燥地域が多く存在す

図1-1　気候区分図

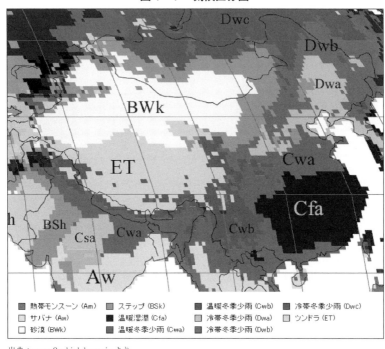

出典：www2m.biglobe.ne.jp より

る中国大陸では毎年2,460km²の速度で砂漠化面積が拡大し砂嵐が懸念されている。一方、森林被覆率が増加傾向を示している。国際連合食糧農業機関（FAO）の報告によると2000～2005年における中国の森林造成の速度が最も速く、年間約410万ha（年間2.2%）の森林面積が増加している。ここでは中国西北地域に位置する3つの省・自治区における近年の気候について、気温、降水量、湿度の分析をおこなう。

西北地域の概況

　中国西北地域は、甘粛省、陝西省、青海省、寧夏回族自治区、新疆ウィグル自治区の5省区からなる内陸部である。
　甘粛省は、面積45万km²、人口2,558万人（2010年）、モンゴルの砂漠地帯、チベット高原、南部は陝西省南部から続く秦嶺山脈の一部となっている。中

部と東部は黄土高原地帯で、黄河がその西から東へと流れている。複雑な地形をしているため気候も地域差が激しく、8つの気候区（1. 朧南南部亜熱帯湿潤区、2. 朧南北部温暖湿潤区、3. 朧中南部温帯半湿潤区、4. 朧中北部温帯半乾燥区、5. 河西北部温帯乾燥区、6. 河西西部温帯乾燥区、7. 河西南部寒帯半乾燥区、8. 甘南寒帯湿潤区）からなっている。この省の各地点における年平均気温は－0.3～14.8℃、1月の平均気温は－10～2℃、7月の平均気温は23℃前後で、無霜期は8ヶ月程度。年降水量は500～800mmで、河西回廊では50mm程度と少ない。

　陝西省は、面積20.5万km²、人口3,733万人（2010年）、北部の陝北高原、中部の関中平原、南部の秦巴山地の3つに分かれている。陝北高原は黄土高原の中央に位置し、黄土特有の丘陵・台地が広がる。関中は渭河による沖積平原で、四方を山に囲まれている。黄河の中流域に位置する。気候は高原乾燥気候で、北部の楡林が温帯気候、延安が暖温帯半乾燥性モンスーン型気候に属する。秦嶺山脈を境に北側が暖温帯半湿潤性モンスーン型気候、南側が北亜熱帯湿潤性モンスーン型気候に属している。この省の年平均気温は7～16℃、1月の平均気温は0℃前後で、7月の平均気温は24℃前後、年降水量は500～1,000mmとなっている。

　寧夏回族自治区は、6.6万km²、人口618万人（2010年）、北部の寧夏平原、南部の黄土高原・六盤山地に分れ、寧夏平原は古くから肥沃な土地として知られている。気候は典型的な大陸性気候で、冬は寒く夏は酷暑となる。中央部より北側が温帯半乾燥性大陸型気候に属し、南部は固原市を境に北が温帯半乾燥性モンスーン型気候、南が暖温帯半湿潤性気候に分れている。1月の平均気温は－10～－8℃で北部が南部より低く、7月の平均気温が18～22℃で北部が南部より高い。年降水量は200～500mmである。

　新疆ウィグル自治区は、面積165万km²、人口2,209万人（2011年）、中国の省・自治区のなかで最大の広さを持ち、面積の約4分の1は砂漠で占められており、中国の砂漠総面積の約3分の2に相当する。

　なお、青海省は平均標高3,000mのチベット高原などからなる省であるため、平均気温－5.6～8.7℃、年降水量450～600mmのユニークな高原大陸性気候を示すことから、この論文では除いて解析をおこなった。

第2節　中国西北地域の気候分布

1　1961-2010年における年平均最高・最低気温および年降水量

　甘粛省、陝西省、寧夏回族自治区、新疆ウィグル自治区の年平均最高・最低気温と年降水量の分布をみるために、世界気象資料（1961年～2010年）のデータを用いて、隣接する中国西北地域の53地点から分布図を作成した（図2～図4）。

　年平均最高気温（図1-2）の高温域は、陝西省の漢中、安泰、西安、長安、武都、咸陽、および新疆ウィグル自治区の吐魯番、和田が19℃以上もあり、最も低いのは青海省の門源で、10℃以下は陝西省の渭南、青海省の果

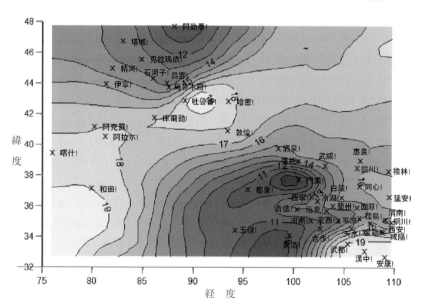

図1-2　中国西北地域の年平均最高気温分布図（1961-2010年平均値）

出典：WMO、世界気象資料データより作成

洛、河南省の河南である。年平均最低気温（図1－3）も最高気温と同様の分布を示すが、最も低い青海省の果洛が－7.1℃で、門源、玉樹、都蘭など青海省で低く、北部では阿勒泰に零下、甘粛省の合作に零下が現れている。この図から、気温の分布は新疆ウィグル自治区の吐魯番や和田の高温域から南北へ次第に気温が低く分布する。年降水量の分布図（図1－4）から高温域では降水量が少なく、低温域で降水量が多いことが明確である。降水量の40年平均値では、月降水量は、1mm（冷湖：2月）～162mm（漢中：7月）、年降水量では16mm（冷湖）～857mm（漢中）ともに非常に少なく、陝西省の漢中、安康、商州、宝鶏、銅川、西安の地域で年降水量が550mmを超えるのみである。年間100mmに満たない地域も多く、新疆ウィグル自治区から甘粛省の酒泉までの広い範囲に及ぶ乾燥地帯となっている。

2　中国西北地域の年平均気温および年降水量の平年値の特徴

図1－1で示す分布図から、それぞれの地域の平年の気温および降水量が

図1－3　中国西北地域における最低気温の年平均値の分布図（1961-2010年平均値）

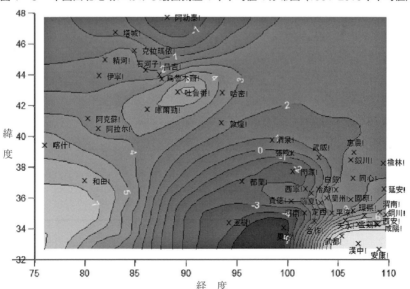

出典：WMO、世界気象資料データより作成

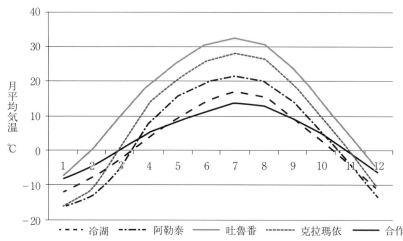

図1-4　5都市の月別気温（1961-2010年の平均値）

出典：WMO、世界気象資料データより作成

把握できる。年平均気温を見ると、冷湖が3.0℃、合作3.9℃、阿勒泰4.5℃、定西4.5℃と低く、武都が15.4℃と最も高く、漢中、吐魯番も高い。図1-4には5都市の月別平均気温を示す。夏季に最も暑い地点は吐魯番で7月に32.5℃、最高気温の平均値では40℃と最も高温が現れる地点で、年間を通して最も高温が現れる地点である。次いで克拉瑪依で7月平均気温が28℃、7月の最高気温の平均値が34℃となるが、冬季の最低気温は吐魯番に比べると7℃ほど低く、寒暖の差が44℃もあり冬季の気温が極端に低い。寒暖の差の小さい地点は合作が22℃ほどで、冬季の最低気温は克拉瑪依より1.6℃高く、夏季に非常に涼しい地点である。

　中国西北地域のこの5都市の特徴は、内陸部に位置するため日本に比べれば、寒暖の差は大きく、降雨日数や降水量は少なく、相対湿度も低い地域である。

　冬季の西北地域の気温は、1月が最も低く、新疆ウィグル自治区でも北部に位置する石河子、克拉瑪依（クラマイ）や烏魯木齋（ウルムチ）は、1月の平均気温が－13℃以下、最低気温が－18℃以下、最高気温でも－8℃以下となる低温地域である。甘粛省の南部の安康、漢中の平均気温は日本の西日

図1-5 中国西北地域における年降水量の平均値の分布図（1961-2010年平均値）

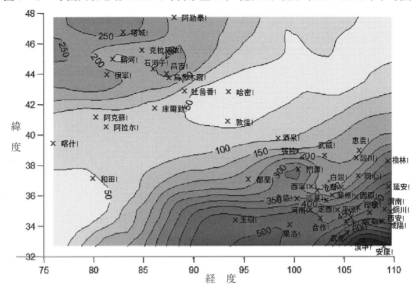

出典：WMO、世界気象資料データより作成

本の1月と同じくらいの3〜4℃程度である。

　図1-5に示すように，中国西北地域は比較的降水量が少なく、年降水量が16mmの冷湖や吐魯番（トルファン）の地域から、多い所でも陝西省の漢中が857mmである。東京や京都の降水量の平年値が1,500mm前後であるから、少雨地域であることが分かる。甘粛省の嘉峪関や敦煌では、年降水量が少ないだけでなく、夏の6〜8月にわずかな降水があるのみで、新疆ウィグル自治区の阿拉尓が60mm以下、庫爾勤、喀什（カシュガル）や阿克蘇（アクス）は、年間60mm程度の降水量で、年間を通して雨が少ない地点である。数mmの月も少なくない。また、年間250mm以下の降水量の地域は蒸発量が多く砂漠となっている。

　月別降水量は、この地域の平均で見ると、7月が最も多く、次いで8月、9月、6月となっている。最も多い7月の20都市の平均降水量が66mm、近畿地方の最も降水の少ない月と同じくらいである。都市間の差は大きく、最も多い漢中の7月降水量が162mm、最も少ない吐魯番が2.2mmである。敦

煌、武威、銀川、延安、宝鶏、蘭州、嘉峪関は7月より8月の降水量がやや多い。冬季はいずれの都市も少なく、12月～2月には月平均降水量はほとんどの地点で10mmを超えず少ないが、気温が低いため3～6月に比べると乾燥していない。陝西省の西安、延安、宝鶏は他の都市に比べて、夏に新疆ウィグル自治区の石河子は年降水量が多いことなどが乾燥しにくいと考えられる。甘粛省と寧夏回族自治区。新疆ウィグル自治区は天水と蘭州を除いて年降水量が極端に少なく、銀川の年平均相対湿度は48％、3～5月は30％以下、和田の年平均相対湿度は52％、3～4月は30％以下となる乾燥地帯である。

3　中国西北地域の近年の異常高温の発生状況

　日本でも近年に35℃を超える猛暑日が増えているが、中国でも35℃を超える日や、38℃を超える酷熱日が記録されている。タクラマカン砂漠を中心とした新疆の吐魯番の猛暑日は中国最多を記録し、2013年には140年ぶりの猛暑が7月に現れた。中国内陸部では川や湖が干上がってしまう報告もされた。中国の西北西部の日最高気温35℃以上の猛暑日日数が1997年以降に増加傾向を示している（図1-6）。日本でも猛暑日日数は急激に増加傾向を示している。図1-7の大阪の猛暑日日数は中国西北西部とを比べると少ない

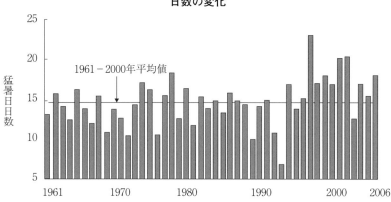

図1-6　中国の西北西部における猛暑日（日最高気温35℃以上）日数の変化

出典：吉野（2009）より

図1-7 大阪における猛暑日（日最高気温35℃以上）日数の変化

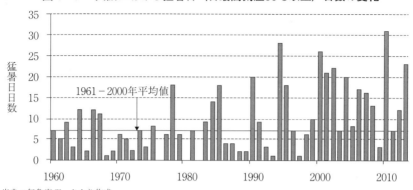

出典：気象庁データより作成。

が、1990年以降大阪の猛暑日日数は地球温暖化とヒートアイランド現象により急激に増加し、中国西北西部より多くなっている。経年変化では近年の増加傾向は類似している。大阪の猛暑日日数は50年間に11日増加している。

第3節　中国における気温の長期的変動

1　全国における年平均気温、年降水量

　中国全域の気温上昇は、1952年～2012年までの年平均気温の経年変化で図1-8に示す。1990年以降の顕著な気温上昇を示すと同時に、変動幅も大きくなっている。2002年以降の年平均気温は、1971～2000年平年値（9.2℃）と比べると、全て上回っている。2007年は1952年以降で最も高い10.1℃を記録している。図1-9には中国全域の1961～2012年までの年降水量の推移を示す。近年の特徴でみると、2008年、2010年、2012年は多雨で、逆に2009年、2011年は少雨で、2011年は1961年以降最も少なく、降水量の多い年と少ない年との変動幅が大きく現れるようになっている。この降水パターンはわが国での現象と同様である。

図1-8　中国全域の年平均気温の推移

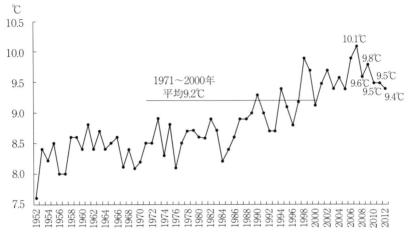

出典：『中国情報ハンドブック2013年版』より作成。

図1-9　中国全域の年降水量の推移

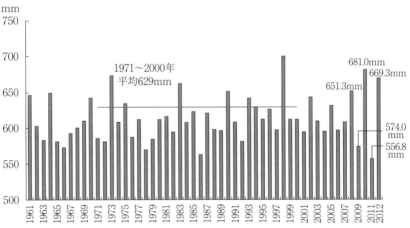

出典：『中国情報ハンドブック2013年版』より作成。

2 中国西北地域における年平均気温、年降水量

　中国西北地域のなかで、この龍谷大学社会研究所指定研究の中心地域となっている甘粛省と陝西省を中心に、WMOが公開している1950〜2013年の

表1-1　甘粛省、陝西省の地点を主とした年平均気温の長期的変動（変化率）

	年平均気温	平年値	50年長期変化率	年変化率（℃/年）	統計期間変化量	統計期間（年数）
甘粛省	冷湖	3.0℃	+1.00℃	+0.020℃	+1.14℃	1957-2013（57）
	合作	3.9℃	+1.60℃	+0.032℃	+2.92℃	1958-2013（56）
	巴音毛道	7.2℃	+1.35℃	+0.027℃	+1.57℃	1956-2013（58）
	酒泉	7.8℃	+1.15℃	+0.023℃	+1.36℃	1955-2013（59）
	張掖	8.0℃	+0.60℃	+0.012℃	+0.76℃	1951-2013（63）
	民勤	9.0℃	+1.90℃	+0.038℃	+2.00℃	1961-2013（53）
	平涼	9.5℃	+1.50℃	+0.030℃	+1.75℃	1955-2013（59）
	敦煌	10.0℃	+1.20℃	+0.024℃	+1.44℃	1955-2013（59）
	蘭州	10.5℃	+2.15℃	+0.043℃	+2.92℃	1936-2003（68）
				+0.043℃	+2.11℃	1955-2003（49）
	天水	11.7℃	+0.70℃	+0.014℃	+0.76℃	1950-2003（54）
	武都	15.4℃	+0.90℃	+0.018℃	+1.06℃	1955-2013（59）
陝西省	楡林	8.9℃	+1.75℃	+0.035℃	+1.85℃	1955-2013（59）
			—	+0.053℃	+2.17℃	1973-2013（41）
	安康	9.8℃	—	+0.014℃	+0.57℃	1973-2013（41）
	延安	10.8℃	+1.85℃	+0.037℃	+2.18℃	1955-2013（59）
				+0.048℃	+1.97℃	1973-2013（41）
	宝鶏	13.6℃	—	+0.040℃	+1.24℃	1973-2004（31）
	西安	14.2℃	+1.3℃	+0.027℃	+1.38℃	1955-2005（51）
				+0.057℃	+1.88℃	1973-2005（33）
	漢中	15.0℃	+1.15℃	+0.023℃	+1.36℃	1955-2013（59）
			—	+0.040℃	+1.24℃	1973-2013（41）
寧夏	銀川	9.5℃	+1.70℃	+0.034℃	+2.18℃	1951-2013（64）
			—	+0.053℃	+2.17℃	1973-2013（41）
山西	運城		+1.20℃	+0.024℃	+1.42℃	1956-2013（59）
			—	+0.022℃	0.90℃	1973-2013（41）

出典：WMO、世界気象資料データより作成。

世界気象資料の日別データを用いて、年平均気温、月平均気温、年降水量、月降水量、年相対湿度の長期的変化量の解析をおこなった（表1-1～1-2、図1-10～1-11）。

(1) 気温

年平均気温の長期的な変化量については、甘粛省の蘭州が+0.43℃／10年で最も大きく、特に12-2月の冬季に+0.78℃／10年の上昇量が大きく、7、8月の夏季は+0.9℃／10年と上昇量は小さい。甘粛省において次いで上昇量の大きいのは民勤で、年平均気温は+0.38℃／10年、2月の上昇量が大きく、8月の上昇量が小さい。蘭州・民勤は1978年頃から、敦煌、民勤、巴音毛道、冷湖、張掖、平涼、合作、武都は1987年から顕著な気温上昇が見られ、それ以降は天水を除いて、いずれの地点も1998年頃から急激な上昇傾向を示している。甘粛省の地点では、冬季、特に2月の上昇量が大きく、夏季の7、8月の気温上昇量は小さいかまたは上昇していないのが特徴である。

次に陝西省についてみると、地点により統計期間が異なるため、1973-2013年の気温変化でみることとする。西安が2005年までの統計だが、最も上昇量が大きく、+0.57℃／10年、次いで楡林+0.53℃／10年、延安が+0.48℃／10年、漢中+0.40℃／10年と、いずれの地点も年平均気温の上昇量は大きい。西安は1994年以降急激な気温上昇を示し、延安も1994年以降上昇し始め、1998年に最大値を示し、いずれの地点も1994年以降急激に上昇傾向を示している。西安の気温上昇量はヒートアイランド現象によるものが上乗せされていると考えられる。月別でみると、冬季12-3月の上昇量が大きく、楡林の3月は+0.91℃／10年と上昇量は大きく、8月は+0.04℃／10年と小さい。漢中も3月が+0.62℃／10年と上昇量が大きく、夏季も他の地点に比べると上昇量が大きい。宝鶏の2月が+0.64℃／10年と大きく、8月は0で上昇していない。安康は年平均の上昇量は最も小さく、3月の上昇量が他の月に比べて+0.3℃／10年と大きく、8月だけが-0.16℃／10年と上昇していない。

甘粛省、陝西省に隣接する寧夏の銀川、山西省の運城における年平均気温

第1章　中国西北地域における近年の気候の変化と異常気象現象

図1-10　甘粛省および陝西省の主な地点の年平均気温の経年変化

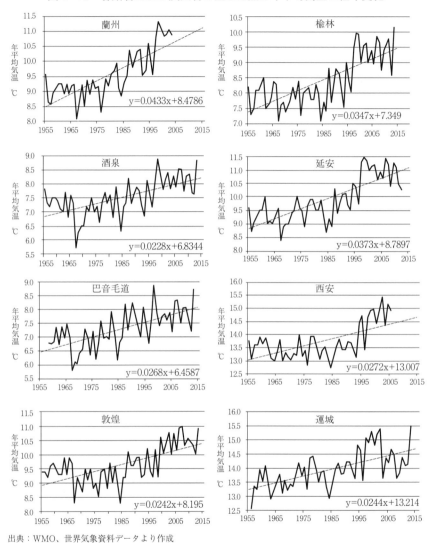

出典：WMO、世界気象資料データより作成

の上昇量をみると、銀川は0.53℃／10年と大きく、楡林と同じ変化量である。運城は天水や武都より上昇量が大きく現れている。中国西北地域の特徴は、8月気温上昇量は小さく、12～3月の気温上昇量が大きいことである。

(2) 降水量

　中国西北地域における年降水量は、16～857mmで地点により異なり、長期的変化率も地点により異なり、増加している地点も減少している地点もある。表1-2に甘粛省と陝西省の主な地点の長期的変化量を解析し、長期的変化を図1-11に示す。甘粛省の多くの地点では年降水量が100mmに達しない地点や無降水月が何ヶ月もある。参考として京都の年降水量でみると、平年値が1,491mm、月降水量は7月が最も多く220mmである。甘粛省・陝西省の地点の年降水量は京都の記録を下回るものである。甘粛省・陝西省において最も増加傾向を示している、陝西省の楡林の年降水量の平年値は398.6mm、甘粛省の巴音毛道は144.8mmと少なく、楡林は1955～2013年間の59年間に60mm、巴音毛道は1958～2013年間の56年間に131mm増加している。その理由は楡林では2007年から400mmを超える年降水量が続いているためである。巴音毛道の1990年以前の年平均降水量は90.6mmと現在より少なく、1991年以降は100mmを下回る年がなくなり、特に多かった年は2012年に267mm、5～7月の降水量が159mmと観測史上最大を示した他、1995年には9～10月に120mm、1996年には7～8月で121mmを記録したことから、近年の増加傾向を示す結果となっている。

　一方、敦煌、酒泉などいずれの地点も無降水月が多く、降水があったとしても、非常に少ない降水量である。冷湖の降水量は1991年以降で2000年の4mmが最も少なく、最も多い降水量は2002年の37mmで、この年は9月に19.8mmを記録している。次いで2011年に多く36mm、この年は6月に27.6mmと最大値を記録している。2010年以降は全ての年で20mmを超えている。敦煌や酒泉は、もともと降水が少ない地点のため増加傾向が顕著に現れているが、敦煌は春と夏、酒泉は夏と秋だけ増加傾向を示している。陝西省で増加傾向を示しているのは、楡林以外に統計年数が少ない安康で、41年間に約38mm増加している。陝西省において年降水量が最大値を示したのは

2010年の安康の1,421mmで、この年の7月降水量が560mmの過去最高を記録した他、2011年9月には436mmの降水量が現れ、月降水量が極端に多くなっている。

1955～2013年の59年間における年降水量の長期的変化をみると、59年間に延安が72.0mm、武都が60.8mm減少している。延安では1988年までは700mmを超える年があるが、それ以降600mmを超える年が3年しかなかったが、2013年の年降水量は観測史上最も多い959mmを記録した。この記録は7月の月降水量の568mmによるもので、1981年に月降水量304mmの最大

表1-2　甘粛省、陝西省および近隣の地点における年降水量の変化率

	年降水量	平年値 1961-2000	50年長期変化率	年変化率 (mm/年)	統計期間変化量	統計期間（年数）
甘粛省	冷湖	16.3mm	―	＋0.6mm	＋13.2mm	1991-2013（23）
	敦煌	39.5mm	＋13.4mm	＋0.268mm	＋16.0mm	1955-2013（59）
	酒泉	87.7mm	＋17.9mm	＋0.357mm	＋21.0mm	1955-2013（59）
	民勤	109.0mm	―	－2.67mm	－109.0mm	1973-2013（41）
	張掖	130.0mm	―	－1.72mm	－36.1mm	1989-2009（21）
	巴音毛道	144.8mm	＋117mm	＋2.34mm	＋131mm	1958-2013（56）
	蘭州	319.5mm	－15.5mm	－0.31mm	－15.2mm	1955-2003（49）
	合作	557.9mm	＋7.5mm	＋0.15mm	＋8.4mm	1958-2013（56）
	武都	469.3mm	－51.5mm	－1.03mm	－60.8mm	1955-2013（59）
	平涼	495.8mm	－29.0mm	－0.58mm	－34.2mm	1955-2013（59）
	天水	518.2mm	－31.0mm	－0.62mm	－30.3mm	1950-2003（54）
陝西省	楡林	398.6mm	＋51mm	＋1.02mm	＋60mm	1955-2013（59）
	延安	528.9mm	－102.5mm	－2.05mm	－121mm	1955-2013（59）
	西安	572.2mm	－79mm	－1.58mm	－81mm	1955-2005（51）
	宝鶏	669.5mm	―	－7.2mm	－209mm	1975-2004（29）
	安康	804.9mm	―	＋0.93mm	＋38mm	1973-2013（41）
	漢中	857.1mm	－48mm	－0.96mm	－57mm	1955-2013（59）
近隣	銀川	192.5mm	－21.5mm	－0.43mm	－25.4mm	1955-2013（59）
	運城	520.1mm	－112mm	－2.24mm	－130mm	1956-2013（58）

出典：WMO、世界気象資料データより作成

図1-11　甘粛省、陝西省および近隣の地点における年降水量の変化

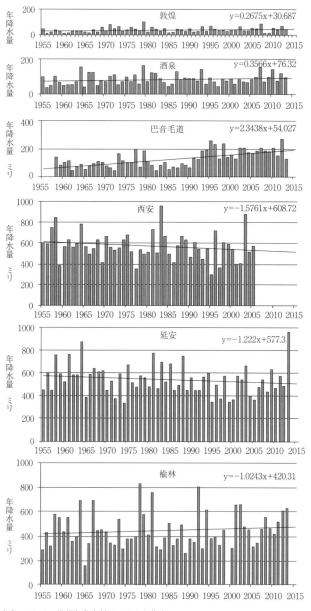

出典：WMO、世界気象資料データより作成

値を塗り替える記録である。568mmの月降水量と言えば、京都（最大値627mm）や大阪（最大値660mm）潮岬（最大値847mm）の最大月降水量よりやや少ない程度である。平涼でも1960年代には700mmを超える年があったが、それ以降は700mmを超えることはなかったが、2013年に観測史上最多の年降水量797mmを記録した。この記録は6〜9月の各月の降水量が100mmを超えたことによるものである。これまでの月降水量の最大値は平涼の1996年7月の323mmであった。宝鶏の降水量も統計年数が29年のため長期的変化量は示せないが、1992年8月に降水日数14日、606mm（8月21日141mm、8月31日150mm）が現れ、年降水量が1,450mmを超えるかと思えば、年降水量が450mmに達しない年（1995、1997年）が現れるなど変化が大きい。漢中も同様で1990年代以降550mmを下回る少雨年（1991、1992、1995、1997、2000、2001、2006年）が現れるようになっている。1997年の年降水量は甘粛省の張掖・武都で最も少なく、1995年の年降水量は陝西省の西安・宝鶏で最も少なく、1995年および1997年は2つの省で少なめであった。甘粛省・陝西省の年平均気温は低く、年降水量が特に少なかった地点の降水量は増加傾向を、その他の地点は減少傾向を示している。

　年降水量が減少傾向を示す甘粛省・陝西省の近隣の山西省の運城でみると、年降水量は延安とほぼ同じ降水量で、長期的な変化率も類似している。

　近年の特徴は、どの地点も降水量の多い年が続くと思えば過去に記録の無い極端な少雨に見舞われているのが特徴である。

第4節　中国西北地域の自然災害・異常気象（地震を除く）

　中国における自然災害の影響は、毎年3億8千万人、4,800万ヘクタールの農地で被害を受け、直接経済被害額は1,810億元（約2兆2千億円）に達する（吉野 2009）。中国における自然災害は、近年、1981、1992、2008年に四川省の内陸地震で多くの人命を失うなど、地震による自然災害の被害が大きい。甘粛省で発生した地震では1920年に20万人、1932年にも7万人の死者行方不明者が現れた。2013年7月にも地震により89人の死者が発生している。

中国の自然災害で地震の被害額が最も大きいものの、その他の自然災害（豪雨水害、地滑り、台風水害、雹害、大雨水害、集中豪雨、干ばつ、異常高温、ガス中毒、黄砂など）でも被害も大きく、多くの人命を失っている。特に中国西北地域では近年、集中豪雨による被害が拡大している。その一方で、長引く干ばつで貯水池や井戸などの水源が枯渇し食糧不足に直面している。深刻な水不足に陥っているのは甘粛省、陝西省、寧夏回族自治区である。中国西北地域は干ばつや水不足が経済発展の最大のネックともなっているようである。その原因は地球温暖化に加えて、森林減少によるところも大きいと考えられる。温暖化が続けば、大きな湖は小さくなり、枯渇し、一部の河川の水供給量は減少すると予測されている。既に黄河の貯水池と呼ばれている甘粛省南部のチベット族自治州瑪曲県における湖の数は、1985年に4,077ヶ所であったが、現在は1,800ヶ所にまで減少している（ENVIRONASIA 2008）。また、1998年に長江の大洪水後に森林保全の重要性に着目し、中国では「全国生態環境建設計画（1999）」で2050年までに森林被覆率を26％以上にするとの目標を掲げた。現在の西北地域の森林被覆率は全国平均より低く、とりわけ新疆ウィグル自治区で約2.94％、甘粛省が6.66％、青海省が4.4％と非常に低い地域である。表１－３には、1998年以降の中国西北地域における主な自然災害を示す。近年、降水量が極端に少なく大干ばつに見舞われたかと思えば、集中豪雨や洪水により大きな被害が現れるといった特徴がある。たとえば2000年に入り、甘粛省や陝西省は干ばつ状態であったが、6～7月に一転して集中豪雨による洪水や土砂崩れなどが相次ぎ、農作物や、飲み水に影響が出た。

　2012年の気象災害では、長江、黄河、海河などの大きな川の流域で複数の大雨、豪雨、洪水などの被害が発生し、中国西北地域（甘粛省、寧夏回族自治区、青海省と新疆）では、地震による鉄砲水が発生した。

第1章　中国西北地域における近年の気候の変化と異常気象現象　　*31*

表1-3　1998年以降の中国西北地域における地震を除く主な自然災害

年月日	地　域	種　類	被害状況
1998.6-	中国各地（長江流域）	大雨水害	死不4,200人超、傷多数、損壊・浸水1500万人超。長江、松花江など複数の大河が氾濫、被災者数は2億人を超えた。近年中国で起きた最大級の広域水害（建国後2番目）
1999.-8	中国北部	干ばつ	1998年秋から
1999	中国北部（長江流域）	大雨・洪水	死者2,966人、被災者数35,319人、直接的経済損失1,962億元
1999.7	中国北部	熱波	
2000.5-7	四川省、甘粛省、湖北省、山西省、陝西省	洪水	死者372人
2002.6-	甘粛省〜四川省	大雨	死者70人以上、被災者18万人
	陝西省、四川省	洪水	死者500人以上、被災者7000万人
	長江中流部、甘粛省	豪雨水害	死不200〜300人、重慶など被害、被災多数
2003.8〜9	陝西省	洪水・土砂崩れ	死者行方不明者70人以上、西安月降水量303mm（221%）
2006.1	中国西北地域・新疆ウィグル自治区	多雪・雪崩	アルタイ1月降水量53mm（平年比434%）
2006.1.1-8.8	甘粛省	干ばつ	蘭州市内の総降水量86.8〜170.2mm 耕作地145,000haのうち100,000haが干ばつ被害、植樹7万haのうち4万3千haの樹木枯死
2006.8、30-31	甘粛省甘南チベット族自治州の碌曲県と卓尼県	大雨、洪水	死者15人
2007.8.29-30	陝西省南部	大洪水	仏坪県で停水、停電
2008.2	甘粛省	低温	酒泉日最低気温-20℃以下の日の連続（平年値約-13℃）
2009.4	甘粛省 新疆ウィグル自治区	高温	民勤月平均気温14℃（平年値＋3.6℃） 哈密日最高気温が33℃（平年値：約21℃）

2010.3	新疆ウィグル自治区		多雨	阿勒泰月降水量53mm（平年比624%）
2010.6	中国北部		高温・多雨	内モンゴル自治区海拉爾月平均気温22.1℃（平年差＋4.9℃）、月降水量が3mm（平年比5％）
2010.7	中国甘粛省		少雨	民勤月降水量2mm（平年比10%）
2010.8.7-	中国甘粛省 甘南チベット族自治州		豪雨水害・土砂崩れ	死不1,760人以上、大規模な土石流が相次いだ 被災者数5万人
2010.8.12-13	中国甘粛省		大雨 土砂崩れ	死者15人以上、行方不明者20人以上 蘭州6村6,009戸浸水 舟曲で被災者1,239人、行方不明者505人
2011.6.7	中国、長江流域		干ばつ	この60年で最悪、死者14人、行方不明者53人、被害者数6万人以上
2011.6.13	中国、湖南省、湖北省、江西省、安徽省、重慶市、貴州省、新疆ウィグル自治区など		洪水、土砂災害	被害者700万人
2011.6.21	中国、東部、南部、南西部		大洪水	死者175人、行方不明者86人、被害総額50億＄
2011.6.27	中国、湖北省や湖南省、江西省、安徽省、江蘇省		洪水	24日まで干ばつの面積約390万ha 死者170人以上
2011.8	中国北部		高温	
2011.8.16-	甘粛省甘南チベット族自治州		洪水	避難
2011.9.1	中国、四川省、陝西省、河南省など9省		洪水	死者101人
2012.4	中国		干ばつ	被害者数7,820,000人
2012.5.10	中国甘粛省		雹害、洪水	死者53人、行方不明18人、被災者404,900人、避難3万人、130ヶ所で74,000㎡の土砂崩れ．経済損失約2116億円、洪水約490億円 降水量多い所で1時間70mm、気温0℃以下の地域もあった

2012.5.13	中国甘粛省	大雪	死者40人
2012.6.5-	甘粛省酒泉市、玉門市、瓜州県、敦煌市	大洪水	玉門市では1952年の気象観測開始以来最大の降水量
2012.6.20	中国、広西チワン族自治区、福建省、江西省、広東省	洪水	死者50人、行方不明者42人、被害者数10,400,000人
2012.7.20-	陝西、甘粛、新疆	洪水	
2012秋～冬	中国甘粛省	干ばつ	被災者312,399人、飲用水不足643,400人
2013.3.15	甘粛省、陝西省	干ばつ	
2013.3	中国・甘粛省	高温	酒泉月平均気温7.1℃（平年差＋5.0℃）
2013.5.25	陝西省・黄陵県倉村郷	地滑り・土石流	
2013.6-8月	中国、貴州省、湖南省、湖北省、重慶市など	干ばつ	被害者数600万人
2013.7	陝西省	多雨	延安月降水量568mm（平年比520％）上旬と下旬の大雨による死者30人以上
2013.7.8	陝西省	洪水	死者24人、被災者564,000人、家屋倒壊17,900戸
2013.7.27	中国西北地域	洪水	被災者446,400人．避難39,500人 天水市豪雨災害
2013.11	新疆ウィグル自治区	多雨	ウルムチ（烏魯木斉）：月降水量45mm（平年比230％）

注：「死不」は死者・行方不明者。
出典：『防災白書平成24・25年版』より作成。

第5節　中国西北地域の乾燥化、強風化による砂塵嵐（duststorm, sandstorm）

　中国の砂塵嵐の出現と日本の黄砂日数の経年変化を図1-12に示すが、1970年代以降中国では減少傾向を示している。日本の黄砂は1980年代後半よ

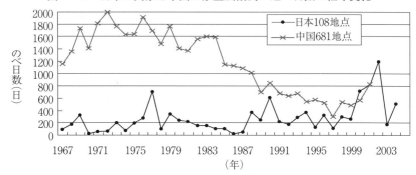

図1-12 日本の黄砂と中国の砂塵嵐観測の延べ日数の経年変化

出典：気象庁、2003より。

り顕著であり、特に2000年以降は飛来回数が増加している。発生源のほとんどは乾燥・半乾燥地域の中国西北地域である。図1-13に1961～2006年の年平均の砂塵暴日数を示すように、中国の国土の53.5％は乾燥・半乾燥地域で、西北地域だけで30％を占め、新疆ウィグル自治区（面積率25％）、内モンゴル自治区、青海省、甘粛省に集中している。

中国では、国土の18％、約174万km²が砂漠化している（中国通信社 2007）。新京報によると国土の11.2％、約1,200.2万haが砂漠化しているともされている（Record China 2012）。中国の砂漠化面積は20世紀末までに急激に拡大し、毎年3,600km²の土地が荒地化している。特に砂塵嵐は中国の西部や北部に集中しており、過酷な気候帯に位置していることや耕地面積の拡大だけではなく、開発によるところも大きい。ワン・タオの報告によれば、中国北部と西部のおよそ24,000の村が砂嵐で荒廃し、村の一部が放棄されている。甘粛省は砂嵐の影響を受けることが多く、テングリ砂漠とバタンジリン砂漠が交わる地帯に位置する甘粛省武威市民勤県は、砂漠化面積は全体の94％に達し、毎年3～4mのスピードで拡大しており、2006年は14回の砂嵐が観測された（中国通信社 2007）、甘粛省気象局によると、砂嵐の平年値（1971-2000年平均値）は12回となっている。甘粛省で2010年4月24日に発生した砂嵐では、10級（24.5～28.4m/s）以上の暴風が3時間続き、死者1人、被災者120万人、経済的損失7億5,200万元と報告されている（殷・侯・2010）。砂嵐

第1章　中国西北地域における近年の気候の変化と異常気象現象　　35

図1-13　中国における年砂塵暴日数（1961-2006年）

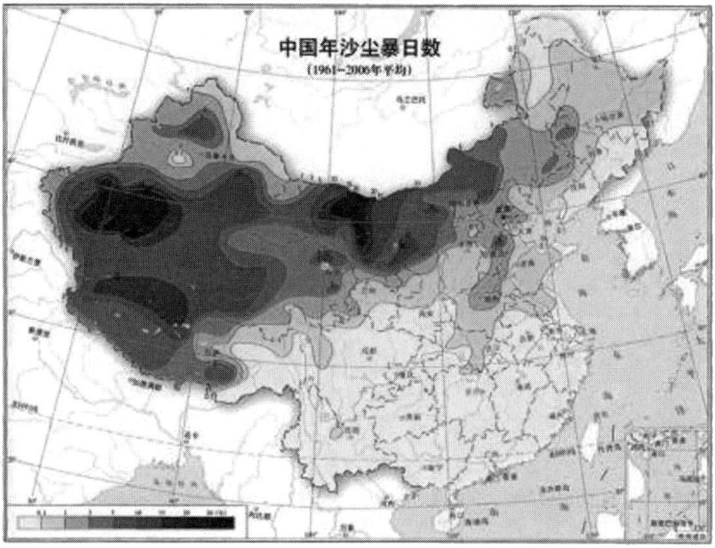

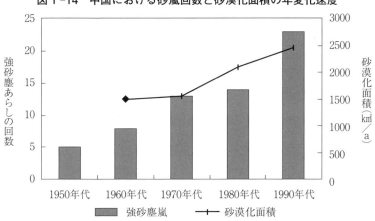

出典：「沙塵暴」中国天気網より

図1-14　中国における砂嵐回数と砂漠化面積の年変化速度

出典：王・大坪・2000より。

の規模からこの西北地域の自然破壊の程度を読み取る指標ともなっている。図1-14には中国における砂塵嵐の回数と砂漠化面積の変化を示すが、図1-12と異なり1950年以降の砂塵嵐回数は次第に砂漠化面積と比例して増加している（王・大坪 2000）。中国西北地域で1990年以降に発生した主な黄砂現象を表1-4にまとめた。2006年以降大規模な黄砂現象はかなりの頻度で発生していることが分かる。

砂塵嵐は寒気団が通過する際や、雷や突風現象により大量の砂が巻き上げられ、視界が1km以下の場合に起きる。黄砂は視界が1～10kmの場合である。砂塵嵐の発生条件としては、植生がきわめて少ないかゼロの乾燥した地域、積雪がゼロの地域で、不安定な気圧と無降水、風力6級（10.8m/s）以上の強風が吹くような地域で起こる。西北地域における砂漠化の人為的要因としては、過度な開墾、過放牧、森林破壊、野生植物の乱獲、水資源の乱用のほか、あいまいな土地財産権が指摘されている（王・大坪 2000）。甘粛省の河西回廊と青海省北部の多くの内陸河川の水源となっている祁連山脈の氷河後退も一因とされている。

表1-4　1990年以降の中国西北地域における主な黄砂現象

発生年月日	地域	種類	被害状況
1993.4.19-5.8	新疆東部、甘粛省・河西地区、寧夏、内モンゴル西部	砂塵嵐	特強砂塵暴、死者380人、家畜死亡12万頭、農作物被害3367km²、直接的経済損失約10億元
1993.5.5-6	甘粛省・河西地区	砂嵐（黒風暴）	死者行方不明者112人、経済損失約66億円（5・5黒風）、22.9mg/m²を記録
1994.4.6-	甘粛省・河西地区	砂塵嵐	北部の砂漠とゴビ砂漠の砂塵嵐
1995.5	甘粛省・河西地区	砂嵐（黒風暴）	約1,243万tの砂塵が積もる。
1996.5.29-30	甘粛省・河西地区	砂嵐（黒風暴）	呼吸困難、酒泉地区の直接的経済損失約2億元
1998.4.5	内モンゴルの中西部、寧夏の南西部、甘粛省・河西地区	砂塵嵐	農作物被害307km²、家畜死亡1,109万頭、直接的経済損失約8億元 北京、済南、南京、杭州などの広い地域に波及

1998.4.19	新疆北部、吐魯番盆地	砂塵嵐	12級（32.6m/s以上）の瞬間強風が発生、6人死亡、44人行方不明、256人負傷
1998.5.19	新疆北部	砂嵐	阿拉山、塔城などの地域で風力が9～10級、瞬間風速32m/s
2000.2-5月	西北地域、内モンゴルなど	砂嵐	3/2-3、3/17-19、3/22-23、3/26-28、4/3-4、4/8-9、4/12-14（直接的経済損失約1,534万元）、4/19-21、4/24-25、5/7-8、5/11-12、5/17-19
2000.12.31-2001.1.2	内モンゴル中央、甘粛省	砂嵐	ダスト天候
2002.3.18-21	中国全域・新疆ウイグル自治区	砂塵嵐	1990年代以来最大規模、最強、影響人口13億人
2002.3.19	新疆ウイグル自治区、甘粛省、青海省、寧夏北部、陝西北部など	砂塵暴	広範囲の大規模砂塵暴
2006.4	中国．北部や西部	砂嵐・黄砂	死者を含む被害、少雨傾向
2007.1.27	甘粛省・武威市	砂嵐	発生地：武威市民勤県、最大風速13.7m/s、視界600m
2007.2.28	新疆ウイグル自治区	砂嵐	列車横転、死者4人、負傷者100人以上
2007.4.13-15	甘粛省	砂嵐	視界は100m以下、7級（風速13.9～17.1m/秒）の大風
2007.6.10	新疆ウイグル自治区中部の庫車から阿克蘇	砂嵐	視界10m以下
2007.7.5	甘粛省	砂嵐	強風、日中真っ暗
2008.4.17	新疆ウイグル自治区、伊寧、庫爾勒	砂嵐	視界100m 空の便に影響
2008.9.7	甘粛省・敦煌、玉門、瓜州、金塔	砂塵嵐	
2009.4.16	新疆ウイグル自治区カシュガル市	砂嵐	視界50m以下

2010.3.20	新疆ウイグル自治区、内モンゴル自治区	砂嵐	発生源、日本列島の広範囲で21日黄砂観測
2010.4.18-19	新疆ロプノール地域	砂嵐	8級以上
2010.4.23-25	内モンゴル自治区、甘粛省、陝西省、青海省	砂嵐	視界ゼロ地域。家畜4,000頭以上死亡、畑被災役3,000ha、井戸埋まる300基以上、強風（瞬間24.5-28.4m/s）、寧夏で過去17年最強
2010.4.25	内モンゴル自治区、陝西省、甘粛省、青海省	砂嵐	10級以上の暴風が3時間 死者1人、被災者120万人、経済的損失7.52億元
2010.9.5	新疆ウイグル自治区カシュガル市	砂嵐	視界100m以下
2011.3.17-19	青海省・ゴルムド市	砂嵐	発生源：ツァイダム盆地 最小視程10km、最大風速26.3m／秒と、過去30年間で最大値
2011.4.28-30	甘粛、新疆、内モンゴル、寧夏、陝西、山西、河北、北京	砂嵐	視界500m以下、発生源新疆ウイグル自治区東部および甘粛河西回廊、被災者9千万人 甘粛省で、過去9年で最も強い砂嵐が発生。酒泉市では視界100m以下のきわめて強い砂嵐
2011.8.3	新疆ウイグル自治区烏魯木斉（ウルムチ）	砂嵐	7級の砂嵐、視界500m以下
2012.4.21	新疆ウイグル自治区	砂嵐	死者1人、視界10m程
2013.3.5-7	甘粛省・張掖市	砂嵐	砂嵐が町や牧場に迫り飲み込む 最大風速21m/s、視界100m以下 経済的損失約3億9千万円
2013.3.10	寧夏、遼寧、新疆	黄砂	
2013.3.25	甘粛省 張掖、武威、金昌、蘭州など	砂嵐	
2013.4.17	甘粛省玉門市	砂嵐	視界100m前後、砂嵐警報発表 新疆ウイグル自治区のタリム盆地、内モンゴル自治区西部、甘粛省西部、寧夏回族自治区中北部、陝西省北部などで黄砂が発生

出典：中国のニュース記事等より作成。

中国の甘粛省野生動植物管理局によると、甘南地区では天然草原や湿地の退化が進んでおり、草原の90％に退化現象がみられ、湖沼が1985年の4,077ヶ所から1,800ヶ所に減少したことなど，過去30年間に43,000ha が深刻な影響を受けていると2011年6月1日に発表された。また甘粛省気象データからは、甘南地区の草原での砂漠化面積は約53,000haにおよび、毎年平均300ha の割合で砂漠化面積が増加しているとされている（Record China 2011）。砂漠化によって、砂塵嵐（黄砂）の拡大、強化、砂漠周辺地域の乾燥化が進んでいる。

　中国の森林管理局によると、黄砂の影響を受けている中国人は約4億人、直接的な被害だけでも540億元（約8400億円）に及ぶとされている（Ying 2007）。1990年代の黄砂に伴う経済損失は少なくとも年間15億元とされている（環境省・海外環境協力センター 黄砂問題検討会 2004）。新疆ウィグル自治区の環境保護局によると、2008年に被害を及ぼす規模の砂嵐が7回発生（前年4回）し、局地的な砂嵐は58回（前年13回）もあり、これらの砂嵐による経済的損失は、毎年30億元（約430億円）と中国新聞社が報じている。この地区は中国でも最も砂漠化の深刻な地域であると報じられている。これまでで最も大きな被害は、1993年5月5日の中国西北地域の寧夏回族自治区、内モンゴルアラシャン盟、甘粛省を襲った「黒風暴」であり、記録に残る中国史上最悪の砂塵嵐である。この砂塵嵐の被害は、耕地21万 ha、森林18万 ha が被災、4,600本の電柱倒壊による停電、鉄道や道路の埋没も発生した。死者・行方不明者112人、負傷者386人、家畜の死亡・行方不明48万3千頭に上り、砂塵嵐の日数は図1-12では減少傾向に見えるが、図1-14に示すように砂塵嵐の規模は拡大していると言える。

　砂塵嵐の発生回数は、中国西北地域の新疆ウィグル自治区では、強風が多いため砂嵐の吹く日数が、タリム盆地で年平均30日以上、新疆や哈密、トルファン盆地のある東疆で年平均20日前後となっている。タリム河中流域の年平均降水量は17.4〜42.8mm と中国国内で最も少ない地域である。平均気温は10.7℃、最高気温が43.6℃、最低気温が−30.9℃と年較差が大きい。砂塵暴の年平均発生日数は80日以上となっている。砂源は南疆の場合が多く、3〜5月に多く災害をもたらす砂嵐が発生している。最近の中国の黄砂はやや

減少傾向にあることが気象台の観測結果からも明らかであるが、韓国や日本に運ばれて来る黄砂は決して少なくない。砂塵嵐の原因は乾燥した気候、少ない降水量、強風（風速10m/s以上）とされている（吉野ら 2003、阿迪拉庫尔班 2013、Abudoureyimu 2008）。砂塵嵐が発達する時には、ゴビで10m/s、タクラマカン・黄土高原で6m/s以上の風が吹き、砂塵嵐によって砂が巻き上げられ、高さは最大で上空 7～8km という研究報告がある。また、強い低気圧が通過した前後などは砂塵嵐が多く発生し、黄砂の量も多くなる（検討会最終報告書）。中国の気象当局は、瞬間風速25m/s以上で視程が50m以下の砂塵嵐を「黒風暴」（カラブラン、Kara Bran）または「黒風」と規定、俗に「黒い嵐」などと呼ばれている。黒風暴は、寒冷前線の通過時などで大気が不安定になった際に、ダウンバーストやガストフロントなどの局地的な突風をきっかけに発生する。水平方向の大きさは小さいもので数百m、大きいものは100kmを超える。中国西北地域では植生被覆率が低いところも多く、表土むき出しのところに強い気流作用が加われば、砂嵐は発生し、偏西風により東へと運ばれてくる。近年の降水量の変動幅が大きいことにより非常に少ない年や、極端に降水がない月が継続した場合などに発生しやすくなっている。わが国で黄砂観測日数が最も多かった2000～2002年を見ると、前年の降水量や1971～2000年の中国全域の年降水量をかなり下回っていること、降水量の多かった年にはわが国の翌年の黄砂観測日数が少ないことなどから、乾燥化に伴い黄砂日数が増えたと推定できる。しかしながら、中国全域の年降水量が最も少ない2011年にわが国の黄砂観測日数が最も多い結果にはなっていない。中国西北地域の2011年の年降水量が極端に少ないわけではないために、わが国の観測日数は多くならなかったのであろう。この地域の降水量や相対湿度と日本の黄砂観測日数は関係が深いものと推察される。

　近年、砂塵嵐を防止する対策も行なわれている。防止するために最も重要なことは植生の保護と再生である。中国の砂漠化は、2000年頃から始まった「退耕還林（耕地を森林に戻す）・還草」や「封山緑化（山道を封鎖し斜面を緑化する）」、「以糧代賑（食糧で救済する）」、「個体承包（個人で請け負う制度を導入する）」の方策や、「砂進人退」（砂漠化の進行による人間生存域の後退）か

ら「人進砂退」(人間の努力による砂漠化面積の縮小) などの砂漠化防止活動で、ある程度の成果を上げている。中国の砂漠化面積は国土の約18％が砂漠化しており、20世紀末までは年間3,436km²拡大したが、現在では、年間1,717km²に減少しているとの報告がある (Searchina 2013)。甘粛省金塔県で、日中共同のバイオ砂漠対策の実証実験が2011年に始まった。日本の東レ株式会社と金塔県の協働で環境にやさしいポリ乳酸も使った暴風固砂技術を導入し、砂漠固定・緑化により砂の移動を止めるというものである (東レ㈱ 2012)。しかしながら、内モンゴル自治区では最近の10年間に3倍に増えているとの報告もある。河川の断流だけでなく、水量が減少し砂漠が南下するなどが砂嵐の発生日数を増やしていると指摘されている (Record China 2012)。中国中南部の湖南省では過去10年間に深刻な干ばつに見舞われている。

謝辞

　本研究の一部は、龍谷大学社会科学研究所指定研究「中国西北部・乾燥地における大規模開発と環境保全に関する研究」の助成を受けておこなった研究であると同時に、特別研究員期間 (2011年9月〜2012年8月) 中におこなった研究の一部でもある。この成果が甘粛省および陝西省のこれからの研究の一助になることを願うものである。

参考文献

中国気象局甘粛省気象局「中国沙尘暴网」(www.Duststorm.com.cn 2014_8_4参照)。

Abudoureyimu, B., 城戸由能、田中幸夫、中北英一「新疆タリム河流域の地下水流動解析―飽和二次元モデルによる地下水流動解析―」『京都大学防災研究所年報』N0.51B、2008年、581-590頁。

ENVIROASIA (日中韓環境情報サイト)「地球温暖化により中国北西部の水資源不足が悪化」、2008年2月20日。

Searchina「中国の砂漠化防止活動は著しい成果…砂漠面積は年々減少」、2013年6月30日。

Wang Ying, Operation blitzkrieg against desert storm：China Daily (2007) (http://www.chinadaily.com.cn/china/2007-04/03/content_842162.htm 2014_8_4参照)。

WMO, 世界気象資料（1950～2013年）。
阿迪拉・庫尔班「中国新疆ウィグル自治区における 地方環境立法に関する研究」学位論文、2013年、71頁。
環境省『実態解明調査報告書』2009年、169頁。
環境省・海外環境協力センター 黄砂問題検討会「2.4黄砂の記録・被害『黄砂問題検討報告書』2004年（http://www.env.go.jp/air//dss/report/02/index.html 2014_8_4参照）。
甘粛省、陝西省、寧夏回族自治区概要『中国まるごと百科事典2014』（http://www.allchinainfo.com/outline 2014.8.4参照）。
北川秀樹「中国の環境法政策と執行メカニズム─地方政府の環境ガバナンス─」北川秀樹編著『中国の環境法政策とガバナンス─執行の現状と課題─』晃洋書房、2012年。
趙承、李佳路「近年我国出現的大風和沙塵暴」新華社北京2000年4月6日。
東レ株式会社「東レグループCSRレポート2012」2013年、72頁。
中国環境保護部「2012年中国環境状況公報」2013年。
張家宝、史玉光ら『新疆気候変化及短期気候預測研究』気象出版社、北京、2002年、266頁。
殷春永、侯志雄「甘粛省砂嵐に遭われ、120万人が被害を受け、経済損失が7億元に達した」中国新聞網（2010, 04, 26）。
21世紀中国総研編「第Ⅱ章中国と中国人─中国の気温と降水量─」中国情報ハンドブック2013年版、蒼蒼社、2013年。
宮尾恵美「中国の気象災害への取組─気象災害防御条例の制定─」『外国の立法』No.245、2010年、141-158頁。【中国の自然災害1990～2009年】
山本桂香「黄砂現象に関する最近の動き～自然現象か人為的影響か古くて新しい問題の解決に向けて～」『科学技術動向』(7)、2006年、24-35頁。
吉野正敏、鈴木潤、清水剛、山本享「東アジアにおけるダストストリーム・黄砂発生回数の変動に関する総観気候学的気候」『地球環境』7 (2)、2002年、243-254頁。
吉野正敏「中国における乾燥・半乾燥地域の環境研究」ICCS国際中国学研究センター『現代中国学方法論の構築をめざして[環境篇]』2006年、25-38頁。
吉野正敏「異常気象を追う─中国の異常気象─」バイオウェザーサービス、2009年（http://www.bioweather.net/column/essay2/aw29.htm 2014_8_4参照）より。
王勤学・大坪国順「中国における砂塵あらしの増加と土地利用変化」大坪国順編「中国における土地利用変化のメカニズムとその影響に関する研究」2000

年、243頁。
『中国通信社』「中国の砂漠化面積174万平方キロ　国土の18.1％に」(2007/6/18)。
『Record China』「国土の1割以上が砂漠化、耕作面積拡大・無秩序開発などで―中国」(2012/6/20)。
北京晩報「近50年我国的強沙塵嵐」(2000/3/29)。
「沙塵暴」中国天気網、査看評論。(http://www.baike.weather.com.cn)
ニュース　大紀元、時事通信社、InsightChina、人民日報、Record China、Searchina、新華通信。

第2章　中国の環境政策とガバナンス
―― 西北地域における環境保護政策 ――

北 川 秀 樹

はじめに

　中国では、急速な経済発展の下で、北京市をはじめとした中北部都市での高濃度のPM2.5[1]に代表される大気汚染、がんの村に代表される工場排水に起因した河川や地下水の汚染、土壌汚染に起因する食品安全問題、ごみの埋立処理と地下水汚染などの解決困難な問題が顕在化している。これらの環境問題は直接に健康に影響する深刻な問題であり、住民の不安も高まっている。一昨年3月の全国人民代表大会（以下「人大」）の環境・資源保護委員会の委員30人を選ぶ投票では、反対850票、棄権125票と「批判票」が投票総数2959票の約3分の1に上ったが、この背景には環境問題を有効に制御できない政府への苛立ちがある[2]。国務院環境保護部の周生賢部長は、中国の環境保護部は世界で最も苦境に立たされている4大部門の一つであると語っている[3]。筆者は中央政府の環境政策が不十分ということだけでは済まされない構造的な問題があるように思う。

　「環境問題のデパート」と称されるように中国の環境問題は広範かつ重層的に顕在化している（小柳 2010）。本稿ではまず、中国全土で深刻化する環境問題として近年注目が集まるPM2.5と土壌汚染問題を取り上げ、頻発する住民側の集団行動事件を紹介する。次に、習近平政権の政策の動向から中国の環境政策とガバナンスについて考察する。続いて、2011年度から3年間にわたる龍谷大学社会科学研究所指定研究の成果として、生態環境が脆弱であるにも関わらず開発圧力の強い西北地域に焦点を当てる。ここでは、西北地域の開発と環境を概観した後、環境影響評価制度と政府で制定作業中の生態補償制度を取り上げ、その有効性と課題について考察を試みる。この二つ

の制度を取り上げたのは特に西北地域の環境保全のために重要と考えるからである。最後に、ガバナンスの有効性について私見を述べる。

第1節　深刻化する環境問題と群体性事件

1　PM2.5

　2012末からの北京市を始めとした中国の都市におけるPM2.5による大気汚染の状況が報道され、住民の不安が拡大している。もともとの発端は米国大使館が公表したことに始まる。2013年1月12日には、700μg/㎥と最悪を記録した。発生源は自動車、工場、暖房、発電など様々なものがあり、自然起源のものもあるが、特に自動車排気ガスの寄与率が大きいと指摘されている[4]。また、冬季は暖房に使う石炭消費量も増えるため当然濃度は高くなるが、それでは春、夏はどうか。筆者は2013年5月に北京に2週間程度滞在したが、米国大使館の空気質量指標（AQI）では、過去24時間値の平均値は200を超え、非常に不健康（Very Unhealthy）に分類されていた。夏になっても飛躍的に下がることはなく8月21日のAQIは150-200の間、pmは100μg/㎥を示し不健康（unhealthy）のレベル[5]に位置づけられている。降雨等により急速に改善されることはあるが夏季も同様の状態が続いているものと思われる。西北内陸部でも事情は大きく異ならない。昨年2月に滞在した西安では数値は300μg/㎥を記録し近くの城壁が霞んで見えた（図2-1）。

　中国政府は環境空気質量標準GB3095-2012を2012年2月（2016年施行）に策定し、この中でPM2.5の基準を策定している。これによると、自然保護区以外の二級基準は「年平均値35μg/㎥、日平均値75μg/㎥」となっている。日本においても健康への影響がしだいに明らかになってきたため、2009年に環境基準が制定されたが、「年平均値15μg/㎥以下、かつ日平均値35μg/㎥以下」としている。中国における自然保護区の基準と同じである。なお、我が国では注意喚起のための暫定的な指針となる値を1日平均値70μg/㎥と定め、これに対応する1時間平均値85μg/㎥を一日のうち早めの

図2-1　2014.2.23西安市西北大学正門付近から城壁を望む

出典：筆者撮影

時間帯で超えた場合は、都道府県等が注意喚起を行うことを推奨している。

2013年1月には、都市汚染の影響の少ない九州西端の離島にある国立環境研究所の観測所でも粒子状物質の濃度上昇が観測され、その成分に硫酸イオンが多く含まれていたこと、国立環境研究所の推計（シミュレーション）結果によると西日本で広域的に濃度が上昇し九州西端の離島でも高濃度が観測されたこと、観測とシミュレーションモデルの結果を総合すると越境大気汚染が影響していた可能性が高いこと、大都市圏では越境汚染と都市汚染が重合して濃度が上昇した可能性があること等が明らかとなっており[6]、他国のこととして看過しておられない事態となっている。

2　土壌汚染

環境保護部と関連部門は2005年から8年をかけて、土壌汚染状況の調査を行った。2011年以来8件の情報公開申請が出されたが結果は公表されなかった。環境保護部の李干杰部長は、2013年4月の会議で調査により土壌環境質の全体状況と変化の趨勢を初歩的に把握し、汚染場所と周辺土壌の特徴が明らかになったとしながら、土壌は均一でないため完全、正確、詳細に汚染状況を把握することは困難としている。調査対象地点はまばらにしか定められておらず、耕地の場合、8kmメッシュ、64km²に一箇所が取られているに過ぎず、一層の詳細調査をした上、正確な状況を明らかにし公開するとしていた[7]。

2008年から5年間で土壌汚染に関する人大と政治協商会議の提案は100件を超え、そのうち90%は土壌環境保護立法の提案である。しかし、土壌汚染防治法でなく土壌環境保護法であることに注意を要する。汚染された土壌の回復を目的としたものでなく、汚染されていない土壌を保護することを目的としている。汚染地の改善にはあまりにも多くの予算が必要なためである。現在起草作業中であり制定には3－5年を要するとのことである[8]。

　このような中で、環境保護部と国土資源部は全国土壌汚染状況公報を公開した。すべての耕地と一部の林地、草地、未利用地と建設用地を含み、調査面積は630万㎢に及んでいる。これによると土壌全体の基準超過率は全国の16.1%におよび、軽微、軽度、中度、重度汚染の比例は、11.2%、2.3%、1.5%、1.1%となっている[9]。無機物汚染が主で全体の基準超過の82.8%を占めている。特に、南方の汚染が北方より進み、長江三角州、珠江三角州、東北地方工業地帯等の汚染が顕著であり、西南部と中南部の重金属の基準超過の範囲が広がっている。カドミウム、水銀、ヒ素、鉛の4種類の汚染物の量は西北から東南、東北から西南方向に次第に高くなっている。無機物ではカドミウム、有機物ではDDTが最も基準超過が多い物質であり、耕地、林地、草地、未利用地のなかでは耕地が19.4%と最も超過率が高くなっている。この公報はきわめてシンプルなものであるが、全国いたるところで土壌汚染が広がっていることが窺える。

　とりわけ農村の土壌汚染は深刻である。2011年に環境保護部が行った全国364の村の試行観測結果によれば、土壌が基準を超えたものが21.5%、ごみ埋め立て場周辺、農地、企業周辺の土壌が汚染されている割合が高い。汚染物としては、COD、窒素、燐が多く、全国の43.7%、57.2%、67.3%を占めている。これに生活汚染が加わり、食品の安全の脅威となっている。全国の4万を超える郷鎮、約60万の行政村の圧倒的多数で、基礎施設の建設が遅れ、「ごみは風任せ、汚水は蒸発任せ」の状況が広まっている。最近、環境保護部が受けた陳情のうち、文書の70%、訪問の80%がこれら農村の環境問題を反映している（陸学芸ら2012、257頁）。

　また、鉱山や工場から排出される重金属、有機化学物質、農薬・肥料などによる土壌汚染が広がっていることが懸念され、食品安全への影響が心配さ

れる。2007年の国土資源部の発表では、中国では汚染を受けた耕地が1.5億ムー、1997年以来がんが中国人の死因の第一位となり、毎年130万人ががんで亡くなっている。また、『中国の癌予防と抑制綱要（中国語：中国癌症予防與控制企画綱要）』では、90年代からの20年間で癌の死亡率は29.42％に上昇し、癌の死亡者は140-150万人に上っている[10]。土壌をはじめ大気や水質が工場からの汚染物排出により深刻に汚染されていることが、癌多発の原因と考えられている。最近でも、山東省日照市のある村の農民が匿名で新聞に投書し、2002年に建設された電池工場、鉛加工工場、化学工場等の無処理排水により村民の癌や児童の鉛中毒を告発しているが[11]、報道されるこのような事例は氷山の一角で、同様の汚染事件が多発しているものと推測される。

　土壌汚染について中国でいかに関心が高まっているかを表す二つのエピソードを紹介する。一つは、北京市の住宅団地・天通苑の土壌汚染である。筆者は2013年5月末日、北京市北部の住宅団地・天通苑を視察した。地下鉄5号線・天通苑南駅から東南方向、歩いて15分程度のところに位置し、四環路と五環路の間にある。北京市の住宅の価格の上昇は著しいが天通苑の住宅は比較的割安である。本団地は、1980年代から開発が進んだ住宅団地で、2013年1月に公表された「2010年全市各区県悪性肿癌発病分布図」によれば、昌平区の天通苑と回龍苑が北京市の中でも癌の発生率が高い場所として注目されている。その原因として、当地がかつてゴミ埋立処理場であっことと関係しているのではないかとの憶測が広まっている。1980年代に北京にはこのような処理場が4700か所あったといわれる。99年までほとんど何の処理もせず埋め立てられていたとのことで。100畝（ムー・1/15ha）の規模で14mの穴を掘り処分された。しかし、ゴミの成分は比較的単純でプラスチックや重金属はなかったようである。ゴミ処理場であったところは一番最初に開発された街心花園の付近で、窪地になっている。付近に天通苑老区の表示があり最初に開発された場所である。現在は西欧風の美しい庭園になっており全くその面影はない。2000年に、社区の業主はゴミの問題を心配したが、社区（団地）の飲用の井戸と庭園の距離が300mしか離れていなかったためである。2000年12月の検査結果では、フッ素化合物が基準を7割超えていた。この後、2003年7月に水道が完成したが、既に北京の浅層地下水は広範に汚染

されているといわれる。癌の高率発生の原因はゴミの浸透だけでなく人口密集と老齢化ではないかと指摘する専門家もいて実態は明らかとなっていないが、このようなゴミ埋立処理場の土壌汚染が懸念される[12]。

もう一つは、広東省広州市のコメのカドミウム汚染である。広東省食品薬品監督管理局が2013年1-3月に行った抜き取り検査で、120のカドミウム基準超過米が見つかった。同管理局によれば、汚染されていたコメはカドミウム含有量が1kg当たり0.21-0.4mgに達し、0.2mgの政府の許容限度を超えていた。これらの米は、「魚米の里」として知られる近隣の湖南省から出荷され、中国では一般的な小規模な精米所で処理されており、規制が難しい。このうち、68は湖南省の産地。原因として鉱山開発、金属精錬等に伴う排水、カドミウムを含んだ輸入リン肥料ではないかと推測されている。南京農業大学が2011年に行った調査では、中国で販売されているコメ全体のほぼ10%がカドミウムに汚染されているといわれる[13]。

3　群体性事件

住民が集団で抗議する群体性事件（集団行動）であるが、毎年、数万件から10万件以上発生している。そのうち、土地収用関係が半数、環境汚染と労働争議に起因するものがそれぞれ同数程度あり両者で30%を占めているとの報告がある（陸学芸ら2012、13-14頁）。また、1996年以来、環境群体性事件の数は年平均29%の割合で増加しており、特に規模の大きな重大事件が増えている。2005年以来、環境保護部が直接処理した事件は927件で、そのうち重大特大事件が72件であった。2011年は重大事件が前年同期より120%も増え、重金属と危険化学薬品の事件が増加傾向であった[14]。

2013年5月にインタビューした環境保護部の司長レベルの幹部は、群体性事件は規模も大きくなり、暴力の程度も増していると語った[15]。特に、近年反対運動が激しいのはPX（パラキシレン）の工場建設を巡ってである。2012年10月には浙江省寧波市での工場拡張計画に対して大規模な抗議行動が起こり、警察との間で衝突があったと伝えられている[16]。結局この事件では市政府が中止を表明したが、2011年には大連市、2007年には福建市でも住民の反対行動によりPX生産工場の移転、計画中止が行われている（王社坤

2012、62頁)。

　このような群体性事件の背景には、微博（ウェイボー・中国版ツィッター）の普及により住民が環境汚染を知る機会が増え、敏感な感覚を持ちはじめたことも関係している（陸学芸ら2012、264頁）。

　周生賢環境保護部長は2012年11月の中外記者招待会において、「環境方面では敏感な時期であり、経済を重視し環境保護を軽視することや、行政手段のみに依拠することをできるだけ早く改めるべきである」と発言している。寧波のPX事件、四川什邡[17]、江蘇啓東の事件[18]を挙げ、これらは環境影響評価を事前に行っていないこと、政府のガバナンス、重大プロジェクトに関する社会リスク評価の法律が不健全なためおこることを指摘している。改善策として、①法に基づく環境影響評価の強化、②情報公開の推進と大衆監督、③公衆参加の拡大、④社会リスク評価システムの健全化を挙げる。社会の治安維持を第一と考える地方政府にとっては、きわめて関心の高い問題である。

第2節　習近平政権の環境政策

1　生態文明の提起

　2012年11月に開催された中国共産党18回大会とそれに続く1期中央委員会全体会議（1中全会）において、習近平は党総書記と軍の統帥権を握る党中央軍事委員会主席に選出され、事実上の政権指導者となった。この18回大会で胡錦濤国家主席は、中国の特色ある社会主義事業を経済建設、政治建設、文化建設、社会建設の「四位一体」から、それに生態文明建設を加えた「五位一体」に拡張し、生態文明建設を経済、政治、文化、社会建設の各領域とすべてのプロセスに浸透させ、自然を尊重し保護する理念を提示した[19]。会議報告8章「生態文明の建設を大いに推進する」では環境保護について記述している。ここではまず基本的な考え方として「美しい中国（美麗中国）の建設」「資源の節約と環境保護の基本国策」「節約優先、保護優先、自然回復

の基本方針」を掲げた。さらに、①国土全体を考えた開発事業の配置（国土空間開発格局の優化）と国土資源の利用を調整すること、②全面的に資源節約を推進すること、③自然生態システムと環境保護の強化、③生態文明を具体化する目標を作り審査方法と賞罰システムを確立することを謳っている。

　それでは、ここで強調されている「生態文明」とは何か？　2006年の胡錦濤政権の時に提唱されたものであり、ウェブ上では人類の文明発展の新たな段階で、工業文明の後の段階を指すとし、人類が人、自然、社会の協調発展という規律により取得する物質と精神成果の総和であり、中国伝統文化の天人合一思想は生態文明の重要な文化の淵源とされている[20]。しかし、この定義、内容については未だ定まっておらず、現在各界各層で学習会などが開かれ議論がおこなわれている。

　この生態文明と併せて、習主席は、2012年12月に「密接に大衆に連携する八項規定」を制定し、勤勉節約を奨励した。2013年3月の両会期間には、李克強首相が政府廉潔の取り決めとして、現政府任期内の政府の建物の新築禁止、職員の削減、公務接待、公費出国、公用車の削減を打ち出しており、節約廉潔に重点を置いている。現政権は誕生してから時日が経過しておらず、理念が先行している感を否めず具体的な環境政策を期待するのは時期尚早かもしれない。実際に特色ある政策が打ち出されるのは5年後の2期目からではないかという指摘もある。しかし、筆者が昨年インタビューした環境保護部の政策担当幹部は二つの発言から期待できるとする。一つは習近平が2012年11月15日に行った中央政治局常務委員の記者会見で、「人民が良好な環境を期待している。これは我々の目標である」と語ったこと、もう一つは李克強首相が「中国3000年の歴史において、中国の発展は環境の制約と拘束を受けたことがなかった。（環境問題は）最近の突出した問題であり、政府は非常に注目している」と述べたことであるという。さらに、習主席は、中央政治局生態文明集団学習会（2013年5月24日）において、生態環境保全は譲れない原則とし、生態環境に配慮しない政策により深刻な結果をもたらした場合は、終身その責任を追求すると述べている。このため一般の人々は、習近平政権に親近感を覚え、好感を抱いているという[21]。

2　18期3中全会の決定

　2013年11月に開催された18期3中全会において、「中共中央の若干の重大問題を全面的に深化改革することに関する決定（中国語：中共中央関於全面深化改革若干重大問題的決定）」（3中全会決定）が策定された。この決定は環境問題の解決と環境ガバナンスに関する重要な内容を含んでおり画期的なものとして評価する専門家もいる[22]。本稿ではまず、3中全会決定14章の「生態文明制度の建設を加速する」の内容を紹介し、「生態文明」というスローガンにより目指しているところを確認する。

　まず、生態文明の建設についてシステムがバランスの取れた制度を確立するとし、最も厳格な汚染源改善、損害賠償、責任追及、環境改善と修復制度を実行し、制度を活用して生態環境を保全することとした。次の4つの内容を強調している。

(1) 自然資源財産権制度と用途管理制度の健全化

　水、森林、山地、草原、荒地、干潟などの空間に対して統一して権利を確認し登記することや帰属が明らかで、権利と責任が明確で、監督管理が有効な自然資源財産権制度を形成するとした。空間規劃システムを確立し、生産・生活・生態空間開発制限を定め、用途管理を実行するほか、エネルギー、水、土地の節約集約使用制度を改善し、自然資源の資産管理と体制を健全にし、国が統一して所有者としての職責を行使するとした。

(2) 生態保護の方針（原文は「紅線」[23]）の確定

　主要機能区の設定により国土空間開発保護制度を確立する。厳格に主要機能区を位置づけ、これに基づき国家公園制度を確立する。資源環境の負荷能力観測・警告メカニズムを構築し、水土資源、環境容量と海洋資源の負荷能力を超えた区域について規制措置を実施するとした。開発制限区域と生態の脆弱な国家貧困支援開発重点県に対するGDPによる審査をやめ経済偏重方針を転換する。自然資源資産負債表を作成し指導幹部に対する自然資源資産にかかる離任後監査を実施し、生態環境に損害を与えたものに対する生涯責

任制の確立を掲げた。

(3) 資源有償使用制度と生態補償制度の実行

　自然資源とその産品の価格改革を急ぎ、市場需給、資源の欠乏、生態環境損害コストと回復利益を全面的に価格に反映するほか、資源使用について、汚染・破壊者負担原則を維持して、資源税を各種自然生態空間の占用に拡大する。退耕還林・退牧還草の範囲の拡大、汚染地区、地下水過採取地区の耕地の用途を調整し、耕地と河川湖沼の回復の実現、工業用地と居住用地の有効調節のための比較価格メカニズムを確立し工業用地価格を引き上げるとした。受益者負担の原則により、重点生態機能区の生態補償メカニズムを改善し、地区間の横向きの生態補償制度の推進、環境保護市場の発展、省エネ量・炭素排出権・汚染物排出権・水権取引制度の推進を進める。社会資本を生態環境保護に投入することにより市場メカニズムを確立し、環境汚染の第三者による改善を促進することとした。

(4) 生態環境保護管理体制の改革

　あらゆる汚染物排出に関する厳格な環境保護管理制度を確立し、陸海を統合した生態システムの保護回復と汚染防止区域との連動メカニズムを確立することとした。国有林区の経営管理体制の健全化と集団林権制度改革を進め、適時環境情報を公開し、通告制度の健全化と社会監督を強化するほか、汚染物排出許可制の改善、企業・事業体の汚染物排出総量抑制制度の実行、生態環境に損害を与えた責任者に対する賠償制度の厳格な実行、法による刑事責任の追及を盛り込んだ。

　要するに、全国の自然資源の財産権帰属の明確化と用途管理の実施、管理責任の所在と追究の厳格化、生態機能区の中で重点的に保護しなければならない地区の確定、経済発展優先の成績審査の転換と幹部の厳格な責任追及、汚染者負担・受益者負担原則の貫徹と市場メカニズムを活用した生態補償制度の確立などを重点として掲げた。いわば資源に対する国の管理強化、環境汚染や破壊に対する責任追及、費用負担の制度確立の方針を明確にしたといえる。

このほか同決定では、環境ガバナンスに関連する注目すべき内容を規定している。一つは、4章の「政府職能の転換」の中で、投資体制改革に触れ、エネルギー、土地、水の節約、環境、技術、安全等の市場における基準の強化、生産過剰を防止・解決できる長期的なメカニズムの構築を規定した。また、成績評価について審査評価システムを改善し、経済成長のスピードで成績を評価する傾向を糺し、資源消耗、環境損害、生態効果、生産過剰、科学技術の刷新、安全生産、新増加債務等の基準の強化などによる省エネ、環境面での基準整備を強調している。さらに、9章の「中国の法治」において掲げた司法管理体制の改革である。省以下の地方法院、検察院の人事と財政の統一管理を推進し、行政区画と分離した司法管轄制度の確立を模索し国の法律を統一して正確に処理するとした。従来、地方の人民法院の財政は地方政府から手当され、法院院長の人事は地方の人大により決められるため、裁判の内容に地方の利益が優先される「地方保護主義」の傾向が指摘されていた（汪2011、309頁）。この改革により、上級法院の直接管轄が実現すれば裁判の独立性の保障に一歩近づくことが期待される。

3　環境法の動向

(1) 法体系（北川・2012b、25頁以下）

　2005年11月に策定された「"十一五"全国環境保護法建設規劃」（国家環境保護総局）によると、2005年までに汚染防止と生活、生態環境保全に関する法として、環境保護法9件、自然資源法15件、刑法の破壊環境資源保護罪の規定、行政法規50件以上、部門規章と規範性文書200件近く、国の環境基準500以上、批准と署名した国際環境条約51件、各地方人大と政府制定の地方性環境法規・規章1600件以上を制定したことを明らかにしており、改革開放政策への転換以降、急速に法整備が進んだことがわかる。

　1979年の「環境保護法（試行）」公布の後、89年に制定された「環境保護法」が中国における環境に関する基本法として環境保護の基本原則、基本制度と法律責任を規定している。同法では、「環境保護法」の目的は、生活環境と生態環境の保護・改善、汚染・公害の防止・改善、人の健康の保護とし（1条）、対象領域は、大気、水、海洋、土地、鉱物、森林、草原、野生動

物、自然・人文遺跡、自然保護区、風景名勝区、都市と農村（2条）としており、エネルギーは含まれていない。また、環境保護を経済発展、社会発展と協調させることを特に規定している（4条）

　次に個別法としての環境汚染防治法[24]は、環境に悪影響を及ぼす人為活動を抑制し、生活環境および人の健康と財産の安全を保護する目的で制定された法律の総称であり、汚染物の環境への排出を防止し、減少させることを担っている。「大気汚染防治法」「水汚染防治法」「海洋環境保護法」「環境騒音汚染防治法」「固体廃棄物汚染環境防治法」などの法律と実施細則、「危険化学品安全管理条例」などの行政法規、「新化学物質環境管理弁法」などの部門規章がある。

　自然保護法の目的は、自然資源を合理的に開発、使用し、人類の自然資源の持続可能な利用を進め、生態システムを保持し可能な限り自然を保護することである。このうち、自然資源の開発の抑制と管理により自然環境の破壊を受けないようにする自然資源法と、人類の生存発展の基礎となる環境と生態条件、生物多様性を保持するため人為的な行為を抑制する生態保護法（自然保護法とも言われる）に区分される。前者には、「土地管理法」「水法」「海域使用管理法」「森林法」「草原法」「漁業法」などがある。後者の目的は利用でなく保護であり、「野生動物保護法」「水土保持法」「砂壊化防止法」のほか、行政法規として「野生植物保護条例」「自然保護区条例」などがある。

　物質循環・エネルギー法は、廃棄物による環境負荷を低減し、回収、処理の適切さと、再資源化等によるエネルギーの節約を図ろうとするものである。この法には、「循環経済促進法」「省エネルギー法」「清潔生産促進法」「再生可能エネルギー法」があり、「固体廃棄物汚染環境防治法」の一部規定もこの範疇に属する。このうち、「循環経済促進法」は、2008年8月に制定され、生産、流通、消費過程における減量化、再利用、資源化を目的とする。

　「核と放射能に関する法」については、2011年の福島原発事故を契機に、中国においても放射性物質に関する安全対策への関心が急速に高まっている。

　環境侵害救済法は、環境被害の救済と補障を目的とした法律である。従来

より専門法はなく、「民法通則」「民事訴訟法」「行政訴訟法」や各種の環境汚染防治法のなかに散見されるにとどまったが、2009年12月に「侵権責任法（不法行為法）」が制定され、環境侵害について章を設け挙証責任の転換などの規定が置かれた。また、1997年の改正「刑法」は、「破壊環境資源保護罪」を設けている。

最後に、中国が締結した国際環境条約に基づく国内法整備であるが、気候変動と生物多様性の関係法の制定が今後の課題である。

(2) 環境保護法の改正

2011年11月に環境保護部から公布された「"十二五"全国環境保護法規と環境経済政策建設規劃」に基づき、今後の法政策制定の主な動向と計画を紹介する。規劃によると、環境保護法と環境経済政策の強化にあたっての重点として、前者については環境保護法と大気汚染防治法の改正、土壌環境保護と、環境応急処置、核安全、化学品環境管理等の法律法規の制定であり、後者については、排出権の有償使用と取引、生態補償と環境税等の環境経済政策の試行を挙げる。

本章では、これらのうち環境保護に関する基本法であり2014年4月に改正された環境保護法の内容を紹介する[25]。

基本的な環境政策を規定する環境保護法の改正については、早くも1993年の第8期全国人大において環境資源保護委員会が設置された時に、意欲的に議事日程に取り入れられた。その後の第9、10、11期全国人大常務委も法律改正を立法計画に取り入れ、数十回に及ぶ調査研究・法律執行の活動を展開

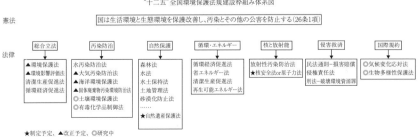

した。また、法律専門家・官員を海外へ派遣し、環境分野の立法の動向を調査させ、その育成訓練を実施した。このような努力にもかかわらず改正が実現しなかったことは、問題の困難性を表している（汪2011b、51頁）。

しかし、社会経済状況の急速な変化に伴って改正の気運はますます高まりを見せた。このような中で環境保護法改正案の草案第一次審議稿が2012年8月に公開され、意見聴取に付された。さらにその後大幅な修正が加えられ2013年7月に改正案の草案第二次審議稿が公開され8月18日まで一般の意見が聴取された（北川2014、2頁）。これを受け、内容の一層の充実強化が図られ、去る4月24日に改正案が全国人大常務委員会を通過、2015年1月1日から施行されることとなった。今回改正作業が早まった背景には、PM2.5をはじめとしたさまざまな環境問題の顕在化があったと考えられる。改正法の主な内容・特徴について、今回新規に加わったものや現行法と比較しての改善点を取り上げ述べる。

まず、「目的」について、社会主義現代化建設の促進という言葉がなくなり、「生態文明の建設の推進、経済社会の持続可能な発展の促進」という用語が加わった。また、従来から認知されていた「環境の保護は国の基本国策」を明記した（4条）。「環境教育や環境保護」について、「教育行政部門、学校は環境保護の知識を学校教育の内容に入れ、青少年の環境保護意識を養う」「ニュースメディアは環境保護の法律、法規および環境保護知識のPRを行い、環境違法行為に対する世論の監督を行う」とし、教育機関やメディアの役割を盛り込んだ（9条2項、3項）。

また、「国の環境保護規劃」について新たに定め、規劃の内容は「自然生態保護と環境汚染防治の目標、主要任務、保障措置等」を含み、「全国の主要機能区規劃、土地利用全体計画および城郷規劃とリンクしなければならない」とし（13条4項）、開発関連の規劃との整合を図った。「環境影響評価」に関して建設プロジェクト環境影響評価報告書は先に建設して後で承認を得るような場合が多かったため、「法により環境影響評価を行っていない建設プロジェクトについて、着工し建設してはならない」としたほか、開発利用規劃の環境影響評価に対する事前承認も義務付けた（19条2項）。そして、この違反に対して、環境保護行政主管部門は「建設停止を命令し、過料に処

するとともに現状の回復を命令することができる」とし（61条)、実効性を高める工夫をした。

　次に、環境保護部門の責任を明確化し、「環境保護目標責任制と審査評価制度を実行し、国務院と地方人民政府環境保護目標完成状況」を地方人民政府の環境保護部門とその責任者の審査内容とし、結果を公開することとした。また、県級以上人民政府は環境保護目標完成状況を環境保護部門とその責任者および下級人民政府とその責任者の審査内容に入れ、評価の重要な根拠とし、その結果を公開することとした（26条)。さらに、県級以上人民政府は毎年、人大および同常務委員会に環境状況と環境保護目標の完成状況を報告するとともに、重大環境事件についても報告し監督を受けなければならないとし（27条)、人大の監督を強化した。

　自然資源については、「合理的に開発し、生物多様性を保護し、生態安全を保障」すると規定し（30条1項)、「外来種の移入と生物技術の研究、開発、利用についての措置」をとり、生物多様性の破壊を防止することとした（同2項)。この点、現行環境保護法には、自然保護に関する規定が不十分であったため充実強化が図られている。また、生態保護補償制度の確立について規定し、受益地区と生態保護地区の人民政府が協議や市場のルールに基づき生態保護補償を進めることについて国の指導を規定したが（31条)、これは現在起草中の生態補償条例の動きを反映したものと思われる。

　「廃棄物・リサイクル」に関して、国などは省エネ、節水、省資源などの環境にやさしい製品、設備、施設を優先して購入、使用しなければならないとした（36条2項）ほか、地方人民政府の「生活廃棄物の分類措置、回収利用の推進措置」と住民の分別義務について規定した（37条、38条)。

　その他、「総量抑制」について規定し、国の重点汚染物排出総量抑制基準を超えた地区については、暫時新増設の建設プロジェクト環境影響評価文書の審査を停止することとし（44条2項)、実効性を高めた。また、農薬、化学肥料などの農村の農業面源汚染防止を規定し、生活廃棄物の処理についての県級人民政府の責任を明記した（49条)。

　今回、筆者が特に注目しているのは「情報公開と公衆参加」および「法律責任」である。前者について、国と並んで省級以上人民政府環境保護部門は

定期的に環境状況公報を公布することとした（54条1項）。地方レベルでの環境情報の公開促進が期待される。また、環境影響評価手続きにおける公衆参加について、「環境影響報告書を作成しなければならない建設プロジェクトは、建設機関が作成時に公衆に状況を説明し、十分意見を求めなければならない」とした。環境保護部門が報告書を受け取った後、国家機密と商業秘密にわたる場合を除き、全文公開が義務づけられたほか、建設プロジェクトについて十分住民の意見を聴取することを義務付け、実質化を図った（56条）。また、公益訴訟については、「環境汚染、生態破壊、社会公共利益に害を与える行為」について、法に基づき区を設けた市級以上人民政府民政部門に登記していること、かつ環境保護公益活動に連続して5年以上従事し違法な記録がない公益組織（NGO）に訴訟の提起を認めた。全国で300あまりの組織が対象になるといわれる。公益訴訟については無錫、貴州、雲南に環境保護法廷が設置され、中華環境保護連合会が既に提起し勝訴判決を得ている案件もあるが[26]最近は受理されないとの情報もあり[27]今後の推移を注視する必要がある。

　後者の法律責任については、「企業事業体やその他生産経営者が違法に汚染物を排出する場合は過料の処罰を受けるとともに期限内の改善を命ぜられる。改善を拒む場合は、法により処罰決定を行った行政機関は改善を命じた日から元の処罰額に応じて日割りの処罰をすることができる」とし（59条）、有識者が強く求めていた「日罰制」を規定した。さらに、地方性法規で、地域の実情に応じて対象の違法行為の種類を増加することができることとした。これに加え、環境影響評価を行わず着工し、建設停止を命じられたにもかかわらず実施しない場合や違法な汚染物の排出など、悪質な行為について公安機関に案件を移送して直接の責任者を10-15日間の拘留ができることとした（63条）。このほか、企業の環境情報の不公開や虚偽の情報公開について、県級以上人民政府の環境保護部門は公開を命じ、過料に処し公表するとし、企業の責任を強化した（62条）。

　以上から特徴として以下の点を指摘できるだろう。①従来環境汚染中心であった法律を自然保護、廃棄物の領域まで広げたこと。②政府や企業の情報公開を義務づけたこと。③住民やメディアの監視・監督機能を重視し公衆参

加を充実したこと。④法律責任を強化したこと。特に④については、草案第二次審議稿よりさらに充実強化されており立法者の並々ならぬ強い決意が窺える。現在、来年の施行に向け、改正内容の周知に努めているが、地方からは経済発展との関係で施行の困難さを指摘する声も聞かれる。環境法の実効性を上げるには、前述の生態文明や生態補償を前面に出した環境政策の確立とともに執行面でのガバナンス強化が不可欠である。とりわけ現行体制の中でいかにチェック機能を働かせられるかが法政策の成否を左右する重要な要素となるであろう。

また、西北地域の半乾燥地との関係では、環境影響評価制度の管理強化、生物多様性保全や生態補償制度への言及、農村面源汚染防止などが開発抑制、汚染防止に効果を発揮することが期待される。

第3節　西部大開発と生態環境保全

1　西北地域の成果と課題

1999年から中国政府が取り組んだ西部大開発戦略は、鄧小平の唱えた二つの大局思想を実現したものであり、西部地域のインフラ整備と住民生活の向上を目的としている。しかし、西北部（内蒙古自治区、陝西省、寧夏回族自治区、甘粛省）は特に降水量が少なく、北部には砂漠・砂地や黄土高原が広がり脆弱な環境の下にあり、環境保全に配慮しながらの開発を行うことが必要となる（北川2003、1頁以下）〔図2-2、図2-3〕。

2010年6月29日に、中共中央と国務院は「西部大開発戦略を深く実施することに関する若干の意見（中国語：中共中央国務院関於深入西部大開発戦略的若干意見）」を公布し、今までの成果を強調するとともに、今後10年間の推進を打ち出した。以後2000年からの10年間に西部地域のGDPは、全国の17.1％であったものが2009年には18.5％と毎年平均で11.9％成長した。また、一人あたりのGDPも全国平均の59.5％から63.7％へと改善した。さらに、基礎施設の建設も飛躍的に増加している。国の新たに着工したプロジェ

クトは102、総投資規模は1兆7千億元、チベット鉄道、西気東輸、西電東送、国道主幹線、大型水利施設等の国の重点プロジェクトが完成するなど、飛躍的にインフラ整備が進んだ。

ほかにも新たな道路が88万8千kmが整備され、そのうち高速道路が1.4万kmを占めている。これら重点プロジェクトについては、中央予算内の建設資金、長期建設国債資金を活用したほか、域外資金も流入させ、西部社会資本投資の成長率は20％を越えた。世界経済がリーマンショックで萎縮した2008年も、西部のGDPの成長率は東部より高く、その額は5兆8千億元と全国GDPの17.8％を占めた。一方で退耕還林、退牧還草などの重点的な生態プロジェクトが進展し、生態保全と環境保護に大きな効果があった。

このように西部大開発政策は、西部の経済発展に目覚しい成果を挙げたが、これによる環境への負荷が増大したことも事実である。国家発展改革委員会は2013年2月、「西部地区重点生態区総合治理規劃綱要（2012-2020年）」を制定し、生態環境の保全を重視する姿勢を明らかにしている。その背景には西部が干ばつ少雨の気候により、脆弱な自然環境にあるとの認識がある。綱要はとりわけ、西北部については、西北草原荒漠化防治区（内蒙古、新疆、甘粛、寧夏）における砂漠化防止のための緑化、地下水採取の禁止、節水農業の推進などを強調している。また、黄土高原水土保持区（甘粛、寧夏、陝西）では、水土流失防止のための森林整備を重点としている。また綱要では、政策措置として政府各部門間の協調、地方政府の責任強化、法執行の強化と並んで生態補償システムの確立を掲げている。開発者が保護し、受益者が補償する原則に基づき、資源税費政策と徴収管理方法の改善、資源型の企業への持続可能な発展準備金制度の検討を行うとともに、区域間生態補償システムの確立により、上流と下流、開発地区と保護地区、生態受益と保護地区の間の補償を進め、エコ製品の基準、水利権取引、二酸化炭素排出権取引などについて積極的に検討することとしている。

第 2 章　中国の環境政策とガバナンス　　*63*

図 2-2　中国の降水量分布図

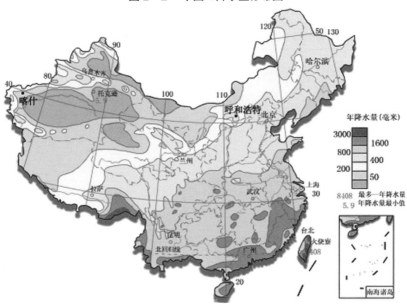

出典：百度 http://tieba.baidu.com/p/651586634?cid=0&pid=6778341510

図 2-3　中国砂漠・砂地分布図

出典：徳岡正三『砂漠化と戦う植物たち』

2　環境政策についての考察

(1) 環境影響評価制度
(a) 沿革

　中国の環境影響評価制度は、1979年に施行された環境保護法（試行）の中で規定が設けられるとともに、1981年には、国家規劃委員会、国家基本建設委員会、国務院環境保護指導グループが建設プロジェクト（原文は「建設項目」）について、「基本建設項目環境保護管理弁法」を公布し、環境影響評価の範囲、内容と手続きを具体的に定めた。1986年に、国務院環境保護委員会、国家計画委員会、国家経済委員会が連名で「建設項目環境保護管理弁法」を公布し、範囲をすべての環境に影響のあるプロジェクトに拡大した。1998年には、範囲、内容、手続き、法律責任等の内容を改定した「建設項目環境保護管理条例」が施行され、運用されてきた。その他大気汚染防治法（11条2項）などの個別法でも各法律の保護しようとする環境要素について環境影響評価を行い、環境保護行政主管部門の承認を受けるべきことが定められている。これらの蓄積の上に、2002年10月、立法府の全国人大常務委員会第30回会議で環境影響評価法が可決成立し、2003年9月1日から施行された。

　同法では、建設プロジェクト以外にも計画段階からの環境影響評価：戦略的環境影響評価〔いわゆる「戦略的環境アセスメント」(Strategic Environment Assessment：SEA)〕[28]を日本法よりも早く制度化するなど、環境保護を基本国策とする中国にとっても大変意欲的な内容となっている。第1章・総則（1条～6条）の目的（第1条）では、持続可能な発展戦略、経済・社会と環境の調和した発展の促進を規定する。第2章・規劃の環境影響評価（7条～15条）は、戦略的環境影響評価を新たに規定している。また、第3章・建設プロジェクトの環境影響評価（16条～28条）は、建設項目環境保護管理条例の中の建設プロジェクトの内容を継承・発展させている。第4章・法律責任（29条～35条）は、行政機関や環境影響評価受託機関等の不適正な行為に対する責任追及を規定している。最後に第5章・附則（36条～38条）は、軍事施設の建設プロジェクトについては中央軍事委員会が本法に基づき別に

定めることや施行日などを規定する。なお、前述のとおり改正環境保護法では、環境影響評価制度における情報公開・公衆参加と法律責任について実効性を上げるための規定が盛り込まれた。

本章では、西北部における開発との関係に留意しつつ建設プロジェクト環境影響評価の現状と特徴を概観したのち、その課題について述べる。

(b) 対象事業

建設プロジェクト、中国語で「建設項目」とは、固定資産投資の方式で行われる一切の開発建設活動を指す。国有経済、城郷集体経済、共同経営、株式制、外資、香港・マカオ・台湾投資、個人経営などの各種の資本による開発活動である。一切の基本建設、技術改造、不動産開発（開発区建設、新区建設、旧区改造）などをいう。環境に影響がある飲食娯楽のサービス業も含まれる[29]。

評価対象となる建設プロジェクトは、環境への影響により分類管理が行われている。環境への重大な影響がある場合は、環境影響報告書を作成し全面的に評価を実施するが、環境への軽度の影響がある場合は環境影響報告表を作成し環境への影響について分析するかあるいは専門評価を行う。また、環境への影響が非常に小さい場合は環境影響評価を行う必要がなく、簡易な環境影響登記表の記入で足りる（法16条1項各号）。したがって、環境影響評価を行う場合は環境影響報告書と環境影響報告表作成の場合に限られており、日本の制度と同じ意味での環境影響評価は最初の環境影響報告書の場合に相当するといえる。環境影響報告表を作成する場合は部分的な評価項目についての環境影響評価を行うに過ぎず、評価項目も大気、水質、騒音などに限定されている。環境影響報告書の環境影響評価に該当するものは2011年に28,964件、登記表も含めた全体の6.6%、報告表に該当するものは184,068件で全体の42.2%の実績となっている。

これらの報告書等について、事業者は環境保護行政主管部門の審査・許可を受けなければ、事業許可を受けられず着工できないのが中国の制度の特色である。法は建設プロジェクトの環境影響評価文書が審査部門の審査を経ず、また審査許可される前にプロジェクトの事業許可部門が許可したり、建設機関が着工したりしてはならないと規定している（法24条）。したがっ

て、許認可権者が、環境の保全についての審査の結果と許認可等の基準に関する審査の結果を合わせて判断し、許認可等を拒否したり、条件を付けたりすることができる日本の制度とは異なったものになっている。

(c) 評価内容

環境影響評価の一般的な原則、内容、作業手順、方法と要求事項については、国家環境保護総局が「環境影響評価技術導則総綱」（以下「総綱」）として1994年に制定し、実施してきた。その後2011年に改訂され、2012年1月から施行されている。これにより、環境影響評価の作業は、①準備・調査研究・業務方案の段階、②分析論証と予測評価段階、③文書作成段階と概ね三つの段階で構成されている（図2-4参照）。このうち、①はスコーピング段階に相当する。

評価基準については各環境要素の環境機能区画に基づき、各環境要素で採用する環境質基準と相当の汚染物排出基準が確定される。地方汚染物排出基準があればこれを優先し、当該汚染物に対する国の基準がなければ国際的に通用している基準を採用することができる。プロジェクトの分析では、プロジェクトの内容に加え、汚染の影響要素、生態影響要素、材料・製品・廃棄物の運搬、交通量、公共施設、環境保護施設などを把握する。

環境の現状調査と評価については、主に資料収集、現場調査、リモートセンシング、GISを駆使して行われる。自然環境については地理地質、地形、気候気象、水文、土壌、水土流失、生態、水環境、大気環境、騒音等の調査を、社会環境については人口、工業、農業、エネルギー、土地利用、交通運輸等の現状と関係の発展規劃、環境保護規劃の調査を、汚染物の毒性が大きいときは健康調査を行う。現地の環境状況と建設プロジェクトの特徴に応じて、放射性物質、光や電磁波、振動、地盤沈下等の現状についても調査されることがある。

総綱ではその他に、環境影響の予測と評価、社会環境影響評価、公衆参加、環境保護措置と経済、技術論証、環境管理と予測、クリーン生産と循環経済、汚染物総量抑制、環境経済損益分析、代替案、文書作成の条件などについて定めている。このうち、社会環境影響評価は、土地収用移転、移民、人文景観、健康、文物遺跡、交通・水利・通信等の基礎施設を含むとしてい

図2-4 環境影響評価手続きのプロセス図

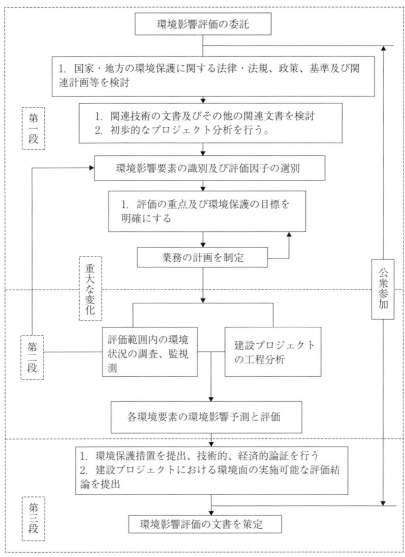

出典:環境影響評価技術導則総綱より。

ること、公衆参加については全過程を通じての参加、公衆の広範さと代表制への留意、情報公開下での実施、公衆意見のフィードバックなどが記載されている。

わが国では、審査基準について1984年に閣議決定により定められた要綱(「環境影響評価の実施について」、いわゆる「閣議アセス」) では目標クリア型(基準等のクリア型)であったが、二酸化炭素の排出や生物多様性など必ずしも基準が明確でないものもあるため、住民参加による「環境悪化防止に対する better decision(よりよい代替案／合理的意思決定)のための手段」という方向へ内容が変更された(大塚2010、272頁)。筆者は以前、中国の審査基準について汚染物質排出基準等によっているようであるが不明確であり地域によってかなりのばらつきがあるとした。プロジェクトの種類、現地の環境の状況等を勘案し、現地の環境保護局(市級レベルの観測ステーション)が現地の環境状況を観測し、どの基準を適用するかを決めていること、また、地域の経済発展状況を勘案して基準を決めるなど恣意的な運用の余地があるといえなくはないことを指摘し、実際は承認を行う各級政府の環境保護局が審査の際に関連専門分野の研究者を集めて「評審会」を開催しており、各方面からの専門的見地からの意見を聴取し承認の基準の参考とするため一定の客観性は保たれている旨述べた[30]。しかし、現在では前述のとおり総綱により環境質基準と汚染物排出基準が定められており、環境影響評価報告書作成に際してもこれが有力な根拠になっているものと考えられる。わが国の過去の閣議アセスにおける目標クリア型に近いものといえる。

(d) 公衆参加

法は「国が機密を保持しなければならないと規定する場合を除き、環境に対して重大な影響を生ずる可能性があり、環境影響報告書を作成しなければならない建設プロジェクトについて、建設機関は建設プロジェクト環境影響報告書を送付し審査許可を受ける前に、論証会、公聴会、またはその他の形式で関係機関、専門家と公衆の意見を求めなければならない。建設機関が承認を申請する環境影響報告書には、関係機関、専門家と公衆の意見の採用または不採用の説明を付記しなければならない」と規定している (21条)。さらに、工業、農業、牧畜業、林業、エネルギー、水利、交通、都市建設、観

光、自然資源開発の専門規劃についても同様の規定が設けられている（同11条）。前述のとおり、環境に対して「重大な影響」がある建設プロジェクトについて環境影響報告書を作成することとなっているが、公衆参加も環境影響報告書を作成する大きなプロジェクトの場合にのみ義務化されている。

公衆参加の方法としては、「論証会、公聴会またはその他の形式」としている。「論証会」は、プロジェクト実施後の環境への悪影響の予測、評価の結論、採取しなければならない悪影響の予防・軽減措置、環境影響評価の結論等に対して専門家、一定の関連専門知識を持った住民代表と関連機関の代表を招いて論証を行うことである。また、「公聴会」は、利害関係のある関係機関、住民代表と専門家に対して環境影響報告書に関する意見を聞く会議である。説明者は建設事業者であり、公正・透明な手続きにより選抜される[31]。

その後「環境影響評価公衆参与暫行弁法（以下「暫行弁法」）」が制定され、2006年3月18日から施行された。暫行弁法は、公開、平等、広範、便宜の原則を掲げて情報公開や公聴会に関する細部の手続きを定めるものであり、公衆参加の手続きの明確化を図っている。主な意義として、以下の点が挙げられる。

① 建設機関が環境敏感区の建設プロジェクトについて環境影響評価機関に依頼してから7日以内に建設プロジェクトの概要などを公衆に公告すべきとしたこと（8条）。
② 建設機関またはアセス受託機関が環境影響評価報告書について、審査許可前に建設プロジェクトの概要、環境への悪影響を予防するための措置、公衆意見聴取の範囲、方式などを公告すべきとしたこと（9条）。
③ 建設機関またはアセス受託機関がホームページ等で概要版を公表することができるとし、意見聴取期間は10日以上としたこと（11、12条）。
④ 環境保護行政主管部門は、環境影響報告書受理後、ホームページ等で10日以上公表するほか、審査決定後、結果を公表すべきとしたこと（13条）。
⑤ 座談会または論証会について、開催7日前に時間、場所、主要議題等を関係機関、個人に通知すべきとしたこと（22条）。
⑥ 公聴会については、開催10日前にプロジェクトの影響を受ける可能性の

ある範囲内のメディア等で場所、時間、事項、応募方法を公告すべきとしたこと（24条）

⑦ 公聴会について、15人以上の参加者とすること、公開とし傍聴者は15人以上とすることなど、比較的詳細なルールを定めたこと（25-31条）

しかし、このような規定の整備にもかかわらず公聴会の開催はほとんど報じられておらず、実際にも開催されていないようである[32]。一方で、環境影響評価報告書の公開については目覚ましいものがある。政府信息公開条例、環境信息公開弁法（試行）に続き、2014年1月から「建設項目環境影響評価政府信息公開指南（試行）」が施行されている。これにより、各級環境保護行政主管部門は、環境影響報告書、報告表の受理情報を公開し、公衆の意見を聴取することとなった。公開内容は。プロジェクトの名称、建設場所、建設機関、環境影響評価機関、受理日、環境影響報告書・報告表全文（国家秘密と商業秘密などは除かれる）、公衆意見提出の連絡方法である。これにより、現在は環境保護行政主管部門のホームページで関連文書受理状況等が掲載され、全文を閲覧することが可能になった。建設機関に対しても環境保護行政主管部門に提出するまでに主導的に公開することを義務付けている。

(e) 代替案の検討

法律では代替案の検討の条項は設けられなかった。新法草案の段階で盛り込まれていたが、ある地方政府と部門があらゆる建設プロジェクトについて代替案の検討を行うことは困難であり、また必要もないとの建議があったため削除された（汪2006、381頁）。

しかし、2011年に改定された総綱は、同一のプロジェクトに関する複数の方案について環境保護の角度から比較するとしており、立地、工程、規模、環境影響、環境負荷能力と環境制約要素等の方面から比較選定をおこなうとしている。また、必要な場合は環境影響評価の進展に応じ同じ内容の比較が行われる。最終的に比較した結果優れた案を推薦することとしている。現在、環境保護部のホームページで閲覧できる受理された環境影響評価報告書においても、複数案の比較がおこなわれていることを確認できる[33]。

(f) 現行制度の主な問題点[34]

・事後評価

建設プロジェクトの環境影響評価について、許可前の着工は禁止されているものの事後の補正手続きで済ます現象が横行している。江蘇省のような環境保護法執行が優れた省でも50%にとどまっている。また、2007年地方政府環境保護行政主管部門職員に対するアンケート調査（汪ほか2007、281-310頁）では、全体の40%の職員が管内における事後評価の案件は40%以上と回答している。さらに、四川省職員は、50%がまったく評価をしていない、30%が事後評価で、わずか20%のみが事前手続きを行ったにすぎないと回答している。しかし、環境保護部公表の環境影響評価実施率は近年97-99%ときわめて高くなっている[35]。これについて浙江省職員によると、環境保護部門が記録にとどめた建設プロジェクトが母数とされているがこれにはアセスメントをしなければならないのにおこなっていないものや環境保護行政主管部門に報告されず許可されていないプロジェクトは含まれていない。また、事後評価案件も実施した数に含められたためこのような高い実施率となっているとのことである。

・対象事業の偏り

2004年7月の「国務院の投資体制を改革することに関する決定」で、審査許可制は審査許可（審批）、核准、備案の3種類に分類された[36]。そして、2004年の国家環境保護総局・国家発展改革委員会の「建設プロジェクト環境影響評価分級審査許可を強化することに関する通知」は、核准まで事前アセスを拡大したが、備案制の対象となるプロジェクトについては、環境影響評価の審査を前置としなかったためレストラン、娯楽の三次産業の小規模事業について環境影響評価がおこなわれ排気ガス、騒音などの苦情が増加している。

・公衆参加の軽視

建設プロジェクトの公衆参加は許可申請前に行われているが、既に規劃やプロジェクトの内容が確定している段階であり、より早い時期、例えばプロジェクトの企画段階で行われるべきであると指摘されている[37]。また、暫行弁法12条1項は、公衆意見の調査について専門家意見の諮問、座談会、論証会、公聴会等の形式で公衆の意見を聴取しなければならないとするが具体的な手続きは規定しておらず任意の運用となっている。

経済発展重視のなかで地方政府指導者は、公衆参加を軽視する傾向がある。現行法律法規の手続きが不明確なこともあり、積極性を損ない任意に実施されている。深圳深港西部道路の場合、20万人以上の関係住民に対し50人のアンケート調査しかとっておらず、北京「西－上－六」高圧電線プロジェクトの場合、13万人の住民に対して103人の対象者にアンケート調査したに留まる。なお、公衆参加ではアンケート調査が多用されるが、調査項目には一般の公衆に理解困難なもの、回答しようがないか意味不明なもの、環境問題に関係のない移転、収入等の問題が含まれていると指摘されている（郝ほか2013、80頁）。

・能力の問題

　環境影響評価は内容より形式が重視されている。環境保護行政主管部門職員への調査では、50％の回答者が審査通過率は90％と回答している。2007年6月、総局は住民の反対運動が行われた北京六里屯のごみ焼却場、厦門PX、上海リニアの3件の建設プロジェクトを停止させたが、いずれも立地上の問題があった。調査では、審査を通過しない理由は文書の形式が法律に適合していないことが最も多く環境リスクの大きさを大きく上回っている。

　また建設機関とアセスメント業務受託機関とのデリケートな関係がある。建設機関は最初1/3の費用を支払い、審査通過後残りの費用を支払っている。受託機関としては、できるだけ早く通過させるため、偽造、改ざん、隠ぺい工作を行うことがある。ある地方では政府指導者が期限内の手続きを要求さえしている。1998年に環境保護行政主管部門と傘下の科研機関との関係は公式的にはなくなったが、これら機関の責任者などは部門が任命し、アセスメントの通過率は非常に高く資金をキックバックされている場合もある。また、アセスメントの審査関連数値や汚染源のフォローアップ調査の数値が政府の各部門間で共有されていないとされる。

(g) 西北部の現状

　陝西省西安市で、学識経験者、政府関係者、アセス実務担当者参加の下に環境影響評価の座談会を開催し、西北部のプロジェクトに関する実態を把握した。参加者から以下のような意見が出された[38]。

・「先に建設して後で評価すること」はよくおこなわれている。最高20万元

の過料は安い。法律による規制を強化すべきである。
- 西安市では、先に建設して後で評価する案件は毎年全体の10%程度、3割ぐらいは住宅団地であり工場はない（市幹部）。
- 情報公開は不十分である。陝西省では公聴会はほとんどおこなわれていない。アンケート調査にしても本当に利害関係者を代表しているか疑問である。参加者範囲と選定、住民の環境意識、資金不足などが公衆参加の課題である。
- 建設プロジェクトについては、国や企業はなるべく内密にしている。一般には許可が終わってから公表している。しかし、重大プロジェクトの場合は国全体の利益もあるため事前にメディアで公開されている。青蔵鉄道の場合は反対者がいたのに建設された。
- 代替案については、道路、鉄道、ダムについては四つの案を作っている。うち一つはもっとも経済的なものである。
- 陝西省では10年間で環境影響評価案件は183件あるが、林業部門からの参加者は一人もいない。環境保護部門中心に行われている。砂漠地域のアセスメントで意見を聞かれたこともない（林業部門職員）。
- 評価受託機関の選定は、レベル・信頼性、費用の安さ、現地に詳しいことの三条件を基準に行われる。このほか審査委員会との関係がよいこと、審査期間が短く早く許可をもらえる可能性などが考慮される。
- 環境影響評価報告書の費用は、建設プロジェクト事業者が出している。政府が費用を出すか、事業者が政府に支払い政府が受託機関に支払った方が公正になる。

　この座談会により環境影響評価の調査、予測、評価手続きについては大綱に基づき比較的厳格に行われていることを確認できた。一方で、情報公開や公衆参加の運用面ではかなり問題が多いということを知ることができた。

(2) 生態補償制度

　脆弱な西北部の生態環境に重大な影響を与えるプロジェクトとして、鉱山とダム開発がある。2011年8月調査では、陝西省北部楡林市の砂漠地帯の石炭鉱山とダム開発により悪影響を受ける湖・紅碱淖（ホンジェンナオ）を調

査した。鉱物資源の宝庫である西北部では資源開発による環境悪化をいかに防止していくかが問われている。また、水資源の乏しい地域において上流の内蒙古自治区でのダム開発により、湖への水の流出量が顕著に減少し、貴重種の渡り鳥・ユビズキンカモメ（遺鷗）への生育への大きな脅威となっている[39]。省をまたぐような環境影響についてどのような解決をはかるかは困難な問題である。

以下では、西北地域を念頭に開発による環境への影響の未然防止とダメージ回復のための補償制度と政策について考察する。

(a) 中国での開発手続き

中国憲法は、水流、森林、草原などの自然資源は法律で集団所有と規定する以外は国家所有であると規定している（9条1項）。物権法も同様の規定を置いている（46,48条）。また、憲法は都市の土地は国家所有、農村と都市郊外の土地は法律で国家所有と規定する以外は集団所有と規定している（10条1項、2項）。一方、土地管理法は、土地を農用地、建設用地、未利用地に分け、農用地を建設用地に転用することを厳格に制限し、耕地は特別に保護するとしている（4条2項）。特に耕地の80％以上は基本農田として厳格に管理されている（34条）。このうち、農用地は、耕地、林地[40]、草地、農田水利用地、養殖水面等を含むとし、建設用地は、建築物・構築物を建造した土地であり、住宅・公共施設用地、鉱工業用地、交通水利施設用地、観光施設用地、軍事施設用地などを含むとする（4条）。また、農民集団所有の土地は、県級人民政府により登記、証書が発行され所有権が確認される。また、この土地を非農業建設に用いる場合、登記、証書により建設用地使用権が確認される（11条1項、2項）。

先に農用地の建設用地への転用は制限されていると述べたが、例外的に農用地を建設用地にする場合の手続きは、省、自治区、直轄市人民政府許可の道路、管線、大型基礎施設プロジェクトの農用地転用については国務院が許可する、土地利用全体計画で確定した都市、村、集落の建設用地規模の範囲内で、計画実施のため転用する場合は、年度計画ごとに全体計画許可機関が許可する。既に許可された農用地転用範囲内の具体的な建設プロジェクト用地については、市・県人民政府が許可する。上記以外の建設プロジェクトで

土地を占有する場合についての転用は、省、自治区、直轄市人民政府が許可することとされている（44条）。

陝西省農村部で行った調査では、農用地の具体的な実務手続きフローは以下のとおりである[41]。

① 土地利用全体計画、都市建設全体計画、土地利用年度計画に合致しているかどうか、国土、企画、建設部門に相談する。
② 建設部門が、場所選定意見書を作成する。
③ 開発者はそれを持って国土資源局に行き、建設プロジェクト用地予審報告書を発行してもらう。
④ これにより、建設部門、環境保護局等に許可手続きをしてもらう。
⑤ これらの許可文書を持って再度国土資源局に正式申請する。
⑥ 国土資源局が現場で土地建物の価格を決定し、開発者から徴収し、土地使用者などに給付する。

したがって、農用地に住宅を建設する場合は、計画に位置づけられていれば建設用地への転用が可能であるが、耕地については減少させないこととしているため同面積を他の場所で確保することが必要となる（33条）。林地の場合は一般に傾斜地が多いことを考えれば実際には開発はさらに困難といえるが、林地も農用地に含まれるため同様な手続きが必要となるものと思われる。

陝西省では林地開発の場合、事業者は県級以上地方政府林業部門の許可後、土地を徴用、占用する事業者は建設用地審査手続きが必要となるほか、林業部門に森林植被回復費、林地補償費、林木補償費、安置補助費を支払わなければならない（陝西省森林管理条例15条）。70ha以下の宣林地、灌木林地、疎林地、火焼跡地、経済林地については、省林業庁が許可、70ha以上は国が許可する。また、10ha以下の生態林（公益林）の場合、省林業庁が許可、10ha以上は国が許可する。手続き違反の場合、県級以上林業主管部門は、林地の返還と原状回復を命令し違法な建築物や施設を撤去させ、かつ1㎡当たり10元-30元（1元17円として、170円-510円）の過料と破壊した林木の5倍の樹木を捕植させることとしている。現地の林業局幹部によれば、森林法18条の森林を減少させない原則により、森林植被回復費を徴収し林業部

門の主導で同面積以上を他の場所に確保して森林を植えることとなる。通常は他の場所で面積を確保して同面積の森林を造成する。一般に政府が認めた開発以外は困難であり、とりわけゴルフ場などのレジャー開発目的は難しいとのことであった[42]。陝西省の黄土高原など、厳しい自然条件の半乾燥地での開発は収益性の面からも厳しいといえる。

　上記から政府の計画で位置づけられていない開発プロジェクトの許可は下りないと考えられるが逆に計画に位置づけられれば可能ということになる。この点、環境への脆弱性の側面からの地域区分が必要と考えられたところ、2008年に環境保護部、中国科学院は全国生態効能区画を制定し、全国調査の基礎の上に、区域の特徴、生態システム機能、生態の敏感性を分析して50の重要生態機能区域の分類を行った。また、環境保護部はこれに基づいて全国生態脆弱区保護企画要綱を制定、生態脆弱区の回復と建設に対する科学的根拠を付与した。また、林業部門でも伐採できない重点林区と一般林区の区域分けの計画が策定され、すでに黒竜江省、湖北省、甘粛省などで実施されているとのことである。

(b) 生態補償メカニズム

　生態補償メカニズムの定義について、2007年に出された国家環境保護総局（現環境保護部）の意見では、「生態環境の保護により人と自然の協調を目指して、生態システムサービス価値、生態保護コスト、発展機会コストを基に行政と市場手段を運用し、環境保護と建設事業者の利益関係を調整する環境経済政策」と解され、注目されている[43]。同意見は、生態補償での費用負担について「開発する者が保護し、破壊する者が回復し、利益を得る者が補償し、汚染者が費用を払う」との基本原則を示しており、各地で概ねこの考え方に基づいて各種の取り組みが行われているようである。とりわけ浙江省では、流域生態補償として上流、下流間でのさまざまな試行が行われている（片岡2011, 29頁以下）。しかし、各地で試行されている生態補償の実態からは、主として政府の財政資金を活用した措置であり、その内容も汚染者負担を含むなど、国際的に通用する生態補償サービス支払い・Payments for Ecosystem Services（PES）とは異なりきわめて広範な概念となっている。国務院は、2010年12月、「全国主体機能区規劃」を策定し、国土を優先開発

区、重点開発区、制限開発区および禁止開発区に分類し、制限開発区のうちの重点生態機能区と禁止開発区を、開発を制限する生態補償の対象としたが[44]、未だ形成途上の概念といえる。

　中国が制度化を目指す生態補償制度は広義では損失の賠償を含むなどきわめて概念が広い[45]。条例起草作業に参画する北京大学・汪勁教授によると環境に影響を与える、すべての金銭補償をこの概念で括るとのことであり、日本には例を見ない制度である。本制度はどのように概念定義され、試行されているのか、生態システムサービス、発展機会をどう貨幣価値に換算するのか、先行研究は流域補償に関する政府間財政移転を中心に取り扱うが（片岡2011、28頁以下。王朝才ら2012、35頁以下）、区域、森林、鉱山など生態補償全般を対象に体系的に整理、分析したものは見当たらない。生態補償をどう概念定義していくかは、今後の持続可能な発展の鍵を握るといっても過言でなく、注視すべきである。

　中国の「生態補償（Eco-Compensation）」は、前述で触れたとおり国際的な「生態補償サービス支払い（Payments for Ecosystem Services; PES）」の概念定義より広く複雑とされ、中国の自然資源国有等の特色を基軸にして、補助、直接支払いと政府間財政移転を手段とし、市場を基礎とした生態補償サービス支払いメカニズムと結合したものと解されている。そして、制度の原則は、①人を基本にし全体の利益と個々の利益への配慮、②開発したものが保護し、利益を受けたものが補償し、損害を与えたものが修復する原則、③政府主導、市場運用原則、④分類指導、漸次実施原則、とされる（秦ら2013、15-16頁）。中国建国後の政治制度の歴史的発展過程、社会主義国家特有の自然資源の国家所有の論理に基づいた特有の概念、原則と考えられる。生態補償制度の概念定義の整理については今後の議論を待たなければならないが、本稿では、西北部と関連が深い鉱山開発、なかでも石炭開発に伴う生態補償を取り上げる。

(c) 鉱産資源生態補償

　西北部は、石炭、石油など豊富な資源を産する一方で、開発による生態環境の破壊や周辺への汚染が問題となっており、どのようにこの損害を回復していくかが課題である。そのためのツールとして、資源税、環境改善・生態

回復保証金、生態補償が考えられる。

　まず、中国の資源関連税制としては、国レベルでは資源税、鉱物資源補償費、鉱業権有償補償費、石油特別収益金があるが、これらの合計は2009年度で国家財政収入の1.32％に過ぎず税率も低い。資源関連税収の大部分は省・県財政の留保分（特に資源税は地方収入）となっているが税収の大部分は鉱物資源調査の補助金や産業支援などの用途に充当され、環境回復費用には支出されず結果的に資源の消費と外部性の増加を促す制度となっていると指摘されている（何2013、27頁以下）。

　次に、環境改善・生態回復保証金が2006年から全国各省で整備されているが、これは採掘権獲得時に収めるデポジット形式の現金であり、権利の有効期限が到来する20-30年後でないと検証できないとされる。そして、生態補償費（基金）制度は、1993年に雲南省の昆明のリン鉱山において0.13元/tの生態補償費を徴収し、植被と周辺の生態環境回復に充てたのが嚆矢とされる[46]。その後、国務院は内蒙古、山西、陝西の鉱山において生態補償政策を実施し、1トン当たり0.45元を徴収し基金に入れ、鉱山周辺の生態回復に用いた。陝西省もまた97年に「陝西楡林、銅川地区生態環境補償費管理弁法」を公布し、鉱産資源開発、鉱産加工品利用、運送組織と個人に生態環境補償費を納めさせた。しかし、厳格な法的根拠を欠いたこと、困難な徴収業務であったことから、2002年の全国の徴収費用整理の過程で多くの地方で廃止された。しかし、2006年に国務院の会議で山西省の石炭持続可能発展基金の設立が承認された。その目的は生態環境回復と産業機構の調整である。

　山西省は新中国成立以降、全国石炭総量の1/4に当たる110億トンの石炭を生産したとされる石炭資源の豊かな省である。一方で、水土流失、森林破壊、水資源不足等の問題が顕在化し、西北地域同様もともと脆弱な環境にダメージを与えることとなった。具体的には地盤沈下、水質汚染、CO_2などの排出、ぼた（廃棄物）の発生などである。特に、鉱区の地盤沈下、地表の地すべりや山崩れ等が深刻である。2005年までに地質災害が起こったり可能性があったりする場所は約2940㎢、毎年生ずる地盤沈下は約94㎢とされる。このほか、水質汚染、ばいじんやぼたによる二酸化硫黄や煤塵の発生に起因した大気汚染、ぼた山の総量は20億トンに達しこれによる土地の占拠は

16000haを超えている。このような状況を受け石炭工業持続可能な発展政策措置試行文書が承認され、石炭採掘総合補償メカニズムが確立された（秦ら2003、256頁以下）。

　まず、省内の新設の鉱山には、「鉱山生態環境保護と総合改善方案」を策定し、排水、ボタ山、地盤沈下と水土流失に取り組んだ。廃坑などには汚染者負担の原則に基づき積極的に市場システムを通じた多ルートの融資により改善を推進すること、次に供与年数に応じ石炭販売収入の一定割合を年毎に鉱山環境改善回復保証金として納めること、第三に石炭持続可能発展基金として、石炭の種類ごとに徴収し、企業が解決できない生態環境の改善、資源型都市と重点産業の発展、石炭が引き起こすその他の社会問題に当てることを定めている。基金の審査管理は財政部が責任を負い、国家発展改革委員会の意見を求め国務院が承認する。関係基金の使用については、国家発展改革委員会と財政部、環境保護総局が審査許可するとした。これにより企業の主体的な地位と政府の公共サービスに重点を置くことが明確にされた。

　石炭基金は、2007年3月の財政部の同意により正式に「山西省石炭持続可能発展基金徴収管理弁法」が施行されることとなった。弁法によると、採掘企業から省財政に上納され、流用は認められない非税収入である。具体的な徴収は月ごとに、石炭の種類による徴収基準、生産量等に基づいて行われる。山西省では動力用石炭5-15元/t、無煙石炭10-20元/t、コークス15-20元と決められている。この基金の管理は省、市、県の政府レベルで分割して管理している。省に属する国有重点企業と中央出資企業で省内で採掘する企業からの徴収金は省政府に納入され、その他企業については、省60%、市・県各20%で納入される。基金使用については、区域を跨った生態環境の改善、資源型都市の変換のための産業の発展および教育、文化、衛生などの社会事業の発展に50%、30%、20%の比率で按分して支出されることとなっている[47]。

　2007-2009年に基金は113億元を徴収し、生態環境の改善、緑化、汚水処理、地盤沈下の防止、省エネルギーの方面で顕著な実績を上げた。一方で、政策が浸透しておらず地区や企業で濃淡があり省・市・県の協調推進体制が不完全であること、基金の使用がルール化されておらず対象プロジェクトへ

の資金配分が一部の利益を優先するなど不適切であること、市の県に対する、または政府の企業に対する監督検査が不十分なことが指摘されている。

　今後鉱山開発に対する生態補償制度確立の場合の課題として、補償主体、補償対象、補償制度、補償方式についての検討が必要であるとされる。このうち、中国の特色として、補償主体は鉱山開発の企業・個人および開発利益を受ける資源の所有者と受益者の政府が想定されている。自然資源が国有となっているためである。また、補償制度については、環境影響評価制度、鉱産権利制度、環境回復保証金制度、排汚費、排出権取引、鉱山環境監督検査制度、公衆参加などが考えられている。これらは環境保護意識を高め事前に予防したり、汚染者負担原則を貫徹したり、企業の社会責任意識を向上させたりすることにより、生態補償の実施につながるためである。

おわりに

　高濃度のPM2.5汚染をはじめ、環境劣化により健康への深刻な影響が懸念される中国において、経済発展を維持しながらいかに良好な環境を保全していくか、現政権はきわめて難しい選択を迫られている。前述のとおり、「生態文明」という基本理念を掲げ、資源節約、資源管理制度の強化・改善に特に力を入れている。また、環境汚染や破壊を招来したものに対して、厳しい責任追及・罰則強化で対処し、威嚇・予防効果を発揮しようとしている。この関係では紹介した以外にも、最高人民法院と最高検察院が2013年、環境汚染事件について、具体的な被害規模に応じてどのような事態が起これば犯罪を構成し、どのように重く処罰するかという詳細な解釈を公表している[48]。これによると、被害結果が「特別に重大な場合」に該当すれば、環境破壊資源保護罪の刑法338条、339条が適用され、3年以上7年以下の懲役と罰金が科されることとなる。また、廃棄物の越境投棄について、刑法339条が適用され5年以上10年以下の懲役、結果が特別に重大な場合10年以上の懲役が科されることとなり、厳罰の姿勢を明確にした。筆者は、産業型公害、都市生活型公害、地球温暖化問題を重層的に抱え、大気、水質、土壌の深刻

な汚染が蔓延している中国では、高度経済成長期の我が国と同様、このような責任追及や罰則強化はかなりの程度有効であると考える。また、3中全会決定に盛り込まれた「生態文明」とその内容が、従来の政権が多用してきた単なる環境重視のスローガンに止まらず、実質的に環境法政策と環境行政の権限強化につながれば一定の効果を挙げられると考える。

一方で、西北部を対象に考えた場合、現在の政治社会制度の下では、資源税を含む生態補償制度や公衆参加の導入による環境ガバナンスの改善は短期的には困難なように思う。前者については、見えざるところでの政府の市場に対する関与が依然として強力であること、国有企業が重要な資源についての経営管理を行っていること、政府各部門間の利害衝突が先鋭であること、国土が広く地方によってさまざまな政策が制定され独自の運用がなされていることなどから、自由な市場経済を前提とした全国一律の経済的メカニズムの発揮は困難であろう。また、後者については、環境影響評価法で公衆参加が義務付けられているが形式的な参加が目立つ。特に、筆者が注視してきた環境影響評価制度における公衆参加を見る限り、形式的なアンケートが目立ち、経済発展優先の傾向が明確である（北川ほか2012、51-52頁）。また、環境NGO[49]の活発な活動も紹介されているが（李2012、34頁以下）、環境NGOに対する政府の警戒感は強く、政府との良好な関係を維持している一部の団体を除き登録、活動はきわめて制限されている（北川ほか2012、25頁）[50]。近年も民主活動家や自由派弁護士の拘束が続くなど表現の自由に対する介入が続いており、公衆参加や環境NGOの活動は限定されている[51]。西北地域のなかでは比較的経済が発展した陝西省でも環境NGOは6団体しかなく、うち政府に登録されたものは4団体、草の根NGOは1団体にとどまっている[52]。

これらのことを考えると早期の環境ガバナンスの改善は困難であろう。環境保護法改正で新機軸を打ち出した習近平政権の環境政策の成否を評価するには、少なくとも2017年の共産党第19回大会まで待たなければならないと考える。

付記

本章は、『龍谷政策学論集』4巻1号（2014年12月）に掲載した論説を一部加筆修正したものである。

参考文献
日本語
汪勁著、寇鑫訳、北川秀樹監訳「中国環境保護法の効果的な一部改正に関する考察」『龍谷政策学論集』1巻2号、2012年3月。
王朝才・金紅実「中国政府間財政移転制度における生態補償制度の試み」『龍谷政策学論集』2巻1号、2012年12月。
大塚直『環境法（第3版）』有斐閣、2010年。
大塚直『環境法 Basic』有斐閣、2013年。
何彦旻「中国の資源関連税制の現状と性格—資源課税の理論からの考察—」『龍谷政策学論集』2巻2号、2013年3月。
環境アセスメント研究会編集『わかりやすい戦略的環境アセスメント』中央法規、2000年。
片岡直樹「浙江省における流域生態補償の先進的取組と課題」『環境と公害』40巻4号、2011年4月。
北川秀樹「中国西北部における生態環境の状況と政策—西部大開発と環境保全の視点から—」『龍谷法学』35巻4号、2003年。
北川秀樹（2004a）「中国における環境影響評価法の制定と意義」『龍谷法学』36巻4号、2004年3月。
北川秀樹（2004b）「中国における戦略的環境アセスメント制度」『現代中国（日本現代中国学会誌）』78号、2004年11月。
北川秀樹・王昱「中国の環境政策における公衆参加—北京超高圧送電線事件を中心に—」龍谷法学39巻2号、2006年9月。
北川秀樹（2012a）「中国の環境法政策と執行メカニズム」『中国の環境法政策とガバナンス』序章、晃洋書房、2012年1月。
北川秀樹（2012b）「中国の環境法政策」『資源環境対策』48巻5号、2012年5月。
北川秀樹・富野暉一郎・金紅実・櫻井次郎（2012c）「中国と日本の環境保全制度と公衆参加に関する考察—環境影響評価制度を中心に—」『龍谷大学国際社会文化研究所紀要』第14号、2012年6月。
北川秀樹「中国環境法30年の成果と課題—環境保護法改正と紛争解決制度を中

心に―」北川秀樹・石塚迅・三村光弘・廣江倫子編『現代中国法の発展と変容―西村幸次郎先生古稀記念論文集』12章、成文堂、2013年7月。
北川秀樹「深刻化する環境問題にどう対応するか？―現政権の環境政策」総合地球環境学研究所中国環境問題研究拠点『天地人』23号、2014年2月。
北村喜宣『環境法』弘文堂、2011年。
金紅実・漆喜林「中国陝西省紅碱（ホンジェンノル）湿地の縮小と地域閉鎖水域の水資源管理問題」『龍谷大学社会科学研究所年報』43号、2013年5月。
桑原勇進「中国の環境影響評価制度」『東海法学』2002年、27号。
小柳秀明『環境問題のデパート中国』蒼蒼社、2010年。
財団法人地球・人間環境フォーラム編集『世界の環境アセスメント』ぎょうせい、1995年。
傳喆「中国における生態補償の取り組みと今後の課題」『一橋経済学』6巻1号、2012年7月。
李妍焱『中国の市民社会』岩波新書、2012年。

中国語
白明華「我国環境影響評価制度中公衆参与的完善」『湖北社会科学』2013年第1期。
高焰等「関於環境影響評価法的思考」『環境保護』2003年第3期。
郜風涛主編『建設項目環境保護管理条例釈義』中国法制出版社、1999年。
郝玉・王玉振「環境影響評価公衆意見調査的真実性評価探討論」『環境輿可持続発展』2013年第6期。
環境保護部環境工程評価中心編『環境影響評価相関法律法規（第7版）』中国環境出版社、2014年。
環境保護部環境工程評価中心編『環境影響評価技術導則輿標準（第7版）』中国環境出版社、2014年。
李明光、鄭桂芬「開展規画環境影響評価的若干問題探討」『環境保護』2003年第1期。
劉左軍主編『中華人民共和国環境影響評価法釈義及実用指南』中国民主法制出版社、2002年。
陸学芸、李培林、陳光金『社会藍皮書 中国社会形勢分析輿予測』社会科学文献出版社、2012年。
陸雍森編著『環境評価』同済大学出版社、1999年。
秦玉才・汪勁編『中国生態補償立法路在前方』北京大学出版社、2013年。
中国環境年鑑社『中国環境2012』2012年12月。

汪勁総主編『中外環境影響評価制度比較研究 環境輿開発決策的正当法律程序』北京大学出版社、2006年。
汪勁、張晏、厳厚福「環保執法難：難在何処？―対我国環保部門工作人員的問卷調査報告」『中国環境法治』法律出版社、2009年。
汪勁（2011a）『環境法治30年－我們成功了嗎？』北京大学出版社、2011年。
汪勁（2011b）「中国『環境保護法』の効果的な一部改正に関する考察」『龍谷政策学論集』1巻2号、2011年。
王社坤「大連 PX 項目事件：関注環境保護綜合決策的法律保障」自然之友編『環境緑皮書』、社会科学文献出版社、2012年4月。
王曦、易鴻祥「関於戦略環境影響評価制度立法思考」『法学評論』2002年第2期。
呉満昌「公衆参与環境影響評価機制研究－対典型環境群体性事件的反思」『昆明理工大学学報』15巻4期、2013年8月。

英語
Benjiamin van Rooij "Regulating Land and Pollution in China-Lawmaking, Compliace and Enforcement, Theory and Cases" Leiden University press, 2006.
Rachel E. Stern "Environmental Litigation in China" Cambridge University Press, 2013.

1　微小粒子状物質（PM2.5）は粒子の大きさが非常に小さい（髪の毛の太さの30 分の1）ため、肺の奥深くまで入りやすく、喘息や気管支炎などの呼吸器系疾患のリスクの上昇が懸念される。また、肺がんのリスクの上昇や、循環器系への影響も懸念される。環境省ホームページ、微小粒子状物質（PM2.5）に関するよくある質問（Q & A）http://www.env.go.jp/air/osen/pm/info/attach/faq.pdf、2013年8月21日参照。
2　朝日新聞、http://digital.asahi.com/articles/TKY201303160288.html、2013年3月16日参照。
3　新華社、http://szb.northnews.cn/bfxb/html/2013-07/10/content_1033685.htm2013.7.28、2013年7月9日参照。
4　彭応登「北京の大気汚染の現状と原因分析」科学技術振興機構中国総合研究交流センター、http://www.spc.jst.go.jp/hottopics/1407/r1407_peng1.html、2014.8.16参照。
5　Increased aggravation of heart or lung disease and premature mortality in persons with cardiopulmonary disease and the elderly; increased respiratory effects in general population. 心

第 2 章　中国の環境政策とガバナンス　　85

臓・肺の病気の悪化が促進され、これらの病気を持った人や高齢者の死期を早める。呼吸器系への影響が増す状態。

6　日本国内での最近のPM2.5高濃度現象について http://www.nies.go.jp/whatsnew/2013/20130221/20130221.html、2014.8.16参照。

7　「李干杰部長在土壌環境保護立法"両会"代表委員座談会上的講話」『環境保護工作資料選』2013年 6 月10日。

8　北京大学法学院・汪勁教授談、2013.5.20。

9　中国の土壌環境質量標準（GB15618-1995）によれば、自然保護区等には 1 級基準、農地には健康維持のための 2 級基準、林地、鉱山付近の農地などは 3 級基準が適用される。例えばカドミウムの 2 級基準は、pH6.5-7.5で土壌 1 kg あたり0.3mg 以下と決められている。なお、わが国の土壌環境基準では、検液 1 ℓ につき0.01mg 以下、かつ農用地においてはコメ 1 kg につき0.4mg 以下と定められている。

10　中国东部滨海経济带癌症村的死亡日　http://www.wfnews.com.cn/society/2007-11/06/content_17146.htm、2013.8.22参照。これによると浙江省から上海、江蘇、山東、北京・天津渤海湾に連なる経済発展地域の村に癌が多発しており、工場の汚染物の排出が原因と考えられる。

11　生命時報、2013年 3 月 5 日。

12　新華網、http://news.xinhuanet.com/yuqing/2013-05/11/c_124695897.htm、2013年 8 月23日参照。

13　中国農業大学・朱毅―2013.5.24新華網。ウォールストリートジャーナル日本版、http://jp.wsj.com/news/articles/SB10001424127887324602304578496031641142340、2014.8.16参照。

14　2012年10月26日、中国環境科学学会副理事長楊朝飛の全国人大常務委員会専門テーマ講演会での報告、http://www.npc.gov.cn/npc/xinwen/2012-11/23/content_1743819.htm、2013年 8 月29日参照。

15　環境保護部・B 司長談、2013年 5 月27日（北京）。

16　朝日新聞、2012年10月29日。

17　2012年 7 月 2 日に四川省什邡市で起こったモリブデン工場建設に対する反対運動。

18　2012年 7 月28日に江蘇省南通市啓東で起こった王子製紙の排水管設置に対する反対運動。

19　「確固として中国の特色ある社会主義の道に沿い、全面的に小康社会を建設し奮闘しよう（中国語：堅定不移沿着中国特色社会主義道路前進為全面建成小康社会而奮闘）」、2012年11月 8 日。

20　互動百科（http://www.baike.com/wiki/%E7%94%9F%E6%80%81%E6%96%87%E6%98%8E、2014.4.2参照）。

21　前傾環境保護部・B 司長談。

22　たとえば、上海交通大学法学院・王曦教授は、この決定について、政府の監督、資源保護など11期 3 中全会の決定に匹敵する革新的な内容を含んでいるという（2014年 1 月11日）。

23　確固とした方針、譲れない線を意味する。

24　防治とは、防止し改善することを意味する。

25　改正を巡る主な論議については、北川2013、324-336頁参照。

26　清鎮市人民法院環境保護法廷は2010年12月15日、貴州定扒造紙工場南明河汚染事案について、

原告中華環境保護連合会の汚染物排出即時停止の申請を容認したが（2010清環保民初字第4号）、これは公益訴訟最初の勝訴判決とされる（2012年9月、北京、公益訴訟研究会での中華環境保護連合会・馬勇訴訟部長報告）。

27　2013年12月開催の中国環境NGO年会での中華環境保護連合会・馬勇訴訟部長の口頭報告。

28　「戦略的環境アセスメント」とは、「政策（policy）、計画（plan）、プログラム（program）」を対象とする環境アセスメントであり、事業に先立つ上位計画や政策等のレベルで環境への配慮を意思決定に統合するための仕組みである（環境アセスメント研究会2000・30頁）。なお、中国の戦略的環境アセスメント制度は、長期計画である「規劃（plan）」を対象としている。本稿では、対象となる計画を明確にするため「規劃」という表現をそのまま用いた。

29　国家環境保護総局が1999年4月21日に公布した「建設プロジェクト環境影響評価制度を執行することに関連する問題の通知」。

30　北川2004a、39頁。評審会等に参加する専門家については、2003年9月から「環境影響評価審査専家庫管理弁法」に基づき、国家および地方の専門家データベースがそれぞれ国家環境保護総局と市級以上地方人民政府環境保護行政主管部門により作成、管理されている。データベースへの専門家の選定は個人申請か機関推薦によっておこなわれる。

31　劉2002、62〜63頁。法17条の専門規劃についての公衆参加形式についての説明部分であるが建設プロジェクトについても同様であると考えられる。

32　西安市環境保護局の幹部との座談会（2013年7月）では、セメント工場の1件のみ開催したとのことであった。

33　中国環境保護部項目受理状況 http://www.mep.gov.cn/zwgk/jsxm/xmsl/、2014.8.3参照。

34　本稿では、特に明示しない限り、北京大学の汪勁教授の研究成果を参考にした。（汪2011a、79-89頁、147-154頁）

35　例えば、2011年に着工された建設プロジェクト378,235件のうち、環境影響評価制度を執行したプロジェクトは377,823件であり、執行率は99.89％である。（中国環境年鑑社2012、791頁）

36　「審批」は法律で規定した審査許可申請に対して審査機関が審査する行政許可であり、中国では審査結果は「批復」という表現で表される。「核准」も許可の性質を有するが、申請内容について確認するという性格を持つ。手続き、要件等は「審批」より簡単であり、審査結果は「通過」という表現が使われる。「備案」は文書等を行政機関に届ける行為である。

37　王社坤2012、62頁以下、白2013、165頁。前者は大連PX事件を例に論じている。

38　2013年7月25日、2014年2月24日に西安市で開催。

39　詳しくは、金紅実ら2013、35頁以下。

40　農地の定義はあいまいだが農作物生産に用いる土地であり樹木を植えてもよいとされる。林地は、森林被覆率0.2以上とされる。また、陝西省林業庁での調査では、林地は農地以外、傾斜度25度以上とのことであった。

41　西安市南西部の商州市洛南県城間鎮土地処担当者に対するインタビュー、2012年12月22日。

42　陝西省森林資源管理局・G副局談、2012年8月26日。

43　国家環境保護総局「関於開展生態補償試点工作的指導意見」2007年8月24日。

44　秦ら・2013、16頁以下。同書では、森林生態、湿地生態、流域生態、海洋生態、区域生態、鉱

産資源生態の補償理論と実践を論じている。
45　傅喆・2012、50頁以下。中国生態補償機制與政策研究課題組の概念定義を紹介している。
46　秦ら・2013、250頁以下。なお、同書では山西省の石炭に関する基金以外に新疆のクラマイ市の石油資源税が紹介されているが、関連法規が制定されていないため本稿ではとりあげない。
47　陝西省では水利部門が石炭、石油、天然ガスの採掘企業に対して、石炭の場合、1元‐5元/t、石油は30元/t、天然ガスは0.008元/㎥を徴収している（「陝西省石炭石油天然ガス資源採掘水土流失補償徴収使用管理弁法（中国語：陝西省煤炭石油天然気資源開採水土流失補償征収使用管理弁法）」2008年）。これ以外にも同省内の楡林市で石炭育林基金が徴収されているほか、省林業庁は森林の種類ごとに、2‐10元/㎥の森林植被回復費を徴収している。
48　「最高人民法院、最高人民検察院関於弁理環境汚染刑事案件適用法律若干問題的解釈」、2013年6月8日。
49　環境NGOの呼称について、駒澤大学の李妍焱教授は、政府は、「民間組織」から「社会組織」や「公益組織」を用い、NGOは、現在「NGO」や「公益組織」、識者や社団は、「NGO」、「公益組織」または「NPO」と呼んでおり、次第に「公益組織」という呼称が定着しているという（2013年4月27日、科研費研究会報告資料）。
50　社団登記管理条例13条2号、民弁非企業単位登記管理暫行条例11条3号により同一行政区域内で、業務範囲が同じまたは類似の社会団体、民弁非企業団体の登録は認められない。また、旧ソビエトやバルカン半島でのcolor revolutionから、中国のNGO、弁護士などの扇動者に対する警戒感が強まった。2005年5月の内部会議で、胡錦濤は官僚にこれらの反乱が中国で模倣されることに対して警戒するよう要請したといわれる（Rachel2013, pp104）。
51　カリフォルニア大学アーバイン校のBenjiamin van Rooij教授は、環境法のコンプライアンスについての欧米諸国と異なる中国の特色として、「自然資源保護の目標と生活維持の目標との間の矛盾・衝突が著しいこと」「法に対する未経験」「限られた法律専門家」「私的関係の重視」のほかに、「政治的・法的に限られた公衆参加」と「NGOの限られた役割」を挙げている（Benjiamin 2006, pp368-372）。
52　陝西媽媽環保志願者協会会長・王明英氏へのインタビュー、2014年8月11日（西安）。

第3章　中国資源税制度30年の成果と課題

何　彦　旻

はじめに

　1978年の改革開放以降、目まぐるしい経済成長に伴い、中国における一次エネルギーの生産量および消費量は著しく伸びた。輸入量を含めた一次エネルギー消費量からすると、2010年にアメリカを抜いて世界最大の消費国になった。2012年の一次エネルギー生産量は27.35億石油換算トンに達し、世界消費量の22％を占めた[1]。原油や天然ガス、石炭といった鉱物資源に由来する一次エネルギーの生産および消費に伴い、水汚染や地下水脈の破壊、地割れ、地盤沈下、農地占用、騒音被害といった問題をもたらし、窒素酸化物や二酸化硫黄、PM2.5 が含まれる多くの大気汚染物質が排出される。また、鉱物資源は一旦利用されてしまうと再び回復することが困難であり、消費された分だけストック量が減少する不可逆性をもつ再生不能資源であるため、現世代による過剰な利用によって将来世代の成長に必要な資源の確保が困難になってしまうおそれがある。

　したがって、鉱物資源をめぐる問題は、資源の採取と加工、流通、消費、廃棄からなる社会経済システム全体にかかわる課題であり、社会経済システムを通じての政府の政策介入によって解決または緩和しなければならない。そのうち、最上流の資源採掘過程での課税による政府の政策介入は伝統的な経済的手段の一つであり、エネルギー問題への対応策としても古くから議論されてきた。理論上、資源採掘企業の私的限界費用に対して一定水準の資源税を課せば、資源の採掘費用を高め、私的限界費用を社会的限界費用と一致させようとするインセンティブが働き、その過程で技術革新等によるエネルギー利用効率の向上を図ることになる。その結果、汚染削減の効果と資源の

過剰利用の緩和がもたらされ、最適な鉱物資源の生産と消費活動につながる。

中国当局は、計画経済から市場経済に移行した直後の1984年10月1日に『資源税条例（草案）』（国発、1984：125号文書）を施行し、国内で原油や天然ガス、石炭、金属鉱製品およびその他の非金属鉱製品を開発する企業と個人に対して、資源の採掘生産販売量に応じて徴収する資源税制度を導入した。資源税制度が実施されてから、今日に至るまで30年間が経過した。本章では、中国の資源税について、その導入からの変遷過程を整理するとともに、中国の経済発展と経済体制の移行に伴い、資源税の機能が如何に変化したかを考察する。そして、1993年以降の資源税制度の展開と成果、課題を踏まえ、直近の2011年の税制改革の背景およびその限界を議論する。

第1節　中国の資源税制度成立の経緯および史的変遷

1　中国の資源税制度成立の経緯

中国では、資源に対して課金する歴史は極めて長い。鄧中華（2008）によれば、夏王朝時代にはすでに資源課税の原型と見られる塩税が導入されており、近代まで断続的に機能してきた。新中国建国後、計画経済体制下では、政府は国有鉱物資源の探査や開発の統一的な指示と計画、開発を行っていたため、開発された資源はすべて国に上納し、物資管理部門によって加工企業に割り当てられていた。このような資源利用システムの下では、鉱物資源の開発に対する資源税は必要としなかった。

中国では、1978年の改革開放以降、鉱物資源の開発分野における外国資本や技術の導入のため、欧米諸国が行なっている鉱業利潤に基づくロイヤリティの徴収を参考に、『中外海洋石油資源の共同採掘に関する条例』（1982年1月30日国務院公布）の実施を通して、海洋石油資源を採掘する中外合作企業を対象に鉱業ロイヤリティ（以下「鉱区使用費」（中国語））の徴収が開始された。

さらに、企業間の自由競争メカニズムを築くために1983年に国営企業に対する「利改税」改革[2]を経て、これまでの国営企業の利潤上納制から租税納付制へと改革され、国営企業所得税が実施された。それを契機に、企業による国有鉱物資源の有償利用を図るため、1984年9月に『資源税条例（草案）』（国発、1984：125号文書、以下『草案』）を公布した。それによって、原油や天然ガス、石炭、金属鉱製品およびその他の非金属鉱製品の採掘企業に対して資源税の徴収が始まった。

1986年3月、『鉱物資源法』（主席令、1986：37号令）が全国人民代表大会（以下「全国人大」）常務委員会で可決され、10月1日から施行された。同法の第3条では、「鉱物資源は国家が所有する。地表もしくは地下の鉱山資源の国家所有権は、付随する土地所有権あるいは使用権の違いにより変わることはない」と定め、鉱物資源に対する国家所有権が明確化された。同時に、第5条は「鉱物資源を採掘する企業は、国の関連規定に基づき資源税と鉱物資源補償費[3]を支払う」と規定し、資源税の徴収を法律で位置づけた。

2　中国資源税制度の史的変遷

中国の資源税制度は導入されてから、以下の4つの段階を経て、変化してきた。

(1) 第一段階の資源税制度：1984年から1986年まで

1984年の『草案』を根拠条例とする資源税制度は、中国国内で原油、天然ガス、石炭、金属鉱製品およびその他の非金属鉱製品を開発する企業と個人を納税義務者として資源税を徴収すると定めた。しかし、『草案』が公布されてまもなく財政部が『資源税の若干問題に関する規定』（財税、1984：296号文書）を発表し、金属鉱製品およびその他の非金属鉱製品に対する資源税の徴収が見合わされ、実質第一段階の課税対象は原油、天然ガス、石炭の三品目のみとなっていた。

この段階の資源税制度の大きな特徴は、企業の売上利潤率をベースにした累進課税方式を採用したことである。企業の売上利潤率が12％を超えた時点

で課税され、税率は企業の売上利潤率に応じて大きく3段階に分かれる。売上利潤率が12％から20％までの場合、利潤率が1％増える毎に税率が0.5％ずつ加算される。利潤率が20％から25％までの場合、利潤率が1％増える毎に税率が0.6％ずつ加算され、25％を超えると0.7％ずつ加算される。

このような累進課税方式を採用した理由の一つは、差額地代の考え方に基づき、資源の品位や埋蔵条件の優劣などに伴って、採掘企業の法人所得に大きな格差が生じることから、課税手段を用いて格差を是正し、法人間の競争条件を平等にするためである。韓紹初ほか（1985）は、1983年の統計資料では、山西省の場合、石炭の品位が高く埋蔵条件が全国で最もよいため、省内石炭生産企業の平均売上利潤率は29.1％に達し、赤字企業は8.5％を占めていたのに対して、全国の石炭生産企業の平均売上利潤率はわずか1.7％で、赤字企業の割合は53％にも達していたと紹介し、累進課税方式では、利潤率が高いほど税率が高くなるため、法人所得の格差を抑制することに一定の効果があると評価していた。

上記に加え、売上利潤率をベースにした資源税は計画経済の特徴の現れでもあると考えられる。計画経済期における中国の財政や税制の特徴の一つは、税収であろうと利潤であろうと、はじめから国に属したことである。それでも「税」の形式を取らなければならない理由は、計画経済下の企業経済計算でいわゆる「税擠利、利擠成本（税に利が詰まり、利にコストが詰まる）」という発想から、課税することによって国営企業にコスト削減のインセンティブを与えようとしたからである。これは、資本主義経済を対象とする規範的な租税理論における公共サービスの費用調達や所得の再分配といった租税の役割とは異なる。そのため、中央政府は税率を決める際、「合理的に利潤を留保する」という原則を採用し、税率をテコに運用し、企業にある社会的平均利潤率に等しい計画利潤を残そうとする[4]。資源税にも売上利潤率を課税ベースにし、企業間の利潤率を調整する機能を持たせていた。

(2) 第二段階の資源税制度：1986年から1993年まで

『鉱物資源法』の制定を契機に、財政部が1986年6月に『原油、天然ガス資源税の従量定額徴収、原油製品税税率の調整に関する通達』（財税、1986：

201号文書)、9月に『石炭資源税の従量定額徴収に関する通達』(財税、1986：291号文書)を発表し、原油および天然ガス、石炭資源税について、売上利潤率をベースにした累進徴収から、表3-1が示すように生産量または販売量に基づく従量定額徴収へと変更した[5]。

　課税方式を変更した理由は、主に次の2つが考えられる。1つ目は、財政基盤の強化である。当時、鉱物資源などの生産物の圧倒的部分は国家が統一的に配分していた。このような中央政府の配分政策により原炭のような鉱物資源の供給価格が低く規制されているため、資源採掘企業に赤字を抱える企業が多かった[6]。これらの企業への赤字補填はすべて中央財政が賄うため、中央財政の基盤強化が必要となった。一方、資源税は1984年10月1日から徴収され、当年度の税収について統計上では3ヶ月分しか反映されていないため、わずか4.13億元しかなかった。翌年には16.64億元の税収が集まるようになったが、当年度の国家財政収入に占める割合は0.83％に留まっていた。かくして、1986年3月に開催された第6期全国人大第4回会議で当時の財政部王丙乾部長が行った予算報告では、「財政基盤をさらに強化し、生産が安定している鉱業企業に対して資源税の従量徴収を行う」について論じ、一部生産が安定している鉱業企業に対して資源の生産・販売量に応じて資源税を従量徴収し、税収の安定化を図る方針を明らかにした。

　2つ目は、企業の利潤率に影響を与える要素は資源の品位や埋蔵条件の優劣だけではなく、企業の生産効率なども影響しうるため、売上利潤率ベースの課税方式では、当局は各納税企業の利潤率の適切性について細かく確認をしなければならない。そのため、手続きが煩雑で行政コストがかかり、課税方法の簡略化が求められていた。

　第二段階の資源税制度にもいくつかの特徴がある。第1に、上記の2つの通達では初めて「資源条件がよく利潤率が高い油田に対しては多く徴収し、資源条件が悪く利潤率が低い油田に対しては少なく徴収する原則[7]」が明文化された。これによって第一段階の資源税制度では確認できなかったが、多くの学者が主張していた「資源の級差収入の調整」という機能がはじめて資源税に付与された。つまり、課税手段を用いて資源の品位や埋蔵条件の優劣などによる法人間の所得格差を是正するのである。

表3-1　第二段階の資源税の課税標準（1986〜1993年）

税目	納税義務者	税額
天然ガス	大慶油田（外囲油田を含む）	12.0元／千立法メートル
原油	大慶油田（外囲油田を含む）	24.0元／トン
	勝利油田	8.0元／トン
	大港油田	8.0元／トン
	河南油田	6.0元／トン
	華北油田	3.0元／トン
	中原油田	3.0元／トン
	吉林油田	3.0元／トン
	遼河油田	1.0元／トン
石炭	河北：峰峰鉱務局	0.2元／トン
	甘粛：窑街鉱務局	0.2元／トン
	新疆：哈密鉱務局	0.3元／トン
	内モンゴル：烏達鉱務局	0.3元／トン
	河北：開灤鉱務局	0.45元／トン
	江西：豊城鉱務局	0.45元／トン
	河北：邢台鉱務局	0.5元／トン
	山東：肥城鉱務局、兗州鉱務局	0.5元／トン
	山西：西山鉱務局	0.5元／トン
	江蘇：大屯煤電公司	0.5元／トン
	黒竜江：七台河鉱務局	0.8元／トン
	遼寧：撫順鉱務局	0.9元／トン
	河南：平頂山鉱務局	1.0元／トン
	河北：邯鄲鉱務局	1.1元／トン
	黒竜江：鶴岡鉱務局	1.1元／トン
	山西：霍県鉱務局、南庄煤鉱	1.2元／トン
	山東：新棗鉱務局	1.35元／トン
	山西：汾西鉱務局	1.4元／トン
	山東：棗庄鉱務局	1.8元／トン
	山西：固庄煤鉱、東山煤鉱	2.0元／トン
	山西：晋城鉱務局、小峪煤鉱	2.5元／トン

山西：潞安鉱務局	2.9元／トン
山西：蔭営煤鉱、西峪煤鉱	3.5元／トン
陝西：崔家溝煤鉱	3.5元／トン
山西：大同鉱務局	4.7元／トン

出典：『原油、天然ガス資源税の従量定額徴収、原油製品税税率の調整に関する通達』、『石炭資源税の従量定額徴収に関する通達』に基づき筆者作成。

　第2に、多くの資源採掘企業が赤字を抱えているため、納税義務者はすべての資源採掘企業ではなく、生産が安定している8つの大型国有油田と1つのガス田、30の大型国有炭鉱に限定された。そのため、この時期の資源税制度による法人間所得格差の調整機能は一部大型国有油田やガス田、炭鉱に対しては果たされるが、地方の企業に対してはそのような役割はなかったといえる。なぜならば、1980年から1993年の分税制改革[8]までの「分灶喫飯（かまどを分けて飯を食う）」[9]の財政体制下では、国有企業利潤と企業所得税は所属する地方政府予算の固定収入として配分されており、各地は地元企業を保護し、より多くの利潤を留保させようとするので、地方の国営炭鉱や郷鎮経営、個人経営の炭鉱への石炭資源税の適用や税額の決定はすべて地方政府に委ねられていたから、低い税額を適用させる傾向があった。例えば、1987年に山東省財政庁が発表した石炭資源税額は、地域別で1トン当たり0.1元と0.2元、0.3元の3段階で、国が定めた税額（0.5～1.8元／トン）を下回っていた[10]。

　上記に加え、1980年代前半からはエネルギー不足が目立ち、それに対処するためには郷鎮炭鉱などの採掘企業の市場参入を促進する自由化措置が採られた結果、郷鎮や集団経営、個人経営といった非国有鉱山が激増した。その反面、郷鎮経営炭鉱を中心とした非国有炭鉱における資源の乱掘という外部不経済が露呈した[11]。本来なら資源税は資源の過剰な採掘の抑制策としても理論的根拠を持つが、この段階の資源税は一部の大手国営企業にのみ課しており、これらの企業間における法人所得格差を調整し、互いの競争条件を平等化することが制度の主たる目的であったため、資源採掘総量の抑制効果が果たされなかった。

(3) 第三段階の資源税制度：1994年から2011年10月31日まで

1993年11月に開催された中国共産党の第14期中央委員会第3回全体会議では、社会主義市場経済の確立という改革目標が確定され、税財制改革と管理の厳格化に関する方針が取り決められた。こうした動向を背景に、一連の税制改革が行われ、その中で増値税改革とセットで資源税に対する改革も行われた[12]。1993年12月、『資源税暫行条例』（国務院令第139号、以下『暫行条例』）と『資源税暫行条例実施細則』（財政部法字第43号、以下『実施細則』）に基づき、以下のように資源税の改革が行われた。

まず、塩税と資源税とを統合させ[13]、同時に、徴収が見合わされていた金属鉱製品およびその他の非金属鉱製品についても資源税の徴収を開始した。それによって、表3-2が示すように、資源税の課税対象は原油と天然ガス、石炭、その他の非金属鉱原鉱、鉄金属鉱原鉱、非鉄金属鉱原鉱、塩（固体塩、液体塩）の7項目に拡大された。

次に、原油や天然ガス、石炭のみならず、7項目の課税対象全般に対して販売量に基づく従量定額徴収へと移行した。『実施細則』の別紙として添付される「資源税税目税額明細表」と「主要品目の鉱山資源等級表」では、鉱山は鉱物資源の種類や品質、生産地などに基づき等級分けされ、等級別の税

表3-2　第三段階の資源税の課税標準（1994〜2010年）

税目	税額
原油	8〜30元／トン
天然ガス	2〜15元／千立方メートル
石炭	0.3〜5元／トン
他の非金属鉱原鉱	0.5〜20元／トン
鉄金属鉱原鉱	2〜30元／トン
非鉄金属鉱原鉱	0.4〜30元／トン
塩　固体塩	10〜60元／トン
液体塩	2〜10元／トン

出典：『資源税暫行条例』に基づき筆者作成。

額が規定された。それに基づいて、各企業は資源税の納付額を算出するが、税目税額明細表に取り決められていない等級分けされた資源の適用税額は、各地の人民政府が具体的な資源条件に基づき、近隣鉱山の税額を参考に、その税額の30％の変動幅の中で決定することとなる。

第3に、納税義務者はすべての資源採掘企業（塩の場合はその生産企業）に拡大した。原油や天然ガスについては、それまでは一部大手国有油田やガス田だけが納税義務者であったが、制度改正によってそれ以外の採掘企業も納税義務者となった。原油の場合は1トンあたり8元、天然ガスの場合は1千立方メートルあたり2元の資源税が課されるようになった。石炭採掘企業に関しても大型国有鉱山に対して個別に税額を定めただけではなく、地域別にも税額が規定されたため、非国有鉱山からも資源税を徴収するようになった。

他方、国家税務局（現在の国家税務総局）は1989年頃から分税制改革に向けての準備を始め、地方税体系の構築を通しての地方財政収入の拡大が検討されていた[14]。資源税制度改革も分税制改革の一環であった。1994年1月1日から全国規模で分税制改革が行われ、税種は中央税、地方税、中央地方共有税（以下「共有税」）の3種類に分けられた。資源税は共有税に分類され、海洋石油資源以外の資源税収入はすべて地方政府の収入として配分されるようになった。

第三段階の資源税制度の特徴としては、まず、鉱物資源の種類や品質、生産地等を等級別に税額幅を規定することによって、納税義務者間の法人所得格差を調整する機能が強化されるようになった。

また、改革では、税率の引き上げは行われなかったが、徴収対象や納税義務者は拡大されたため、国にとっての財源調達機能が一層強化された。図3-1で示したように、1993年の制度改正による税収の増加効果は見られた。1993年に25.6億元だった資源税収入は、1994年には45.5億元に達し、およそ20億元も増加した。

また、1993年の資源税制度は分税制改革およびその実施に資する役割を果たすものである。つまり、分税制改革後、課税権限が中央に集中するようになったため、地方財政は収支ギャップを抱えることになった。その中、資源税収入の大部分は地方政府の収入として配分されているため、地方財政収支

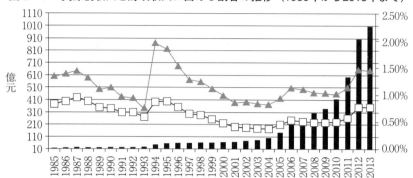

図3-1 資源税収入と財政収入に占める割合の推移（1985年から2013年まで）

■資源税収入　─□─国家財政収入にしめる割合　─▲─地方財政収入に占める割合

注：財政収入には国内外の債務収入は含まない。
　　2013年度のデータは『2013年全国財政決算』（中国財政部ウェブサイト：http://yss.mof.gov.cn/2013qgczjs/、2014年8月18日参照）により。
出典：中国財政年鑑編集委員会編『中国財政年鑑』（1993年〜2012年）各年版、中国税務年鑑編輯委員会編『中国税務年鑑』（1993〜2012年）各年版に基づき筆者作成。

ギャップの改善に役立った。図3-1から確認できるように、地方財政収入に占める資源税収入の割合は1993年には0.8％であったが、分税制改革の翌年の1994年には2％まで増加した。

(4) 第四段階の資源税制度：2011年11月1日以降

第三段階の資源税制度は、以下のような問題点がしばしば指摘されていた。

まず、資源税の税率の問題である。税率が低いため、鉱産物売上に占める税収の割合も低い。近年、資源価格の大幅な高騰を背景に、資源採掘企業はますます目先の利益を追求するようになり、過剰採掘の現象が起きているなかで、資源税の税率が長期にわたって低い水準に固定されていたため、これらの企業に対する鉱物資源総回収率[15]の向上につながるインセンティブが十分に働かない[16]。

次に、資源税の課税対象が少ないことである。資源税の課税対象には7項目の鉱物資源しか含まれていない。森林や草原といった自然資源も課税対象

として含むべきである[17]。

第3に、課税方式の問題である。販売量に応じる従量定額徴収方式では、採掘加工段階の利用率が低くても、納税額には影響しない。その結果、採掘加工段階で資源浪費が目立ち、生産効率が悪く、総回収率が低い[18]。

また、資源税の従量定額徴収方式では、販売量が多ければ、課税額もそれだけ高くなるが、販売価格の変動に応じて変わるわけではないため、市場の動向とは連動しない[19]。逆に、資源価格の上昇につれて企業の実質税負担が低下しつづけるため、資源生産消費量を抑制する機能が弱くなり、資源の採掘、利用とそれに伴う環境負荷の軽減効果も小さい[20]。

第4に、税制管理権限の配分問題である。中央政府が直接鉱物資源の等級分けをおこない、等級別の法定税額を規定している。資源の直接管理者である各地地方政府が納税義務者の資源状況を考慮して、法定税額の範囲内で適用税額を決定するが、実際の資源条件や経済状況に応じて適時に法定税額範囲を超えての適用税額を調整する権限が持てない[21]。

第5に、企業の性質によって差別を設けた税制である。『暫行条例』の第1条は、「中国国内で鉱産物や塩を採掘、生産する企業や個人が資源税の納税義務者であり、本条例に従って資源税を納付しなければならない」と定めたが、海洋石油資源を採掘する合作企業に対しては、資源税は徴収せず、鉱区使用費のみ徴収し、特別扱いされていた。これは改革開放当初、海洋石油資源の開発分野における外国資本や技術を誘致し、さらなる経済発展を図るための租税特別措置として大きな役割を果たした[22]が、伝統的な租税原則の一つである課税の普遍性原則には反している。

そうした制度の固有の問題点に加え、1998年の国際原油市場における大幅な価格下落によって内外価格差が拡大し、同年の下半期から、中国政府は石油価格制度の改革に踏み切った。計画経済体制で定めた統制価格制度を破棄して、国際原油市場取引価格を基準に国内市場での実際取引価格を決定する新しい指標価格制度を導入した[23]。それによって、国内原油価格の変動も激しくなり、特に2004年の後半あたりからの原油価格の上昇は、2005年に入ると更に加速し、それに伴って資源開発企業の収益は急増した。しかし、資源税の従量定額徴収方式では、課税額が市場の動向とは連動しないため、資源

開発企業が得る収益に比例して資源税の税収を増やすことができなくなっているという課題が浮彫になった。中央政府は一部地域に対して法定税額の範囲内で原油や石灰石、石炭資源税の税額引き上げなどの措置を通して、問題を緩和しようとした[24]。2005年7月1日、財政部と国家税務総局が『原油・天然ガスの資源税税額基準の調整に関する通達』（財税、2005：115号文書）を公布し、全国各主要な油田企業について原油・天然ガスの資源税額を一斉に引き上げ、一部の油田企業に対して『暫行条例』で定められる最高税額の30元／トンを適用した。したがって、これ以上の税額の引き上げは不可能となった。そうしたなか、2010年6月、新疆ウィグル自治区の原油・天然ガス採掘企業を対象に、資源税の従価定率徴収の試験的な実施を経て、2011年9月21日に『暫行条例』の改訂案が国務院第173次常務会議で成立し、11月1日から実施に移された。従来の資源税の特徴や課題を踏まえ、資源税の課税方式と標準税率を改定し、国内採掘企業と中外合作採掘企業に適用される税目を統一した。今回の資源税の主な改正点と特徴は、以下のとおりである。

(a) 納税義務者の統一

　納税義務者は従来の「国有企業、集団企業、私有企業、持ち株企業等の企業および行政組織、事業組織、軍事組織、社会団体などの組織、個人経営者やその他の個人」から「企業および行政組織、事業組織、軍事組織、社会団体などの組織、個人経営者やその他の個人」に変更し、合弁企業や合作企業を含むすべての法人企業が含まれるようになった。海洋および陸上石油を採掘する外資系合作企業に対して徴収する鉱区使用費を撤廃し、資源税の納付を義務付けることによって、国内採掘企業と中外合作採掘企業に適用される税目を統一した。それによって、企業所得税法や増値税法などの租税法律の納税義務者範囲により一層接近した。

(b) 課税方式の変更

　表3-3に示されたように、新しい資源税制度では、原油と天然ガスに対する課税方式は、従来の従量定額徴収から従価定率徴収に変更した。それを通じて、資源価格の高騰によって資源開発企業が得る収益に比例して税収を増やすことを実現しようとした。

(c) 税率の引き上げ

表3-3 第四段階の資源税の課税標準（2011年～）

税目		税額
原油		売上高の5％～10％
天然ガス		売上高の5％～10％
石炭	コークス	8～20元／トン
	その他の石炭	0.3～5元／トン
その他の非金属鉱物原鉱	普通非金属	0.5～20元／トンまたは立方メートル
	貴金属	0.5～20元／キログラムまたはカラット
鉄金属鉱物原鉱		2～30元／トン
非鉄金属鉱物原鉱	レアアース	0.4～60元／トン
	その他	0.4～30元／トン
塩	固体塩	10～60元／トン
	液体塩	2～10元／トン

注：固体塩は、海塩、湖塩、塩井・岩塩鉱塩を指す。液体塩には塩井から抽出したにがりを指す。
出典：「『中華人民共和国資源税暫行条例』の改訂に関する国務院の決定」（国務院令第605号、2011年9月30日）。

　原油と天然ガスの税率は、従来8～30元／トンと2～15元／千立方メートルであったのが、売上高の5％～10％に改訂された。コークスやレアアースに対する法定税率を大幅に引き上げた。コークスの場合、従来の0.3～5元／トンから8～20元／トンとなり、軽レアアースに対して最高税率の60元／トンを適用した。

第2節　中国資源税制度の評価と課題

1　中国資源税制度の評価

　中国資源税制度の目的については、その根拠法である『資源税暫行条例』には明記されていないが、唯一の根拠付けは、1994年に国家税務総局が編著した『中華人民共和国新税制通釈』に掲げられた制度目的である。それは、①法人間所得格差を調整し、経営者間の平等競争を促進すること、②国有資

源を適切に開発することを促進し、資源の節約と有効利用を図ること、③国家に一定の財政収入をもたらすこと、④分税制の実施に資すること、とされている[25]。

まず、法人間所得格差の調整機能に関しては、鉱物資源の種類や品質、生産地等を等級別に税額幅を規定し、納税義務者間の法人所得格差を調整しようとしているが、鉱物資源の採掘費用が採掘現場の深部化に伴って上昇し、それに伴って法人所得も変化するという要素が考慮されていない。また、法人所得に影響を与える要素は、資源の品位や埋蔵条件の優劣によって異なる採掘費用や生産販売量だけではなく、鉱山の獲得や保有、処分によって発生する損益も関連する。そのため、資源税制度は法人間所得格差を十分に調整できない可能性がある[26]。

次に、図3-2に示されたように、近年、鉱物資源採掘量は、増加の一途を辿ってきた。つまり、資源課税による資源の適切採掘や節約効果は確認できない。その原因は、税率の低さと従量徴収にある。つまり、資源の価格上昇を背景に、税額が資源価格と連動せずに長年固定されており、物価の上昇とともに企業の実質税負担が低下しつづけたことは、資源の採掘量を増加させる傾向を大きくした。それに加え、中国のような発展初期にある途上国政府にとって、資本集約的な重工業を優先的に発展させるための一つの手段は、資本や原材料および賃金などの生産投入財の価格を抑えることによって、既存企業の収益を高く保証し、次期の生産に投資し、資本蓄積を加速させることである[27]。資源税の税率を抑え、大量の鉱物資源を原材料とする重工業の生産投入財の価格を抑えようとする政府の意図があったとも考えられる。さらに、Ueta（1988）が指摘したように、そもそも国営企業中心で計画経済的要素が強く「不足の経済」と言われる状況の下では、価格メカニズムは十分機能しておらず、資源税が資源の採掘量を抑制する誘因として働く条件はなかったといえる。

さらに、分税制の改革への貢献は前述したように、1993年の資源税制改革によって実現された。同時に、資源税による財源調達効果も1993年改革によって強化された。それに加え、2011年改革を経て、資源税はより強力な地方財源調達手段となっている。2011年に595.87億元だった税収は2012年に

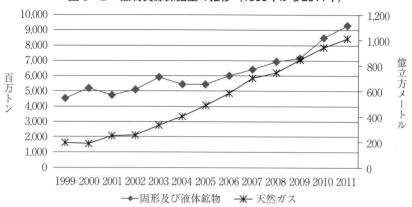

図 3 - 2　鉱物資源採掘量の推移（1999年から2011年）

──◆── 固形及び液体鉱物　──✳── 天然ガス

出典：国土資源部『中国国土資源年鑑』（2000～2012年各年版）、中国鉱業年鑑編集部『中国鉱業年鑑』（2000～2012年各年版）に基づき筆者作成。

904.37億元に達し、2013年には1,000億元を突破した。それによって、地方財政収入に占める資源税収入がこれまでの1％前後から1.5％まで拡大した。

　資源税による財政基盤の強化は、制度が導入された当初の目的の一つでもあると考えられる。1978年に10.1億元の黒字を出した国家財政は、1979年に135.4億元の赤字を計上するに至っている[28]。前田（2006）によれば、このような急激な財政赤字の原因は、一つは企業収入の減少であり、もう一つは、主要農産物の買付価格と小売価格との差額の補填のために国家の補助金支出が増大したためである。こうした状況のなか、財源を捻出するには、資源税のような新たな税目の導入が必要であったと見られる。

　共有税である資源税は、税収の大部分が地方政府の収入と配分されることから、豊富な鉱物資源を有する一部の地方政府にとっては特に重要な財政収入である。図3-3が示すように、一人あたりの資源税収入の高い省は一人あたりの財政収入が低く、逆に一人あたりの財政収入の高い省の資源税収入が低い傾向が見られる。とりわけ、新疆ウィグル自治区や重慶、青海、チベット自治区、内モンゴル自治区のような経済開発が遅れており、一人あたりの財政収入が低いが、豊富な鉱物資源を有する西部地域にとっては重要な収入源であると言える。つまり、中国の資源税制度は、資源の採掘量を抑制

図 3-3　各省における一人あたりの資源税収入と財政収入（2012年）

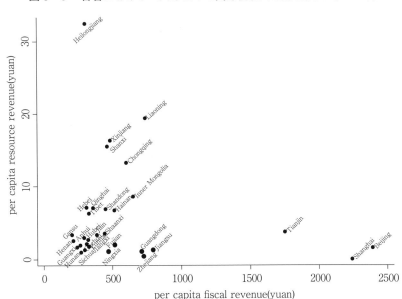

出典：国家統計局編『中国統計年鑑』（2013年版）に基づき筆者作成。

する役割を果たすための租税というよりは、むしろ地域間の財政調整の役割を一部担っていた租税であるといえる。

その背景には中国における財政調整制度の未確立という現状がある。規範的な財政理論によれば、鉱物資源は偏在する傾向があり、不安定性と予測不可能性もあるため、地方政府への税収帰属は、地域間の財政格差を広げたり、財政収入が大きく変動したりする可能性がある。したがって、天然資源を国有化したうえで、国が企業の資源採掘行為に対して課税し、その関連収入を政府間の財政調整制度を通じて分配することが望ましい。また、中国では元々資源が全て国有であることから、本来ならそれによる税収も全て中央に属し、国民の医療保険サービスや義務教育、年金保険サービスなど国が保障すべき公共サービスの事務委託を受けて地方が事務分担を行う際には、それに相応する国からの垂直的な財政移転が行われるべきである。しかし、現在の中国ではこのような国と地方間の財政移転に関する明確な法的根拠を確

立してこなかった。そのため、地方政府の負担を緩和させるために、暫定的な措置として資源税の大部分を地方政府に留保させているのであろう。

2　中国資源税制度の課題

中国の資源税制度は、計画経済から市場経済への移行に伴って導入され、今日までに30年間機能し続けてきた。上述したように、資源税制度は長い間、鉱物資源の採掘量を抑制し、有効利用を図るような役割を果たすための租税というよりは、むしろ地方の財源調達に貢献し、地域間の財政調整の役割を一部担っていた租税になっていたため、課税手段を通じて鉱物資源の生産および利用に関わる社会的費用と私的費用との乖離をなくし、鉱物資源の生産と消費活動を抑制することによって、外部性不経済を内部化するような機能が弱体化していた。その結果、次のような資源利用の問題と環境問題がもたらされていた。

まず、高いエネルギー原単位である。改革開放以来、中国における一次エネルギーの消費原単位（単位GDP当たりのエネルギー消費量）は1980年当初の13.26トン（標準石炭換算トン、以下SCE）から2013年0.70トン（SCE）に大きく低下した[29]。中国では、第11次5ヵ年計画のなかで、2006から2010年までの間に、エネルギー消費原単位を20％引き下げる政策が進められており、第12次5ヵ年計画では、2011年から2015年までの間に、さらに16％引き下げる政策が打ち出されている。しかし、資源税の税率が長い間中央政府によって低く抑えられてきたため、企業にはエネルギー利用効率を高める技術革新等のインセンティブが働かない。その結果、中国の一次エネルギーの消費原単位は、依然として米国の4倍、日本の5倍という高水準に留まっている[30]。

また、中国国内の各省や自治区、直轄市の間のエネルギー消費格差も大きい。図3-4が示すように、経済開発が進んでいる東部地域と比べれば、経済開発が遅れており、豊富な鉱物資源を有する西部地域や中部地域における一次エネルギーの消費原単位が高い。それは資源豊富な地域では、資源価格が比較的に安いため、エネルギー集約型産業が集中する傾向があると考えられる。

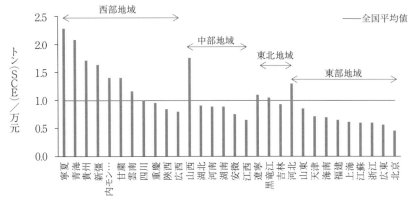

図 3-4　地域別エネルギー消費原単位（2011年）

注：チベットの関連データは集計されていない。
出典：国家統計局編『中国統計年鑑』（2013年版）に基づき筆者作成。

　次に、過剰な資源開発による環境問題である。中国が保有する主なエネルギー資源は石炭である。2011年に、石炭採掘に従事する企業は全部で13,360社にのぼり、そのうち、中小レベルの炭鉱は全体の95％を占める[31]。また、採掘産業に課される資源税や鉱物資源補償費などの資源関連税[32]の税率が長期にわたって低い水準に固定されていたため、近年の資源価格の大幅な高騰を背景に、既存企業の生産能力の拡大が見られた[33]。その結果、鉱物資源の過剰な採掘や加工が各資源生産地で発生し、大きく3種類の環境問題をもたらしている。

①地質破壊問題。石炭などの露天採掘は地表の土層や植被を破壊し、土壌流失をもたらした。また、坑内採掘は地下水脈を破壊し、地盤沈下や地割れ、陥没を引き起こした。

②土地利用問題。採掘過程では、掘り出した土や岩の置き場所、発生する石炭残渣や尾鉱など大量の廃棄物の埋立地を確保するために、周辺の森林を伐採したり、農地を転用したりして広大な土地を占用した。

③汚染問題。採掘作業現場や運搬トラックから発生する粉塵、石炭残渣の自然燃焼などが深刻な大気汚染をもたらしていた。また、石炭選別や洗浄過程で排出される汚水の成分が複雑で、大量の石炭粉塵や重金属など

が含まれる。これらの有毒、有害な物質が土壌を汚染してしまうと、長期間にわたって滞留し、発見されにくいため、大気汚染や水質汚染より大きな危険性を有する。さらに、炭鉱で発生する廃水が河川に排出されれば、鉱区内や周辺の生態系システムや人々の健康にも被害を与えている。

　上記に加え、中国の鉱物資源の多くは新疆ウィグル自治区や重慶、青海、チベット自治区、内モンゴル自治区といった経済開発が比較的に遅れている中部や西部地域に集中している。しかし、これらの地域はもともと水土流失や砂漠化・砂地化の深刻な地区で、生態環境が極めて脆弱である。近年の資源開発の加速は現地の生態環境の悪化に拍車をかけることになる。例えば、近年石炭の採掘生産で栄えた陝西省楡林市の場合、20世紀90年代中期以来、石炭採掘による植物被覆の破壊面積は26万畝[34]に達し、およそ30万畝の土地が荒地化した。そのうち、楡林市神木県大柳塔エリアの重度砂漠化地域の面積は2.7倍拡大し、楡陽区と横山県の間の砂漠地帯は南東に向けて約40キロメートル伸びた。また、炭鉱開発が地質に与えた影響や水使用量の拡大によって、省内の多くの河川が断流し、湖沼が消え、井戸が枯渇した。例えば、神木県内に流れる約10本の河川が断流し、20個以上の井戸が枯渇した。域内の主要な河川であり、黄河の支流でもある窟野河は現在1年の約3分の2が断流している。楡林市の湖沼の数は炭鉱開発以前の869個から79個に激減した。陝西省最大の内陸湖である紅碱淖（ホンジェンノル）は2004年から2012年の8年間で水位が約3メートル低下し、水面面積が2007年の39.3平方キロメートルから2012年の32.8平方キロメートルに縮小した[35]。湖沼の生態システムが破壊され、ここで生息するゴビズキンカモメをはじめとする野生動物の数も減少傾向にある[36]。

　第3に、鉱物資源の枯渇問題である。資源税は暫定的な財政調整措置として豊富な鉱物資源を有する一部の地方政府の財政基盤の強化に貢献した反面、地方政府はより多くの鉱物資源を開発し、より多くの資源税収入を得ようとする傾向があるため、資源の採掘を加速させている。一部資源豊富な地域では、すでにオランダ病[37]の症状が顕在化していた。オランダ病に陥った都市の共通点について、他地域への鉱物資源輸出依存によりそれ以外の産業

の縮小や低迷、資源の枯渇に伴う経済悪化と地方財政の赤字化に加え、石油や石炭など天然資源の販売で得た収入が製造業やハイテク産業などの発展に投入されず、需要を大幅に上回る不動産の建設が積極的に進められ、産業の空洞化を招いていることなどがあげられる。それを受けて、中国政府は2008年、2009年、2011年の３回にわたって「資源枯渇都市（地区）」のリストを公表し[38]、全国のかつての資源生産拠点として栄えた69の県、市を資源枯渇市（県）[39]に指定した。

中国の環境保護投資額はここ30数年来、工業汚染源制御のみではなく、新規汚染源対策や都市環境インフラ整備、生態環境保全を含め、その支出金額の規模や投資範囲が大きく拡大している。しかし、上記の過剰な資源開発による環境問題および資源枯渇問題は、一旦破壊、喪失すれば復元できない不可逆的で取り返しのつかない絶対的な損失を伴うため、最上流の資源採掘過程で政府介入政策の改善や強化を講じることによって、その局面を緩和もしくは回避することは必然的な前進方向であり、現実的な処方箋である。

おわりに

本章は中国の資源税制度の30年間の変遷を整理することによって、中国の経済発展と経済体制の移行に伴って資源税の機能が如何に変化したかを分析した。分析を通じて、鉱物資源の採掘や加工、利用をめぐって、現在直面している深刻な生態環境問題は、国により長期間にわたり資源税制度を資源の採掘量を抑制する役割を果たすための租税というよりは、むしろ地域間の財政調整の役割を一部担わせていた租税であると位置づけたことに起因することがわかった。

従来の資源税制度が抱える問題点を踏まえ、新しい経済状況と資源価格体系に適応するために、2011年11月に全面的な制度改正がおこなわれ、資源税制度が第四段階に入った。これまでに第二段階と第三段階の資源税制改革でおこなわれなかった従量徴収から従価徴収への課税方式の変更や税率の引き上げを通じて、資源の採掘費用を高め、資源の消費量を抑制するという政策

課税の性格がより鮮明になり、その効果が大いに期待されている。

　He（2014）は、新疆ウィグル自治区における2010年6月からおこなわれた原油・天然ガス採掘企業を対象に、従量税から従価税への試験的な転換を事例に分析しているが、分析の結果、課税方式の変更は採掘企業に採掘量削減のインセンティブを与え、資源税収入の増加は自治区の財政収支ギャップを改善し、自治州や地区の財政基盤強化にも資するものであった。しかし他方で、改革が原油と天然ガスに限定して実施されたため、石炭の採掘を促進し、結果的にエネルギー採掘総量はむしろ増加したことを明らかにしている。また、自治州や地区間の資源分布は不均等であるため、改革によって自治区内の地域間における財政収入格差は拡大したことも確認された。これらの指摘は2011年の新しい資源税制度の実施に対しても一定の示唆を与える。なぜならば、新しい資源税制度は新疆での資源税制改革と同様に、原油と天然ガスに限定して従量税から従価税に切り替えたが、それ以外の石炭などの鉱物資源については従来どおりの従量徴収のままであるためである。これらの課題については第四段階の資源税の実効性に与える影響については今後注意深く見守る必要がある。

　そして、本章での議論を通じて、地方政府はより多くの鉱物資源を開発し、より多くの資源税収入を得ようとすることが特徴として浮かび上がった。これは、現在の中国では国と地方間の財政移転に関する明確な法的根拠を確立しておらず、暫定的な措置として資源税に地域間の財政調整の役割を一部担わせたためである。したがって、今後の政府間財政調整制度の確立とともに資源税制度をどう改善していくべきかは、今後さらなる研究が必要である。

付記
　本章は、『国際公共経済研究』（24号）（2013年3月）に掲載した「中国の資源税制度の展開と成果」を大幅に加筆修正したものである。

参考文献

鮑栄華・楊虎林「我国鉱産資源税費徴収存在的問題及改進措置」『地質技術経済管理』Vol.20、No.4、1998年、20-22頁。

British Petroleum, *BP Statistical Review of World Energy 2014*,（http://www.bp.com/statisticalreview, 2014年7月18日参照）

曹愛紅・韓伯棠・斉安甜「中国資源税改革的政策研究」『中国人口・資源与環境』Vol.21、No.6、2011年、158-163頁。

曹剛「対統配煤鉱与財政関係的一点思考」『煤炭経済研究』1990年12期、1990年、12頁。

崔景華・王国華「中国の天然資源課税」『とうきょうの自治』東京自治研究センターとうきょうの自治、70号、2008年、23-30頁。

鄧中華「我国鉱税演化研究」『経済師』2008年第3期、2008年、143-145頁。

丁全利「維護国家鉱産資源権益：解読我国首次開徴中外合作開採石油資源補償費」『国土資源通訊』2012年8期、2012年、19-20頁。

何彦旻「中国の資源関連税制の現状と性格—資源課税の理論からの考察」『龍谷政策学論集』第2巻2号、2013年3月、27-49頁。

He, Y.M., "Effects and issues of the 2010 resource tax reform in Xinjiang", in L. Kreiser, S. Lee, K. Ueta, J. E. Milne, H. Ashiabor (ed.), *Environmental Taxation And Green Fiscal Reform: Theory and Impact* (UK: Edward Elgar, 2014), pp.215-226.

堀井伸浩「石炭産業—産業政策による資源保全と持続的発展」丸川知雄編『移行期中国の産業政策』第6章、アジア経済研究所、2000年、203-246頁。

IEA, *Energy Balances of Non-OECD Countries (2013 edition)*, IEA Energy Data Centre.

関鳳峻・蘇迅「関於鉱産資源補償費的幾個観点」『資源・産業』No.8、1999年、12-13頁。

関鳳峻「資源税和補償費理論弁析」『中国地質鉱産経済』、2001年、No.8、1-3頁。

国家税務総局編『中華人民共和国新税制通釈』中国経済出版社、1994年。

郭四志「中国の石油産業の管理体制について」『IEEJ』2004年1月、2004年、日本エネルギー研究所。

韓紹初・楊益民「対開徴資源税問題的一些認識」『財政研究』、第2期、1985年、56-61頁。

計金標「資源課税与可持続発展」『税務研究』No.7、2001年、22-25頁。

Kazuhiro Ueta, "Dilemmas in Pollution Control Policy in Contemporary China" in *The Kyoto University Economic Review*, Vol.58, No.2, 1988, pp.51-68.

梁麗華・範代娣「環境影響評価制度和可持続発展的有関考察」郭俊栄・北川秀樹ほか編著『中日乾燥地区開発と環境保護論文集』西北農林科技大学出版社、2012年、205-211頁。
林毅夫著・劉徳強訳『北京大学中国経済講義』東洋経済新報社、2012年。
林家彬ほか編著『中国鉱産資源管理報告』社会科学文献出版、2011年。
劉佐『新中国税制60年』、中国財政経済出版社、2010年、189-191頁。
前田淳「中国国営企業改革史（二）」『三田商学研究』第49巻第6号、2006年、177-197頁。
OECD, *Environment at a Glance 2013:* OECD Indicators (OECD Publishing, 2013).
喬朴「陝西煤炭原油和天然気資源税政策研究」『西部財会』No.12、2006年、24-25頁。
慶陽年鑑編纂委員會編『慶陽年鑑2007』中国統計出版社、2007年。
山東省地方史志編纂委員會編『山東省志　税務志：1986-2005』（上）、山東人民出版社、2008年、94頁。
田島俊雄「経済改革期の産業組織と供給構造」石原享一編『「社会主義市場経済」をめざす中国―その課題と展望―』アジア経済研究所、1993年、77-114頁。
王萌『資源税研究』経済科学出版社、2010年。
呉敬璉著・日野正子訳『現代中国の経済改革』NTT出版、2007年 。
肖紅ほか「遺鴎鄂爾多斯種群及繁殖分布現状」『第十二届全国鳥類学術検討会暨第十届海峡両岸鳥類学術検討会論文適用集』、2013年。
席小瑾「我国資源税経済効応実証分析」『合作経済与科技』 8月号下、2010年、92-94頁。
謝美娥・谷樹忠「資源税改革与我国欠発達資源富集区発展研究」『生態経済』No.11、2006年、66-69頁。
中国鉱業年鑑編集部編『中国鉱業年鑑』（2001〜2010年各年版）、地震出版社。
中国国土資源年鑑編集部編『中国国土資源年鑑』（2001〜2010年各年版）、中国国土資源部。
中国財政年鑑編集部編『中国財政年鑑』（2001〜2010年各年版）、中国財政部。
中国税務年鑑編輯委員会編、『中国税務年鑑』（2001〜2010年各年版）、中国税務出版社。
中国統計年鑑編集部『中国統計年鑑』（2006〜2011年各年版）、国家統計局。
張春林「資源税率与区域経済発展研究」『中国人口・資源与環境』Vol.16、No.6、2006年、44-47頁。
張挙鋼・周吉光「我国鉱山資源税問題的理論与実践研究」『石家庄経済学院学

報』vol.30、No.4、2007年、57-60頁。

張文駒「我国鉱産資源財産権制度的演化和発展方向」『中国地質鉱産経済』No.1-10、2000年。

張秀蓮「可持続発展与資源課税」『雲南財貿学院学報』Vol.15、No.2、2001年、37-39頁。

鄭雯「我国資源税影響因素的実証分析」『財政監督』2012年11月号、2012年、69-70頁。

1　BP Statistical Review of World Energy 2014（British Petroleum, 2014年 6 月）（http://www.bp.com/statisticalreview, 2014年 7 月18日参照）。
2　「利改税」改革とは、それまでの国営企業の利潤上納制を納税制に切り替え、国営企業は国家に対して、企業所得税と調節税（税引き後利益に対する調節）を納める改革である。
3　鉱物資源補償費とは、1994年に施行された『鉱物資源補償金の徴収管理規定』に基づき、再生不可能資源の採掘による国有資源の枯渇に対して採掘権利者は国に対して補償費を支払う制度である。鉱産物売上と補償費率、回採率係数により算出される。鉱物資源補償費について、詳細は何彦旻［2013］を参照。
4　呉敬璉著・日野正子訳［2007］、248頁。
5　原油の場合は生産量に基づき、石炭及び天然ガスは販売量に基づく従量定額徴収をおこなっていた。
6　曹剛［1990］、田島［1993］。
7　ここでいう「資源条件」とは何かは明らかにされていないが、国家税務局の韓紹初ほか［1985］によれば、「資源条件」は、資源の品位や埋蔵条件の優劣、貯蔵量の多さ、立地条件等を指す。
8　分税制改革とは、中央―地方政府間財政関係の改善を目的として、1994 年に中央税と地方税を分離させる制度改革のことである。
9　1980年、それまでの財政管理体制の「大鍋飯（大がまの飯を食べる」（親方日の丸的経営）という弊害を改めるため、「区分収支、分級包幹（中央と地方の収支を区分し、地方は収支管理を請け負う）」管理体制が実施され、一定のルールで地方から中央へは上納を、中央から地方へは補助がなされた。
10　山東省地方史志編纂委員會編［2008］、94頁。
11　堀井伸浩［2000］、223頁。
12　増値税は物品の流通または役務の提供により取得する付加価値を課税対象とする税である。し

第3章　中国資源税制度30年の成果と課題　*113*

かし、同じ付加価値を実現するには、資源採掘企業が所有する資源条件がよく、採掘技術が優れていれば、他の企業より低い費用で達成できる。企業間の競争条件を均等化させ、増値税の機能を補完するには、資源税の改革も合わせて行わなければならなかった（国家税務総局編[1994]、201頁）。

13　塩税はこれまでには『中華人民共和国塩税条例（草案）』（1984年9月18日国務院公布）に基づき、工商税から分離され、独立した税種として徴収されていた。
14　劉佐［2010］、189-191頁。
15　鉱物資源総回収率とは、採掘、選鉱および精錬の3つの段階において、鉱物資源から有効回収利用できる程度のことで、鉱物資源総合開発利用レベルを反映する総合性評価指標である。そのうち、採掘回収率とは、採掘した資源埋蔵量が採掘可能埋蔵量に占める割合（％）。精鉱回収率とは、精選鉱石中の有用成分（または金属）の数量と原鉱中の有用成分（または金属）の数量の割合（％）、精錬回収率は、精錬製品中に回収された有用成分の重量が、炉に投入された精鉱中の有用成分重量に占める割合（％）を指す。鉱物資源総回収率＝採掘回収率×選鉱回収率×精錬回収率。
16　計金標［2001］、張春林［2006］、崔景華ほか［2008］。
17　林家彬ほか［2011］、104-105頁。
18　張秀蓮［2001］、張挙鋼ほか［2007］。
19　王萌［2010］、132-137頁。席小瑾［2010］、曹愛紅ほか［2011］、鄭雯［2012］。
20　林家彬ほか［2011］、104-105頁。
21　喬朴［2006］。
22　丁全利［2012］。
23　郭四志［2004］。
24　財政部及び国家税務総局は、2003年には『石灰石や大理石、花崗石資源税適用税額の調整に関する通達』（財税、2003：119号文書）を発表し、2005年5月には河南、寧夏、貴州、山東、福建、雲南、重慶、安徽の8地域に対して一連の『石炭資源税税額標準の調整に関する通達』を公布した。
25　国家税務総局編［1994］。
26　謝美娥ほか［2007］。
27　林毅夫著・劉徳強訳［2012］、66頁。
28　中国財政年鑑編集委員会編『中国財政年鑑2000年度』に基づき計算。
29　中国国家統計局編『中国統計年鑑』2012年版に基づき計算。
30　OECD（2013）『Environment at a Glance 2013』、IEA（2013）『Energy Balances of Non-OECD Countries（2013 edition）』を参照。
31　『中国鉱業年鑑』（2012年版）。
32　現在、中国においては、資源税のほかに、鉱物資源補償費（mineral resources compensation fees）と鉱業権有償使用費（mineral right royalty）、石油特別収益金（special oil gain levy）の4種類の資源関連税を徴収している。詳細は何［2013］を参照。
33　国家統計局編『中国統計年鑑』（2005年～2013年版）の「採鉱業全社会固定資産投資」および

「採掘業工業生産者出荷価格指数」によれば、採鉱業の出荷価格は2005年、2008年、2010年に3回にわたって急騰していた。固定資産投資は2003年以降継続的に拡大してきた。うち、2005年度の対前年度比は50％プラスで、2008年度は31％プラス、2010年度は19％プラスであった。
34　1畝は667平米に相当する。
35　梁麗華・範代娣［2012］を参照。
36　ゴビズキンカモメの巣の数は2010年のピーク時に7,708個あったが、2013年には4,545個に減少した（肖紅ほか、2013）。
37　オランダ病（Dútch diséase）は、1960年代のオランダで油田が発見され70年代前半にかけての原油価格上昇で輸出や税収が増加したが、福祉など財政支出が拡大した一方、通貨ギルダーの上昇で製造業の競争力が低下し、その後の原油価格の下落で財政赤字が拡大し、景気も長期にわたって低迷したことに由来し、天然資源の発見によって資源産業にのみ熱中し、製造業が衰退し失業率が高まる現象を指す。
38　中国国家発展改革委員会東北振興司ウェブサイト（http://dbzxs.ndrc.gov.cn/ckzl/t20100824_367195.htm、2013年1月7日参照）。
39　「資源枯渇市（県）」とは、鉱山資源開発が後期、又は末期の段階に入り、その可採埋蔵量の70％以上の鉱物資源が採掘された状態の市、又は県を指す。国務院は2007年に「資源型都市の持続可能な発展を促すための若干の意見」（国発、2007：38号文書）を発表し、その翌年に国家発展改革委員会が第1回目の全国資源枯渇型都市として12の都市を指定した。

第 2 部

農業と水資源、土地

第4章　乾燥・半乾燥地域の農業開発と水資源保全

窪 田 順 平

第1節　問題の所在と本章の目指すもの

1　乾燥・半乾燥地域の大規模灌漑農地開発

　20世紀初頭、あるいは20世紀半ばまで、中国西北部からカザフスタン、ウズベキスタンに拡がる乾燥・半乾燥地域では、水資源の制約により広大な土地が農業には利用されずに残されていた。これらの地域は、水資源には大きな制約はあるものの日射、気温等農業生産に関わる気象条件が良く、潜在的な農業生産適地でありながら、手つかずの状態であった。近代になって大規模な土木工事が可能になり、かつ人口増加による食料増産の必要性の高まる中で、北アメリカ、オーストラリアなどと同様に、20世紀後半には中央ユーラシアでも大規模な灌漑農地の開発が行われることになった。ソビエト連邦に属していたウズベキスタンやカザフスタンでは、アラル海に流れ込むアムダリア、シルダリアの水資源とその周辺の広大な土地が注目され、ソビエト連邦内での綿花の栽培基地として大規模な灌漑農地が開発された。その結果、特にウズベキスタンは現在生産量で世界6位、輸出量ではトップ5に入る綿花生産国となった。それと引き替えに、北海道ほどの面積をもつ世界で4番目に大きな湖であったアラル海は急激に湖水面積が減少し、水不足だけでなく様々な環境問題を引き起こし、「20世紀最悪の環境破壊」とよばれたことはあまりにも有名である（たとえば石田（2010）など）。中国でも、新疆ウイグル自治区、甘粛省、青海省など山岳地域からオアシス地域を経て沙漠へと流れる河川の水を利用して、古くから存在するオアシスを大規模に拡大する形で農業開発が進んだ。

大規模灌漑農地の開発は、確かに食料や綿花など農産物の増産に寄与している。世界的に見ても、穀物生産の約40%は、面積的に全農地の17%に過ぎない灌漑農地に依存していると言われる（UNSCD 1997）。しかし一方で「アラル海の悲劇」に代表されるような塩害や深刻な水不足など様々な環境問題も引き起こすこととなった。乾燥・半乾燥地域における灌漑農業は、その持続性という意味では大きな疑問がある。

2　乾燥・半乾燥地域の農業開発はなぜ問題か：グリーンウォーターとブルーウォーター

水は循環性の資源である。地球上の水は太陽の熱によって液体の水から気体の水蒸気に姿を変え、陸地や海洋から蒸発する。大気中で水蒸気が凝結して水滴となり、雲を形成し、雨として地上に降り注ぐ。地上に降る水は河川を生みだし、土に水を与え、地下水を涵養する。この繰り返しが水の循環であり、地球上では、毎年ほぼ同じ量が循環する。この循環量を超えない利用を行う限り、水は無限の資源である。水と太陽エネルギーを利用する生物生産である農業も、毎年の生産量には限界はあるものの、持続的に利用が可能な資源である。一方で、石油に代表されるような鉱物資源の多くは、地球の歴史の中である時期に蓄えられた有限な資源であり、人類が消費するにしたがって減少し、いつかは枯渇する時がくる。とはいえ、降水量は地球上で均等に分布しているわけではないので、石油やほかの鉱物資源と同じく地球上に均等にもたらされるわけではない。

地上にもたらされた降水は、森林や草原、さらには灌漑されていない農地（天水農地）を潤し、一部は植物などによって使われ、蒸発して大気に戻る。使われずに河川に流れ出したり、地下水となった水を人間は資源として利用し、水の不足する農地に灌漑したり（灌漑農地）、工業用水や家庭用水として利用する。それでも利用しきれなかった水は最終的に海へと流れる。一般に毎年繰り返して資源として使うことのできる水の量を「再生可能な水資源量」という。これは河川に流れ出てきたり、地下水となって使うことのできる水の量をさす。

ところが森林や草原、農地に降った水も、特に天水農地では直接農業生産

に使われているように、「資源」として使われているにもかかわらず、水資源を考えるときには再生可能な水資源量には含まれていない。こうした水を「グリーンウォーター」とよび、河川に流れ出た後のいわゆる再生可能な水資源量を「ブルーウォーター」とよぶ（Falkenmark and Rockström 2004）。農業生産を増大させるために農地開発を行おうと考えるとき、森林や草原などを農地に転換し、天水（降水）でまかなうことのできる範囲で農業生産を行った場合には、農地の蒸発散量が森林や草原の蒸発散量と比較して多くなったり、逆に少なくなったりする場合があるものの、基本的には大きく変化しないため、「再生可能な水資源量」、すなわちブルーウォーターには影響を与えず、持続的な水利用という言い方もできるかも知れない。一方、天水だけでは農業生産が行えない地域、たとえば乾燥地などで灌漑農地を開発した場合には、「再生可能な水資源量」、すなわちブルーウォーターを利用することになるため、ブルーウォーターを共有する他の資源利用、たとえば下流の別の灌漑農地や、家庭用水、工業用水などへ大きく影響する。もちろん農地開発を行った下流域のブルーウォーターを構成する要素そのものである河川を流れる水の量や湖沼の水量にも大きく影響を与える。ブルーウォーターの中の水の分配が大きく変化した、言いかえれば本来湖に流れ込んで湖水を形成していた水を農業用水として利用したと理解するとわかりやすい。最終的に海に流れ込む水の量もブルーウォーターに含まれていることを考えると、ブルーウォーターの新たな利用は、下流側の水循環とそれに関わる生態系へ必ず何らかの影響を与え、生態系が持っている様々な機能、すなわち生態系サービスとのトレードオフの中でしか実現できないと考えるべきである。農業開発によって生じる生態系への影響をどこまで許容するかは、必ずしも科学的に適正な量が求まるわけではない。社会が判断することになる。

3　本章の目指すもの

　本章では、既に述べたように、様々な問題を内包する中央ユーラシア乾燥・半乾燥地域の20世紀以降の大規模農業開発が地域の水資源に与えた影響を、中国甘粛省黒河流域、新疆ウイグル自治区のタリム河流域、カザフスタン、ウズベキスタンの両国に跨がるアラル海とこれに注ぐアムダリア、シル

ダリアの両河川を含むアラル海流域の地域について、地域の持つ水文・生態的な特徴と開発をめぐる社会状況の違いを意識しつつ、改めて比較考察を試みる。これらの事例については、総合地球環境学研究所（地球研）の2つのプロジェクト『水資源変動負荷に対するオアシス地域の適応力評価とその歴史的変遷（リーダー・中尾正義、通称オアシスプロジェクト）』と『民族／国家の交錯と生業変化を軸とした環境史の解明——中央ユーラシア半乾燥域の変遷（リーダー・窪田順平、通称イリプロジェクト）』と関わって筆者が著したいくつかの論文（窪田 2009、窪田 2012、窪田 2013、窪田・中村 2012）を改めて参照しつつ考察する。個々の事例等の記述はこれらの論文と重複していることをお許し願いたい。なお、本論文の執筆には、これらのプロジェクトと並行する形で、水文学の新たな試みとして提唱された"Socio-hydrology"の概念とその実践として発表された一連の論文（Sivapalan et. al 2012, 2014, Liu et. al 2014）の中で、タリム河流域を対象としていたことに触発された部分が多い。この新たな概念では、自然科学としての水文学を超えて、人間の営みが水循環にどのように影響を与えたかを総合的に考察することを目指しており、著者らが地球研プロジェクトで行ったものと通じるものが多い。現代の社会の諸課題を総合的に考察し、その解決への道筋を探る試みである。"Socio-hydrology"も地球研のアプローチもまだ成熟しているとは言いがたいが、水文学の新たな時代を画するものを目指している。

第2節　中央ユーラシア乾燥・半乾燥地域

1　地域の概要

　ユーラシア大陸の中央部には、モンゴルにはじまり、西へ中国の西北部、中央アジア、西アジア、さらにアラビア半島を経て、アフリカ大陸北部へとつながる広大な乾燥・半乾燥地域が広がっている。その中で、中国・新疆ウィグル自治区と、カザフスタン、ウズベキスタン、キルギスタンなどの中央アジア各国、およびその周辺部は、天山山脈、パミール高原などの氷河によって涵養される河川が存在することが特徴的である。

この広大な乾燥・半乾燥地域には、平坦な沙漠や草原が拡がっているばかりでなく、南にチベット高原の北縁をかたちづくる祁連山脈、崑崙山脈があり、その中央を東から西へと連なる天山山脈などが存在する。さらに西にはヒマラヤ山脈、カラコルム山脈から続くパミール高原が聳えている。これらの山々は標高が7000mを越える高峰もあり、夏でも雪に覆われ、氷河も数多く存在する。水蒸気を含んだ気流は、山岳地域にぶつかると地形にしたがって上昇するが、その結果気温が下がって大気に含みきれなくなった水蒸気は降水となって地上に降り注ぐ。このため一般に山岳地では標高が高くなるに従って降水量が増加する。乾燥・半乾燥地域のように降水量の少ない地域でも、こうした山岳地形の効果によって低地に比べると相対的に大きな降水量が山岳地域にもたらされ、氷河を形成する（たとえば、中尾 2006）。近年の気候変動によって氷河が縮小しているといわれるが、これらの山々からの雪や氷河の融け水は、今でも山の麓に流れ出して、この水の乏しい地域にあって例外的に水に恵まれた景観を作り出し、乾燥地域の中で文字通りオアシスとして、そこだけに人間が営みをなし得る空間として存在する。

　この東アジアから中央アジア、中近東を経てアフリカ大陸へと連なる広大な乾燥・半乾燥地域も、氷河を持った山岳地域を源流とするのは、中国西北部から中央アジアにかけての地域である。氷河は、地上に降り注いだ水を固体としていったん蓄え、日射や気温によって解けることで河川へと水を供給する。また、一般に乾燥・半乾燥地域は、年によって降水量が大きく変動する。氷河の存在はこうした年々の変動に対しても、平均化、安定化する役割を持つ。このため氷河の無い流域に比べると流量の変動を緩やかにする作用を持っており、いわば天然のダムのような役割を果たしている。このため、特に高標高地が広く、氷河の多い中央ユーラシアは他の地域に比べて安定した水資源を持っていると考えることができる。

2　中央ユーラシアの多様な気候・生態系と農牧複合

　中央ユーラシアの気候は、特に北側の天山山脈周辺地域は、冬季に発達するシベリア高気圧と偏西風によって移動してくる低気圧とに支配され、それらに山脈の配列による地形の影響を受けた地域性を持っている（奈良間

2002)。降水の起源である水蒸気は、おもに西の大西洋、地中海から偏西風によって供給される。天山山脈の北側、カザフスタンより西では冬雨型で12月頃と春先の3月から4月にかけて雨が多い。年降水量は西側が多く、カザフスタンのアルマトゥでは700mm程度の年降水量があるが、東側（内陸側）へ行くにしたがって減少する。新疆ウィグル自治区の首都ウルムチでは冬の降水量がほとんどなく、春先と9月頃に比較的雨が多い夏雨型となるが、年降水量は270mm程度と少ない。南側の地域は、インド洋からのモンスーンによって水蒸気が供給され、夏季にカラコルム、ヒマラヤ山脈の南面で多量の降水をみる。ヒマラヤ山脈、チベット高原を越え、さらに崑崙山脈でほとんどの水蒸気は降水に変わる。北の天山山脈、南の崑崙山脈、さらに西のパミール高原に囲まれたタクラマカン沙漠は、どの方向からの水蒸気供給も制限されるため、中央ユーラシアで最も降水量の少ない地域であり、年降水量も100mmに満たない場所が多い。

　中央ユーラシアは、高山と草原、オアシス、沙漠といった景観が展開し、乾燥・半乾燥地域とひとくくりにされがちだが、その生態系は多様である。その多様性をつくり出す要素のひとつは、上述した降水量の東西の大きな傾度と季節性の違いである。

　中央ユーラシアよりも東に位置するモンゴル高原は、東からのモンスーンの影響が強くなり、それによって年降水量も比較的多い夏雨型気候となる。夏雨が植生にもたらす恩恵は大きく、モンゴル高原の草原の生産力は他と比べて大変大きい。この草原の大きな生産力は、家畜の群れの中に去勢オスの存在を許容する。開放的な地形と相まって、去勢オスを多く含む家畜の群れは移動の原動力となり、かつては騎馬集団の軍事的優位性を支えた。それは言ってみれば騎馬集団による軍事的な略奪経済である（小長谷 2007）。都市は政治的な機能が強く、モンゴル高原では経済的な発展をとげた都市はむしろ少ない。一方、降水量が少なく、山地の多い西アジアでは、農耕民と牧民は別々の集団として分化することで限られた水資源と生物生産を活用し、両者をつなぐ都市における交換経済が発達した（応地 2006）。現在の中央アジア諸国に相当する地域は、それらの中間にあって、豊かな草原は存在するが、地中海性の冬雨型気候のため夏の乾燥が強く、モンゴルに比べると草原

の生産力は劣る。それを農耕で補完する多様な農牧複合が存在した。また、天山山脈など山岳地域の高標高地には、中国のユルドゥス高原や、カザフスタンのアシー高原といった豊かな草原が存在する。天山山脈は、その構造上南面は急峻で、北面は緩やかな、南北に非対称な地形を有するが、それが作り出す山中の3000m付近に広がる高原である。夏はこうした高標高地の草原を利用し、冬季は標高が低い地域に居住する、標高差を利用した移牧の形態は、現在でも見られる。

　応地（2012）は、徹底した現地調査に基づいて、中央ユーラシアを農業や牧畜業の形態に大きく影響する降水量とその季節分布、およびこの地域の中心を東西に走る天山山脈の南北方向の非対称性を持つ地形、山岳地域の降水や氷河からの融雪水による「利水資源」に着目し、生態系と生業の対応から、①タリム盆地縁辺、天山山脈と崑崙山脈の山麓オアシス都市を中心とした耕種主業地域、②天山山脈北麓の農牧複合地域、③その北方に広がる牧畜主業地域に類型化した。それぞれの地域はエスニック集団の分布とも対応づけられている。とくにタリム盆地の縁辺のオアシス農業地域—「耕種主業地域」について、耕種技術、すなわち灌水や整地、播種、収穫、加工に至る一連の流れや、播種の方法、用いる農具などの詳細を、村落毎、および漢族、ウイグル族等のエスニック集団毎に比較し、技術の東西の伝播という歴史的な考察も含めて、生態系、生業、エスニック集団の関わりを明らかにした。応地の描き出した類型は、前近代の中央ユーラシアの生業形態であるが、わずかな気候変動によって乾燥と半乾燥が入れ替わるこの地域では、その影響を考察することで、人間の生態系への影響と気候・生態系の変化に対する適応の両面が考察できる（Boroffka et. al 2006）。

第3節　中央ユーラシアの大規模農業開発と水資源への影響

1　黒河流域の水循環と近年の水不足

　中央ユーラシアの乾燥・半乾燥地域を流れる河川は、既に見てきたように、河川の源流にあって降水量も多く氷河の存在する高山山岳域、山麓に拡がる扇状地に河川の水を利用して灌漑農地が作られた中流オアシス地域、その下流の広大な沙漠地域の三つに区分される。ここでは、タクラマカン沙漠の東側にあって、中国本土と西域をつなぐ交通の要衝であった河西回廊を流れる黒河を例にとって、農業開発による水循環への影響、環境問題（水不足）の顕在化、さらに環境問題解決のための政策がどう機能したか、何をもたらしたかを地球研のオアシスプロジェクトの成果をもとに見ていくことにする。

　黒河は青海省と甘粛省に跨り、チベット高原の北縁を形作る祁連山脈を水源とし、古くから灌漑農業の盛んな張掖、酒泉等のオアシス都市の存在する中流部を経て、モンゴル自治区の沙漠地帯に入って消滅する内陸河川である。全長約400km、流域面積は130,000km²で、日本の面積の約3分の1に相当する広大な流域である。上流部の祁連山脈には氷河が存在し、年降水量は600mm程度である。祁連山は北西－南東の方向に延びる山脈であるが、その中央から南東側に流れて途中で北に向きを変えて中流の張掖へ流れる本流に対し、北西側に流れて酒泉を通る大きな支川があり、北大河とよばれる。現在北大河の水は、酒泉やその下流の金多というオアシスでほとんど農業用水として使われてしまっており、本流に達していない。

　中流のオアシス地域の年降水量は100～200mm程度、下流の沙漠地帯では50mm以下に過ぎない。中流のオアシス地域は、河川水と地下水を利用する灌漑農地が広く存在している。下流域では、河川水と地下水を主に利用する農業が営まれる一方、オアシスや河川の周囲、あるいは沙漠の中に存在する限られた植生を利用した遊牧が営まれていた。

　黒河では、特に1950年以降河川の断流、下流域での地下水の低下、植生の

衰退、末端湖の消滅といった水不足が深刻化した。先に述べた北大河の断流だけでなく、さまざまな支流が本流と切り離されてしまった。下流の河川の周囲に広範囲に存在している胡楊の林が水不足のために先枯れを起こした。胡楊の林は黒河下流域を代表する植生であるが、1990年以降衰退が激しくなったといわれる。また黒河下流域は、黒河の形成するデルタが広がっており、しばしば流路を変えながら川は流れていた。1940年代後半には、下流は東の川（エゼネ川）、西の川（ムレン川）にわかれて流れており、それぞれソゴノール湖、ガショノール湖と言う末端湖を形成していた。しかし1930年代には300km²以上の面積を持っていた末端湖も、1961年にまずガショノールが干上がって約30km²程度へと急激に面積を減らし、1992年には残ったソゴノールが干上がってしまった（Wang and Cheng 1999）。なぜこうしたことが起きたのか、黒河の水循環の特徴と水利用の変遷をあわせて検討する。

　1990年代に深刻化した水不足の原因としては、上流での水の過剰利用が挙げられ、またこの地域は遊牧・牧畜が盛んなため、過放牧が原因ではないかとも言われた。実際、この黒河を流れている水の量のうち、83%が上流の農業地帯でかんがい用水として利用されている。従って、この灌漑用水を節約し、下流に水を供給して湖を復活させることを、経済発展を阻害することなくやり遂げようというのが、2000年に開始された国家的なモデル事業であった。既に経済的な東西格差が大きな問題になっており、住民、特に農民の生活の向上という部分を無視して進めることは、難しい状況であった。

　この時、黒河流域で行われた節水政策には、先進的な試みがいくつか見受けられた。まず、用水戸協会と呼ばれる農民による水利組織を作り、その自主的な管理によって節水を実現させようとした。また、水利権を売買可能とし、節約した分を売買することができるという制度も試行された。売買による水不足時の水利権の転用は、日本では行われていないものの、世界的には現在注目されている斬新な試みである。

　しかし、節水政策開始後の水利用の実態を調査すると、確かに河川からの取水量は減って、その分下流に水が放流されるようになるが、全体として使う水の量は減っておらず、不足分は地下水をくみ上げることによって補われていた。農業生産を減らさずに節水を実現するとことは現実的には難しく、

河川水を地下水で代替するという措置を地方政府としてはとらざるを得なかったようである。結果的には地下水位の低下を招き、その規制のための条例を追加せざるを得ない事態に至った（窪田・中村 2010）。

　また、ダストストームの原因のひとつとされた牧畜に対しては、放牧を行う牧民を強制的に移住させて、放牧を禁止し、草原を保護する対策がとられた。これを生態移民（小長谷ほか 2005）という。中国南部で行われた退耕還林政策と同様に、対象者には政府が補助金を出して補償が行われた。確かに放牧をやめると草原は回復するが、人々にとってみると、長年住んできた土地、あるいは自分たちの文化を失うこととなった。

　こうした施策により、黒河流域では末端湖が復活した。しかし、この水がどこから来たかと考えると、実は地下水をくみ上げて末端湖を復活させたとも言える。用水戸協会の設立や水利権売買といった斬新な方策はなかなか機能せず、地方政府は実効性のある方策を別に用意していたとも見える。また、土地を失う人々の文化の問題や、単に補助金で補償するだけでよいのかという疑問も残る。ある意味では政府主導型、トップダウン型のガバナンスの限界だったとも言えそうである（窪田 2012）。

　ところで、黒河の中流域にある張掖地区は、古くからオアシス農業地域として発展してきており、その豊かな生産力のため「金張掖」と呼ばれていた。現在の張掖の灌漑水路は、既に明から清の時代に現在の位置と同じ場所に存在していた（井上 2007）。その繁栄の歴史の原動力はどこにあったのだろうか。

　張掖の下流側、すなわち正義峡とよばれる下流部との境界部には、地下水を通しにくい岩盤をもった山地が存在する。この山地の存在は地下のダムのような役割を果たしており、中流の地下水が下流に流れ出ていくことを阻んでいると考えられる。つまり、扇状地の末端の張掖の北側から臨澤や高台にかけての黒河周辺の低平地は、地下水のたまりやすい、いわばみずがめのような場所であったと考えられる。このため、扇状地の上部で灌漑した水の一部は当然大気中に蒸発して戻るが、残りは扇状地の末端で流出する。扇状地より下流の低平地ではこの一度使われた水を再度利用して灌漑が行われ、農業が営まれていたのである。最終的に正義峡を通って下流へと出て行くまで

何回か繰り返し利用されている。単に黒河の流量が安定していただけでなく、この繰り返し利用可能な構造が、張掖を支えたひとつの要因であったと考えられる。

また、こうした低平地はどちらかと言えば塩分濃度が高くなりがちで、塩害が発生することも多い。これに対して、傾斜の比較的急な扇状地の上部では、地下水位は地表からかなり深いところにあるため、塩害にはなりにくい。近代的な土木工事が行われる以前、すなわち遅くとも明から清の時代にはこの扇状地の上部に水をひく施設を建設し、塩害の発生しない灌漑農地を広く開発できたことが張掖オアシスの長い繁栄を支えたと言えるであろう。張掖は水と土地というふたつの側面で有利な条件を持ったオアシスであったと思われる。

ところが張掖オアシスの繁栄は、当然のことながら水利用の増加を招き、結果として下流へと流れる水量を減少させることになる。下流域でも紀元前後には、既に灌漑農地が作られていた（籾山 2000）。その後も元や西夏の時代の灌漑水路跡、農耕地跡なども見つかっている（森谷 2007）。しかし、現在の灌漑水路の原型が作られた清の時代には、既に中流と下流との間で水争いが起きていたという（井上 2007）。つまり、黒河の下流では、歴史的にかなり早い時期から人間活動の拡大の結果として水不足や水争いが起きていたと考えられる。

2　タリム河流域の事例

ここまで黒河の事例を詳しく見てきたが、タリム河流域においても同様なオアシス農業地域での新規灌漑農地開発にともなう下流の河川水量の減少がおきて、河畔植生の衰退など様々な環境問題が生じている。

カラコルム・ヒンドゥークシュ山脈を源流とするヤルカンド河に、南からタクラマカン沙漠を縦断して合流するホータン河と、北から天山山脈の水を集めて合流するアクス河の3つの支流がアクスの近くで合流し、タリム河となって東へと流れてゆく。いずれの河川でも、古くから山麓扇状地でオアシス農業が行われていた。新疆ウィグル自治区における本格的な近代農業開発は、新疆ウィグル自治区独特な国境線防衛と農業開発の両方の役割を担う生

産建設兵団が1954年に設置され、それ以降急速に推し進められた。ヤルカンド河、アクス河、タリム河ともそれぞれ源流域からの流量は、1950年代以降年々の変動は大きいものの、長期的には比較的安定していた。ところが、それぞれの河川の山麓扇状地で灌漑農地がおおよそ2倍となった。これらの新規開拓農地は古くから耕作が行われていた農地に比べると、土壌の塩分濃度が高く耕作に不適な場所として取り残されていた場所であった。こうした農地で生産性を確保するために、従来の灌漑農地よりも塩分を洗い流すための多量の灌漑水が使用された。この結果、アクスの合流点直下の流量観測所の流量を見ると、1950年代に比べて1990年代には30%流量が減少した。アクスの合流点より下流側で使うことのできる水は大きく減少し、黒河の場合と同様に最下流部の水不足を招き、胡楊林の枯死、農地の荒廃・放棄、砂漠化などの環境問題が顕在化した（Jiang et. al 2005）。そして黒河と同様にタリム河での下流域の環境問題は中国政府の重点政策のひとつとなり、環境の回復が図られることになった（陳・中尾 2009）。

　このタリム河について、自然変動と水資源変動、さらには人間による利用の変遷を歴史的に復元した Liu et. al（2014）の成果に触れておきたい。Liuらは、Socio-hydrology という視点から人間と自然の関係の変遷を共進化としてとらえ、農業など直接的な水との関係と、文化や政策など2次的な関係とに分けて考えるモデルを提唱し、Taiji-Tire モデルと名付けている。このモデルを利用して人間と自然の関係を通時的に分析し、4つの時代に区分している。Taiji-Tire モデルの概念そのものは大変興味深く、また歴史的な変遷の分析も興味深いが、水利用という面を重視しすぎているきらいがある。この地域における農業と牧畜など他の生業との関わりなどには触れていない。タリム河を含むタリム盆地の生態および水文環境を、中央ユーラシア、あるいは乾燥・半乾燥地域の中で位置づけることで、より深く考察することが可能である。この点を次のアラル海の事例で検討してみる。

3　アラル海流域の事例

　中央ユーラシアでは、ジュンガル滅亡以後の18世紀後半以降、ロシアと清によって、それ以前には存在しなかった明確な国境線が引かれる。連続して

いた地域は国境によって分断され、ロシア側と清（中国）側とで異なる道を歩み始める。これは遊牧集団が、騎馬軍団の軍事的優位性を喪失するという時代の転換点でもあった（杉山 2012）。

そしてソ連邦が成立し、その社会主義体制の下で、遊牧民の集団化、定住化が政策的に実施された。特に1930年代以降の集団化、定住化は、遊牧を生業とし、移動が適応の重要な手段であった社会を大きく混乱させ、変容させた（地田 2012）。この混乱の中でおきたカザフスタンの1932〜1933年の飢饉は、ウクライナの飢饉とともに現代史における世界三大飢饉のひとつともよばれ、一説によれば、カザフ人全体の42パーセント、175万人もの遊牧民が亡くなったとされる（小長谷・渡邉 2012）。逃亡者が含まれていたり、調査方法が時代によって異なり、統計の質の問題があった可能性は否定できないが、相当に多数の犠牲者がでており、人口の減少がおきたことは間違いない。どこまで気象要因等が作用したかは不明であるが、この悲劇を文学的表現として「大ジュト」と呼ぶ場合もある（宇山 2012）。後述するような気象災害であるジュトの影響も否定できないが、生業、社会システムの大きな変革がもたらした社会的な災害であった。遊牧民を中心とした近代以前の社会が、こうした近代化を望んでいたわけでもないし、遊牧社会に自発的に近代化への道をプログラムされていたとは考えられない。遊牧民を主体としたこの地域の人々にとって、こうした農業の導入をともなう社会変革は、近代の受容の過程であると言えるが、それは「国家」の主導するところによる消極的な受容であった。

以後、近代化の名の下に、集団体制の下、農業、牧畜のいずれにおいても分業化が徹底される。農民、牧民と言うよりは、分業化された工場の労働者である。牧畜においても冬営地、夏営地間の移動という形態は形式的には残るが、昔の放牧地を農地に転換して生産される飼料に強く依存した形態に変化し、かつての遊牧とはまったく異なる生業となった。飢饉による大量の犠牲によりいわば空白地帯となったこの地域を埋めるかのように、農業をこの地域で振興する目的で、ウクライナなどの農民が指導者として移住し、大戦中にはドイツ、さらには朝鮮からの強制移民がこれに加わった。

近代化による生業の変容と分業化によって、歴史的な多様な生業と伝統知

は失われた。応地（2012）は、こうしたソ連邦時代を「氷河期」にたとえている。ソ連邦の崩壊は、ふたたびこの地域に大きな社会的な混乱を引き起こした。社会主義下の計画経済から市場経済への移行は、中央アジア各国の中で大きな差があり、ウズベキスタンでは国営工場などを温存しながら緩やかな移行を行ったのに対し、カザフスタン、キルギスタンは、急激な移行を選択した。この２カ国の急激な経済体制の移行は、再びこの地域に社会の変容と混乱とを引き起こした。近代化により自然災害を克服した社会が、そのシステムへの過剰な依存が故にシステム崩壊の影響が大きかったという言い方もできる。なにより、それまで社会主義的計画経済の下で、ソ連邦型の分業生産システムに適応してきた人びとが、急激な市場経済への移行に対応することは困難を極めたという。

コルフォーズなどの集団生産体制は解体され、土地が個人へと分配される過程で、集団によっては元の体制をほぼ維持した形で進められた場合もあるが、分業化された農業、牧業の一部だけを担ってきた人びとは、かつての遊牧へと戻ることもできなかった（渡邊 2012）。環境問題という面から見れば、塩害が多発したり、経済的にコストが引き合わない場所などを中心に多くの農地が放棄されたりした。計画経済下の開発によって増加した環境への負荷は、皮肉にも大きく緩和された。現在維持されている農地は、環境への負荷も相対的に小さく、経済的な合理性も存在する立地を持ったものが残されたと考えてよい。

ところが、アラル海では、かつてはモスクワが行っていた水管理の統制が失われ、水力発電にエネルギーを依存する上流国と、農業用水を求める下流国との対立が顕在化した。国際機関などが、上下流の対立を緩和し、アラル海を再生することを提案するが受け入れられず、上下間の対立は固定化してしまった。ウズベキスタンでは干上がった湖底での天然ガスの採掘もはじまっている。ソ連邦時代に地方が主導してはじまったコクアラルダムの建設によってもとの10%にも満たない面積が「小アラル」として保全されてはいるが、もはやかつてアラル海でほとんどの地域に水が戻る可能性は極めて少ない状況である（地田 2013）。

「アラル海の悲劇」は物理的な意味では、綿花等の大規模農業開発による

流入量の減少という水管理の失敗である。しかしながら、農業開発自体が、単に乾燥・半乾燥地域とひとくくりにされがちな中央ユーラシアで、歴史的に遊牧という生業を軸に多様な農牧複合と移動による適応を行って来た地域での「近代化の消極的な受容」であった。その意味では、タリム河や黒河は、より乾燥側で灌漑農業への依存が卓越した地域での事例と見ることができる。そうした地域の生態・水文環境の相対的な理解が、Taiji-tire モデルをより有効な概念へと発展させることができるだろう。

第4節　まとめと今後の課題

　乾燥・半乾燥地域の生態環境は微妙なバランスの上に成立している。従来人々は生態環境に対する負荷を移動という手段で軽減する遊牧という生業形態で、その脆弱な生態環境との共存を果たしてきた。近年の人間活動の増大によってその関係は大きく変貌し、様々な環境問題が生じた。さらに黒河の事例に見るように、環境問題への対策（政策）は、末端湖が復活し下流域での植生の回復など効果を上げている部分もあるが、一方で中流域での地下水の低下のように新たな問題を生じさせ、いわば負のスパイラルを生み出しているとも言える

　人間と自然の関係、あるいは農業開発と水資源の関係を歴史的により詳細に、また総合的に分析することで、今後予想される気候変動などの環境リスクに対するより有効な適応の道筋の議論が可能となる。本章はそれを進めるために、これまでの知見を整理しつつ、その可能性を分析した。今後は地域や事例を重ねつつ、さらにこれを進めて行くことが課題である。

　水という資源に制約のある乾燥・半乾燥地における水と人との関わりの変遷を見てくると、気候変動で生じる水不足に対しても、人口増加など農地開発の必要性が生じた場合でも人類は灌漑水路を開いたり、地下水を新たに開発する、節水を行うといった新しい技術を開発するなどその時々に応じて危機に適応してきたことがわかる。水不足の結果としてオアシスを放棄して別の場所に移ることも適応の一つの形態と考えるのならば、オアシス都市の放

棄も決して文明の崩壊といったようなものではないと考えることもできる。その意味では過去の人間と環境のあり方をさらに詳しく知ることは、今後の環境問題の解決に資するものと期待される。

参考文献

Boroffka, N., Oberhänsli, H., Sorrel, P., Demory, F., Reinhardt, C., Wünnemann, B., Alimov, K., Baratov, S., Rakhimov, K., Saparov, N.,Shirinov, T., Krivonogov, S.K., Röhl, U., Archaeology and climate: settlement and lake-level changes at the Aral Sea. Geoaechaeology 21, 721-734, 2006.

陳菁・中尾正義「中国の水資源管理―供給管理から需用管理へ」中尾正義・銭新・鄭躍軍『中国の水環境問題―開発のもたらす水不足』，勉誠出版，51-62, 223pp, 2009.

地田徹朗「社会主義体制下での開発政策とその理念―「近代化」の視角から―」窪田順平監修・渡邊三津子編『中央ユーラシア環境史Ⅲ』，臨川書店，23-76, 301pp, 2012.

地田徹朗「小アラル海漁業の現在：湖水位の回復とその後」アジ研ワールド・トレンド 214, 23-27, 2013.

Falkenmark, M. and Rockström, J. Balancing water for humans and nature. 247pp, Earthscan, 2004.

井上充幸「清朝雍正年間における黒河の断流と黒河均水制度について」井上充幸・加藤雄三・森谷一樹編『オアシス地域史論叢―黒河流域2000年の点描』，松香堂，173-192, 246pp, 2007.

石田紀郎「アラル海環境問題―地図から消えゆく沙漠の湖―」総合地球環境学研究所編『地球環境学事典』，弘文堂，446-447, 651pp, 2010.

Jiang, L., Tong, Y., Zhao, Z., Li, T. and Liao, J. Water resources, land exploration and population dynamics in arid areas—the case of the Tarim River Basin in Xinjiang of China. Population and Environment 26, 471-503, 2005.

小長谷有紀・シンジルト・中尾 正義編『中国の環境政策 生態移民―緑の大地、内モンゴルの砂漠化を防げるか？』昭和堂，311pp, 2005.

小長谷有紀「モンゴル牧畜システムの特徴と変容」日本地理学会 E-journal GEO 2-1, 34-42, 2007.

小長谷有紀・渡邊三津子「中央ユーラシアの社会主義的近代化」窪田順平監修・渡邊三津子編『中央ユーラシア環境史Ⅲ』，臨川書店，5-22, 301pp, 2012.

中尾正義「来る水、行く水―オアシスをめぐる水の循環」日髙俊隆・中尾正義

編『シルクロードの水と緑はどこへ消えたか』，昭和堂，39-71, 198pp, 2006.
窪田順平「中央ユーラシアの気候・水資源とその変遷」佐藤洋一郎監修・鞍田崇編『ユーラシア農耕史第3巻・砂漠・牧場の農耕と風土』，臨川書店，93-140, 254pp, 2009.
窪田順平・中村知子「中国の水問題と節水政策の行方」秋道智彌・小松和彦・中村康夫編『人と水Ⅰ 水と環境』，勉誠出版，275-304, 332pp, 2010.
窪田順平「中国の環境問題」HUMAN 2, 124-134, 2012.
窪田順平「社会の流動性とレジリアンス—中央ユーラシアの人間と自然の相互作用の総合的研究の成果から」『史林』96（1），100-127, 2013.
Liu, Y., Tian, F., Hu, H., and Sivapalan, M. Socio-hydrologic perspectives of the co-evolution of humans and water in the Tarim River basin,Western China: the Taiji-Tire model. Hydrol. Earth Syst. Sci., 18, 1289–1303, 2014.
籾山 明『漢帝国と辺境社会—長城の風景』（中公新書）中央公論新社，252pp, 1999.
森谷一樹「居延オアシスの遺跡分布とエチナ河—漢代居延オアシスの歴史的復元に向けて—」井上充幸・加藤雄三・森谷一樹編『オアシス地域史論叢—黒河流域2000年の点描』，松香堂，19-39, 246pp, 2007.
中尾正義「オアシスの盛衰と現代の水問題」日高敏隆・中尾正義編『シルクロードの水と緑はどこへ消えたか？』，74-118，昭和堂，198pp, 2006.
奈良間千之「20世紀の中央アジアの氷河変動」『地学雑誌』111（4），486-497, 2002.
奈良間千之「中央ユーラシアの自然環境と人間—変動と適応の一万年史—」窪田順平監修・奈良間千之編『中央ユーラシア環境史Ⅰ』，臨川書店，267-312, 312pp, 2012.
応地利明「ユーラシア深奥部—3つの生態・生業系の収斂場—」窪田順平・承志・井上充幸編『イリ河流域歴史地理論集—ユーラシア深奥部からの眺め』，松香堂，1-32, 315pp, 2006.
応地利明『中央ユーラシア環境史Ⅳ』生態・生業・民族の交響．窪田順平監修，臨川書店，410pp, 2012.
Sivapalan, M., Savenije, H. and Blöschl, G. Socio-hydrology: A new science of people and water. Hydrol. Process. 26, 1270-1276, 2012.
杉山清彦「イリ流域をめぐる帝国の興亡と国境の誕生—ユーラシアの中心から辺境へ—」窪田順平監修・奈良間千之編『中央ユーラシア環境史Ⅰ』，臨川書店，6-59, 268pp, 2012.
宇山智彦「カザフスタンにおけるジュト（家畜大量死）—文献資料と気象デー

ター」窪田順平監修・奈良間千之編『中央ユーラシア環境史Ⅰ』,臨川書店,240-258, 312pp, 2012.

United Nations Commission on Sustainable Development (UNCSD) Comprehensive assessment of the freshwater resources of the world, Report E/CN.17/1997/9, 1997.

Wang G., Cheng G. Water resource development and its influence on the environment in arid areas of China: The case of the Hei River basin. Journal of Arid Environments 43, 121-131, 1999.

渡邊三津子「「社会主義的近代化」の担い手たちが見た地域変容―イリ河中流域を対象として―」窪田順平監修・渡邊三津子編『中央ユーラシア環境史Ⅲ』,臨川書店,78-120, 301pp, 2012.

第5章　中国西北農村における水資源管理体制の改革とその効果
——甘粛省張掖オアシスを例に——

山 田 七 絵

はじめに

　世界有数の長い農耕の歴史を持つ中国では、古来国家主導で水資源開発が行われ、灌漑農業によって多くの人口を養ってきた。とはいえ、本来中国で農業に適した土地は非常に限られており、特に現在農地の大部分が分布する北部の黄河流域では乾燥した気候と高い干ばつのリスクという厳しい自然環境の中、農業が営まれている。このような自然条件のもとで安定的な農業を営むためには、灌漑施設の建設と適切な維持管理が必須である。羅［2011］によれば、現在中国の有効灌漑面積は全耕地面積の半分程度であるにも関わらず、糧食の約75％、経済作物の約90％を生産している[1]。このことからも、中国農業における灌漑の重要性は明らかであろう。

　中国では1949年の建国後、計画経済時代に強制的な資源動員によって急ピッチで水利施設が建設された。ところが1980年代初頭の市場経済化以降、過去に建設された水利施設が更新期を迎え、さらに全国で農業水利システムへの投資や維持管理が適切に行われず機能不全に陥るという事態が発生し、水資源の浪費や農業生産性の停滞が問題となった。その主な要因は、市場経済化後に人民公社体制に代わる水利施設の維持管理システムが構築されなかったためと考えられている（山田 2008）。政府も市場経済体制に相応しい新しい水資源管理システムの構築を繰り返し主張してきたが、実効性をもたなかった。

　このような状況に変化をもたらした一つの契機は、1990年代初頭に世界銀行が湖南省、湖北省における水利施設建設への融資の条件として参加型灌漑管理（Participatory Irrigation Management: PIM）モデルの導入を求めたこと

であった。特に2000年代以降、中国政府は従来の上意下達型の水資源管理からボトムアップ型管理への転換を目指し、管理体制の分権化、民営化の制度実験を行い、中国版PIMモデルとして農民用水者協会（農民用水戸協会とも、英語名はWater User's Association: WUA）の設立を政策的に推進してきた[2]。中国におけるPIMモデル導入の主要な目的は、農業用水の節水と水利施設の維持管理の適正化の二つである。第一に、工業化と都市化が進展するなか、産業間の効率的な水資源の配分という観点からも全用水量の63.6％（2012年、中国水利部2012b）を占める農業セクターの節水と用水転用が政策的な重要課題となっている。第二に、世界最大の人口を擁する中国において食料安全保障は重要な政治的イシューであり、農業の基盤的インフラとして農業水利施設の建設と適切な維持管理は必要不可欠である。中国のように小規模農家が1つの流域内に多数存在する条件下では、農家間の配水調整など用水管理は外部性を伴う。そのため、取引費用を下げ、農家間の紛争を避けるためにも水管理を水利組織等によりある程度集団的に行うメリットがある。また、適切な水管理による農業生産性の向上により、農村の貧困問題の解決への貢献が期待できる。2011年の中央一号文件では農業水利建設の推進が謳われるなど、中国政府は近年ますます農業水利システムを重視している[3]。増加する政策投資の受け皿および水利プロジェクトの実施主体として、効率的で地域社会の実態に即したPIMが求められている。

　PIMモデルの導入開始から一定期間が経過し、その効果について評価する研究も出てきているが、WUAと既存の基層自治組織や地域社会との関係、水資源利用の効率化や農民の増収効果とそのメカニズムは十分に明らかにされていない。今後政府の農村開発資金は増加していくとみられ、資金の末端での効率的な利用とそのための受け皿作りという実践的な目的からも中国においてPIMが成立するための条件を考えることは意義があるだろう。

　本章では、中国農村における水資源管理の制度と組織の歴史的な変遷を整理したうえで、実地調査に基づき中国版PIMである農民用水者協会の機能、地域社会との関係からみた特徴を分析し、水資源管理システムおよび地域社会の持続可能性について考えたい。本章の構成は以下の通りである。第一節で、統計を用いて現代中国における水資源問題を概観する。第二節で、

第5章 中国西北農村における水資源管理体制の改革とその効果 　　137

1949年の新中国成立以来の水利政策の変遷を整理する。第三節で、中国の内陸乾燥地域で最貧困地域の一つである甘粛省を例に農民用水者協会の実態を紹介し、国際的な議論に照らした組織の特徴、節水効果、農民の増収効果とそのメカニズムについて考察する。

第1節　中国における水資源問題[4]

　中国において利用可能な水資源量は2812立方キロメートルで、これは世界で六番目に多い資源量である。ところが、2007年時点の人口一人あたり淡水の年間使用可能量は2156立方メートルに過ぎず、主要国の中で最も少ない (Xie et al, 2009)。広大な国土を有する中国では、水資源の空間的な偏在が著しく、水資源の希少な北部と比較的豊富な南部の格差が大きい。最も乾燥した黄土高原では年間降水量はわずか150～750ミリに過ぎず、生産性の高い農業を行うためには灌漑が必須である。

　表5-1に2012年の地区別の供水量と用水量の用途別構成を示した。表中の「南部4区」は長江、東南諸流域、珠江、西南諸流域、「北部6区」は松花江、遼河、海河、黄河、淮河、西北諸流域の合計値を指す。まず供水量をみると、合計6131億2000万立方メートルのうち南部4区が54.0％を占め、水資源が相対的に南部に集中していることがわかる。次に産業セクター別の用水量の構成をみると、合計6131億2000万立方メートルのうち、農業が63.6％、工業が22.5％、生活用水が12.1％を占めているが、地域による違いが大きい。農業用水は技術的な性質上、他の用途と比較して多量の水を必要とするため、水資源賦存量が少ない北部6区では、農業用水は76.2％、工業用水は12.3％、生活用水は8.9％となっており、工業用水や生活用水に用いることのできる水の量は非常に限られている。人口が希薄で工業化の進んでいない西北諸流域では、農業用水が全体の92.9％を占め、工業と生活用水にはわずか3.2％と2.2％に過ぎない。これに対し、水資源の豊富な南部4区においては農業の占める比率は53.0％と低く、工業に31.2％、生活用水に14.8％の水資源が使用されている。

表5-1 地区別供水量と用水量の用途別構成 (2012年)

地域	供水量 合計	用水量					
		生活	工業	うち発電	農業	生態環境	合計
全国	6131.2	739.7	1380.7	451.1	3902.5	108.3	6131.2
北部6区	2818.7	250.2	345.6	31.0	2148.1	74.8	2818.7
南部4区	3312.5	489.5	1035.1	420.0	1754.4	33.5	3312.5
松花江	503.5	27.5	68.9	17.1	391.2	15.9	503.5
遼河	205.8	29.0	33.6	0.0	137.5	5.8	205.8
海河	371.8	56.7	55.2	0.4	245.7	14.2	371.8
黄河	388.6	42.4	61.4	0.0	272.9	11.8	388.6
淮河	647.7	79.1	104.3	13.1	449.4	14.9	647.7
長江	2002.8	271.8	707.1	346.4	1007.5	16.4	2002.8
東南諸流域	337.0	60.2	119.9	19.8	150.3	6.5	337.0
珠江	864.7	148.4	197.0	53.8	509.1	10.1	864.7
西南諸流域	108.0	9.0	11.1	0.0	87.5	0.4	108.0
西北諸流域	701.3	15.5	22.2	0.4	651.4	12.2	701.3

注:単位は億立方メートル。
出典:中国水利部[2012]より筆者作成。

季節ごと、年ごとの水資源量の変動が大きいことも、中国の水資源問題の特徴の一つである。中国の大部分の気候は大陸性モンスーン気候で、降水量は夏季に集中しており季節変動が大きい。年単位の水資源量の変動のなかでも、特に農業に甚大な被害をもたらすのが干ばつである。中国水利部[2012a]によれば、干ばつの発生した農地面積は1950年〜2012年間の平均で毎年2128万2050ヘクタール、このうち実際に被害が発生した被災面積は946万8850ヘクタール、農産物が絶収となった面積は1989年〜2012年の平均で毎年258万6750ヘクタールであった[5]。年間の糧食の損失量は1950年〜2012年の平均で毎年161億5900万キロ発生しており、2000年代以降は増加傾向にある。一方、飲用水へのアクセスが困難な人口、家畜頭数は1991年〜2012年の平均で毎年それぞれ2728万9400人、2070万4100頭も発生している[6]。

趙ら[2010]は全国28省・自治区の1951〜2007年のデータを用いて、干ば

つによる農産物への被害発生の傾向、地理的な分布を分析した。同論文の推計結果によれば、干ばつによる農業被害は主に華北、東北、西北の東部地区で発生しており、特に乾燥地域の河北、陝西、内蒙古、甘粛および山西省の5省（区）で発生率が最も高かった。特に程度の深刻な干ばつの発生地域は上述の地域に一致しており、特定の乾燥地域の問題が深刻化する傾向がみられる。同論文は有効灌漑率の高い地域ほど干ばつに対する耐性が高いことも示唆しており、適切な灌漑システムの整備は農業被害のリスクの軽減に有効であると考えられる。

第2節　水資源開発と関連政策の変遷

1　水資源開発政策の展開

　山田［2008］、羅［2011］、李主編［2011］や関連する政策文書などを参考に、新中国成立以降の中国農村水利に関する政策の変遷を表5-2にまとめた。ここでは経済体制や農業水利政策の主たる目的の変化に応じて、(1) 建設の時代（1949～1980年）、(2) 農民負担の時代（1980～2000年）、(3) 市場化と分権化の時代（2000年以降）の三つの時期に区分した。以下、それぞれの時期に行われた水資源開発と管理に関する政策を解説する。

(1) 建設の時代（1949～1980年）

　新中国成立から農業集団化の時期を通して、食料増産を目的とした水利建設が政府の強い主導のもと推し進められた。1949年11月の第一回水利工作会議後、治水、灌漑、排水のためのプロジェクトに莫大な資金や労働力が投入された。1950年の土地改革、1955年以降の農業集団化によって水利建設のための大量の労働力や資金の調達がより容易となり、1956年には12年間で水害や干ばつを克服するという方針が打ち出されるなど、水利建設運動はさらに加速した。1970年代には「農業は大寨に学べ」のスローガンのもと、大衆による小型水利施設の建設が推進され、この頃水利建設運動はピークを迎え

表5-2 新中国成立後の農業水利政策の変遷

時期区分	主な政策、法令など	内容、スローガン
建設の時代 (1949-1980年)	1949年11月　第一次全国水利工作会議	「水害を防止し、水利施設の建設・修復を行う（防止水患、興修水利）」
	1950年　中華人民共和国土地改革法	土地改革、水利建設の推進
	1955年　「農業合作化問題に関する決議」	農業合作化運動の推進
	1956年　「1956-1967年全国農業発展綱要」	期間内で水害、旱魃の撲滅を目指す
	1962年　農業部全国農業会議	「小型水利施設、整備率の向上、大衆参加を主とせよ（小型為主、配套為主、群衆為主）」
	1965年　水電部全国水利工作会議	「大寨に学び、小型水利施設の整備、整備率の向上、維持管理を実施し、よりよく食料増産に貢献せよ（大寨精神、小型為主、全面配套、狠抓管理、更好地為農業増産服務）」
農民負担の時代 (1980-2000年)	1981年　農業委・水利部「全国農業水利責任制の強化に関する報告」	農業水利管理への請負制の導入を指示
	1985年　国務院・水利電力部「プロジェクト管理体制の改革と総合経営報告に関する通知」	各水利部門の民営化を指示
	1985年　国務院「水利工程における水利費の確定、計算・徴収と管理に関する規則」	水利プロジェクトにおける用水の有償化、農民からの水利費徴収を指示
	1988年　「中華人民共和国水法」公布	
	1988年　国務院・水利部「群衆による農村水利の建設・補修に関する通知」	「建設主体、経営主体、受益主体の一致（誰建設、誰経営、誰受益）」
	1989年　国務院「農田水利基本建設の推進に関する決定」	労働供出制度の拡充を推進

	1996年　国務院「農業水利基本建設の更なる強化に関する通知」	水利建設への大衆参加の強化、「投資主体、建設主体、所有主体、受益主体の一致（誰投資、誰建設、誰所有、誰受益）」
市場化と分権化の時代（2000年以降）	2000年　中共中央「農村税費改革試点工作の実施に関する通知」	農村税費改革の全国的な展開を指示、「両工」の廃止など
	2002年　国務院弁公室「水利工程の管理体制の改革実施に関する意見」	水利プロジェクト管理機関の設置と管理体制の改革、水利組織の設立。
	2003年　水利部「小型農村水利工程管理体制改革に関する実施意見」	小型農村水利プロジェクトの市場化に向けた改革、所有主体の明確化、運営体制の改革など
	2005年　国務院弁公室「農業水利建設の新体制づくりに関する意見」	農民用水者協会等の民間組織の発展に対する支持を表明
	2005年　水利部・国家発改委・民政部「農民用水戸協会建設の強化に関する意見」	農民用水者協会設立の重要性と指導思想等に関する意見
	2007年　国務院・農業部「村民一事一議籌資籌労管理弁法」	ボトムアップ式の農村公共事業費の申請制度
	2011年　中央一号文件「中央中共国務院による水利改革発展の促進に関する決定」	新中国成立以来、初の水利に関する総合的な政策文書。食料安全保障戦略のための水利建設の重要性に関する中央の認識を表明

出典：羅［2011］等を参考に、筆者作成。

た。生産請負制が本格的に導入される1980年代初頭までに、現在の中国の農業水利システムの基礎はほぼ完成した。

　この時期に大規模な水利建設が可能となった理由は二つある。まず党と政府が水利建設を重視し多額の資金を投入し、人民公社の政治・経済一体の集権的な組織体制下において、生産隊を基本単位とする農村基層集団から大量の労働力の動員が可能であったこと、である。第二に、水利施設の日常的な維持管理においても国家が強く介入しており、政府と農村基層による組織的管理がうまく連携し、機能していた点である。

(2) 農民負担の時代（1980〜2000年）

　第11期三中全会後、中国の農業水利建設は大きな転換点を迎える。従来の水利政策における過大な投入が資源の浪費であったという批判的な風潮が政府内部で高まり、1980年代を通じて水利建設に係る投資は停滞した。このような政治的背景において、政府は水利プロジェクトの分権化、民営化と水利費徴収制度の改革に着手した。

　1981年国家農業委員会と水利部は「全国農業水利責任制の強化に関する報告（関於全国加強農田水利責任制的報告）」により、農業水利の管理において請負制を導入することを定め、1985年の「プロジェクトの管理体制の改革と総合経営報告に関する通知（関於改革工程管理体制和開展総合経営報告的通知）」ではより明確に農業水利系統の経営の独立が打ち出され、農業生産系統と水利系統が段階的に分離された。

　費用負担についても、受益者である農民からの費用徴収を可能とする制度が整備された。1985年の「水利プロジェクトにおける水利費の確定、計算・徴収と管理に関する弁法（水利工程水費核定、計収和管理辦法）」により、水利事業所は有償で水利サービスを提供することが明確に定められた。従来は無償で提供されていた農業用水は、水利事業所によって提供されるサービスととらえられ、受益者である農民はその費用の一部を負担することとなった。生産請負制の実施後、基層レベルの公共事業は郷鎮政府の税収と制度外資金、農民による義務労働の供出（「両工」と呼ばれる）によっておこなわれた[7]。この時期の制度外資金は、村が徴収する「三提五留」（「提留」とも）と地方政府が徴収する様々な名目の「統籌費」と呼ばれる分担金から成る。

　1988年11月の「群衆による農村水利の建設・補修に関する通知（関於依靠群衆合作興修農村水利的通知）」、翌1989年10月の「農業水利基本建設の推進に関する決定（関於大力開展農田水利基本建設的決定）」により、水利建設は自力更生の原則のもと受益者である農民自身によって行い政府は補助的な役割に留まるべきであるという方針が示され、農民は年間平均10〜20日の義務労働に従事すること、必要に応じて日数を増やしてもよいことが示された。

　受益者負担の方針は1990年代に入っても継続され、1996年の「農業水利基本建設の更なる強化に関する通知（関於進一歩加強農田水利基本建設的通知）」

では農民による小型水利施設建設の促進が求められ、水利建設は公式に農民が責務を負うべきものとされるようになった。従来農民は水利費を現金で支払う代わりに労働力を提供していたが、1990年代中盤以降他地域への出稼ぎが急増するとこのような義務労働への参加が困難となり、基層政府は現金で公共事業費の徴収をおこなうようになった。一部の地域ではこうした費用徴収がエスカレートし、「乱収費」とよばれる、基層政府による恣意的な農民からの分担金の徴収が日常化し、農民負担の過重問題、農民と幹部間の対立が問題視されるようになった。だが、後述するように農民負担問題への根本的な対応は2000年代まで持ち越された。

　他方、1990年代初頭の世銀プロジェクトにおいて末端水管理体制の改革が援助の条件となったことを契機としてPIMモデル地区の建設が始まった。当時多くの地域で末端水利体制が麻痺状態に陥っており、施設管理、水利費徴収の実施主体、補助金の受け皿としての水利組織づくりの重要性が認識されつつあったが、モデル地区の中で現地の実情に適した組織を模索している段階であった。1990年代には計画経済時代に建設された水利施設の多くが更新期に入り、上流部における農業の過剰取水が原因ともいわれる黄河の数回にわたる断流、1998年の長江大洪水といった水害が頻発した。このことで政府は水利建設投資の再強化、抜本的な水管理体制の改革、農民負担の削減、という難題に本格的に取りくむこととなった。

(3) 市場化と分権化の時代（2001年〜）

　深刻化した農民負担問題をうけ、2000年に中央政府は「農村税費改革の試点工作の実施に関する通知（関於進行農村税費改革試点工作的通知）」を公布し、2002年から本格的に税費改革に着手した。農民負担を減らすため2006年までに「両工」と農業税等の各種税および分担金を廃止し、これまでの農民負担に依存した農業水利システムから市場化・分権化システムへの転換を目指した。1990年代後半に中国は基本的な食料自給を達成したことから、農業問題も食料増産から農工間格差の是正という構造的な問題へと変化した。特に2004年以降は農業補助金を開始するなど農業保護政策へと転換した（池上2009）。2005年に発表された第十一次五ヶ年計画に登場したスローガンであ

る「社会主義新農村建設」では、今後の農業政策の方向として農村住民の生活水準向上、社会サービスの拡充を謳っている。

　水管理体制改革の端緒として、2002年国務院弁公室は「水利プロジェクトの管理体制の改革実施に関する意見（水利工程管理体制改革実施意見）」を公布し、水利プロジェクトの管理組織体制の改革方針を示した。続いて2003年に水利部は「小型農村水利事業の管理体制改革に関する実施意見（小型農村水利工程管理体制改革実施意見）」で農村小規模水利プロジェクトの市場化に向けた改革の方針を示し、水利施設の所有権を明確にするとともに基層政府の投資不足を補うための民間による投資の促進を求めた。

　税費改革後の農村への財政補助の増加に伴い、より村民のニーズに符合したボトムアップ式の効率的な公共事業を行うため、2007年に国務院と農業部が連名で「村民の一事一議による資金徴収と労働力供出の管理に関する弁法（村民一事一議筹資筹労管理弁法）」を公布した。同法は村レベルの水利施設、道路建設などの公共事業は村民あるいは村幹部の発意により、村民（代表）会議における一定数の村民の合意に基づいて民主的に進めなければならないと定めている。また、同法には村民負担の増加を防ぐ目的があり、村民の費用負担額には１年に１人あたり15元以下という制限が設けられ、不足部分は中央政府、各省政府による用途を限定した補助金（「専項補貼」）などによって補填することが定められた。

　公共事業や「一事一議」制度による資金の受け皿として推進されているのが、農民用水者協会である。農民用水者協会は上述のように1990年代初頭に世銀プロジェクトで導入されたPIMモデルであり、2002年の国務院の「水利プロジェクトの管理体制の改革実施に関する意見（水利工程管理体制改革実施意見）」公布以降、モデル地区での実施を経て政策的に推進されるようになった。その後も2005年の国務院「農業水利建設の新体制づくりに関する意見（関於建立農田水利建設新機制的意見）」、水利部・国家発展改革委員会・民政部「農民用水戸（者）協会建設の強化に関する意見（関於加強農民用水戸協会建設的意見）」によりその有用性が強調され、全国的に広がっている。2001年頃から中国の灌漑区はSIDD（Self-financing Irrigation and Drainage District）と改称され、より経済的な自律性が強調されるようになった（山田

2008)。SIDD モデルでは、専業管理機関と用水者協会の関係を、前者を給水会社として企業化することによって、従来の上意下達的な関係から水の売買を介した対等な契約関係へと変化させることを意図していた。だが、後述するようにその後用水者協会は中国農村社会の文脈に即した組織へと変質していく。

このような市場化、分権化に向けた改革は多くの民間投資を呼び込み、一定程度成果を上げたが、多くの地域で水利部門と農民間の協調、農民の組織化という面で大きな問題を抱えている。技術的な性質上、農業用水、特に表流水の利用や管理はある程度集団的に行われる必要があるが、出かせぎの増加や村民自治の停滞により多くの地域では困難に直面している。

2011年の中央一号文件「中央中共国務院による水利改革発展の促進に関する決定（中共中央国務院関於加快水利改革発展的決定）」では、過去三十年間の水利政策の反省の上に、長期的な食料安全保障のための国家戦略として農業水利建設を重視することが示されている。干ばつなどの災害被害の軽減のためにも水利施設の適切な管理を重視し、農業水利に関する政策投資を増やすとともに、管理体制の改革も進めることが示された。

農業用水の節水に関しては「国家農業節水綱要（2011～2020年）」が制定され、節水灌漑技術の普及地域を拡大し、一事一議制度による財政補助等の補助金、資金調達における優遇等公共投資を拡大する様々な方針が示された（李主編 2011）。綱要の発表に先立って2010年から三年間、全国の一定規模以上の河川と湖沼、水利プロジェクト、水利用者と事業所、取水と排水施設を対象に、第一次全国水利センサスの調査が実施された。調査結果の概要は、2013年3月に水利部ウェブサイト上で公開されている[8]。今後、水利建設の実態や問題点のより正確な把握が可能となることを期待したい。

2　水利建設の展開と政府水利投資の変化

（1）農業水利建設の展開

農業水利建設の展開を、暦年統計データを用いて確認してみたい。図5-1は新中国建国以降の有効灌漑面積と耕地面積の変化を示している。ただし耕地面積の暦年データの連続性には問題があるため、参考程度にとどめ

たい[9]。

　新中国建国以降、計画経済期を通じて食料増産を目的とした農業水利建設は急ピッチで進められた。有効灌漑面積は、1952年の1995万9000ヘクタールから、1980年には4481万8100ヘクタールへと二倍以上に拡大している。建国以降1980年までの30年間の水利建設の成果は以下の通りである。全国で堤防16万5000メートルが整備され、河川の浚渫が行われるとともに洪水時の排水路、海河と黄河の排水路が整備された。新規のダムが8万6000か所、667ヘクタール以上の灌漑区が5200か所、揚水式井戸が220万か所建設され、有効灌漑面積が大幅に増加した（羅 2011）。

　人民公社体制の崩壊後は、1980年代は政府投資の減退、水利部門の独立採算化と農民からの水利費徴収制度の導入によって農業水利体制は弱体化し、各地で水利システムが麻痺状態に陥った。図5-1からも、1980年代の有効灌漑面積はほぼ横ばいで推移していることが見て取れる。政府は1988年に水法を公布するなど市場経済化以降の水管理体制の改革に着手する姿勢を見せ、1990年中盤以降水利投資が順調に増加している。それに従い有効灌漑面

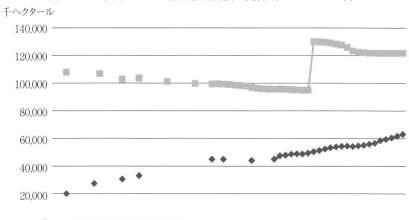

図5-1　中国における有効灌漑面積の変化（1952～2012年）

出典：中国国家統計局編［各年版］、中国農業部編［2009］より筆者作成。

図5-2　有効灌漑面積の増減と減少の要因（2001～2011年）

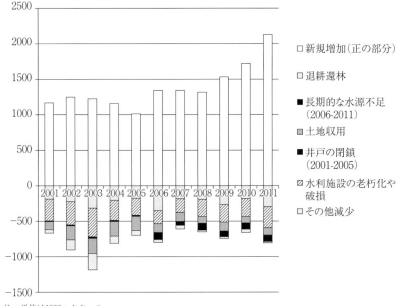

注：単位は1000ヘクタール。
出典：中国水利部編［2012c］。

積も1990年の4740万3100ヘクタールから2000年には5382万300ヘクタール、2012年には6303万6400ヘクタールまで増加している。2012年時点の全耕地面積に占める有効灌漑面積の比率は、51.8％となっている。

2000年以降は節水灌漑の技術普及も積極的に行われており、節水灌漑面積は2000年の1639万ヘクタールから2012年には3122万ヘクタールへと2倍近くに達している。中国語の「節水灌漑」とは、点滴灌漑やスプリンクラー灌漑、水路のライニング化といった節水技術の導入のみならず、節水を目的とした水管理体制の整備も含んだ概念である[10]。これにより水資源の利用効率を高めるだけでなく、より省力的あるいは収益性の高い経済作物の導入、水管理に関わる労働時間の削減と非農業への就業を可能とし、農家の収入増加が期待できる。また、節水農業技術の導入は食料作物の単収を減少させることはなく、適切な灌漑管理技術の普及によりむしろ収量を増加させる（中国

社会科学院農村発展研究所・国家統計局農村社会経済調査司 2011)。

図5-2は、2001年〜2011年の有効灌漑面積の増加面積と、原因別の減少面積の変化を示している。増加面積（グラフの正の部分）が減少面積（負の部分）を上回っているため、全体として有効灌漑面積は増加傾向にあるが、減少部分をみると水利施設の老朽化や破損（2011年の減少分のうち36.6％）、工業化や都市化に伴う土地収用（同13.0％）、水資源の不足（同11.1％）、退耕還林（同2.4％）等、様々な理由により灌漑が不可能となっていることがわかる。中国社会科学院農村発展研究所・国家統計局農村社会経済調査司［2011］によれば、大型灌漑区と中型・小型灌漑区の主要な施設のうちそれぞれ40％、50％は何らかの修理が必要である[11]。また、中国北部ではかんがい用ポンプのうち60％が設計基準どおりに作られておらず、大型ポンプの85％以上が修理を必要としている。同報告書は、灌漑面積の減少の原因として2000年代以降水利施設管理の分権化により末端水利施設への投資が不足していること、村や農民用水者協会等による末端の維持管理体制が機能していないことを指摘している。

(2) 政策投資額の推移

図5-3と図5-4は1981年以降の水利建設に対する政策投資額の推移である。2001年以降は資金の財源別、用途別の内訳が公表されているので、図5-3の一部に財源別内訳を、図5-4に2001年以降の用途別内訳をそれぞれ示した。金額の全体的な動きから、1980年代から1990年代前半までは投資額が停滞していたことがみて取れる。1990年代後半以降は順調に増加しており、1995年の142億5000万元から2000年には580億1000万元（名目額）へと名目で4倍以上、実質で約7倍に増加した。その後、2000年代中盤以降の農業保護基調への転換による農村向け財政投資の増加にともない、2009年から大幅に増加している。

図5-3の財源の内訳をみると、集団が負担する「予算外資金」のうち農民負担部分は2000年代以降の税費改革によって消滅している。そのため、ここで示されている2001年以降のデータの「予算外資金」は行政村の独自財源などからの出資とみられ、ほぼ一定で推移している。同期間の用途別内訳を

図 5-3　財源別にみた水利基礎建設投資額の推移（1981～2010年）

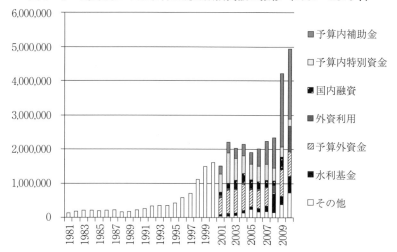

注1）単位は万元。1984年を100としたCPIで実質化済み。1983年以前はCPIデータが入手できなかったため、元データをそのまま掲載した。2000年以前は内訳のデータが入手できないため、総額を「その他」として示した。

注2）図中の「予算内補助金」、「予算内特別資金」、「予算外資金」の原語はそれぞれ「預算内撥款」、「預算内専項」、「自揹資金」。

出典：李主編［2011］、中国国家統計局編［各年版］より筆者作成。

示した図5-4を見ると、近年の洪水の頻発を受け「洪水防止対策」が最も多い。2005年に新農村建設政策が始まって以降は農村部の生活インフラ整備事業が行われたため、「供水」が増加している。

3　中国版PIMの評価

(1) 中国版PIMモデルの性格

水利部農村水利司副司長の李遠華によれば、2009年時点の全国の農民用水者協会は5万2700組織、このうち2万600組織はすでに民政部に登記されている。農民用水者協会による管理面積は1353万平方メートルで、全国の有効灌漑面積の23％を占める（李 2009）。

すでに述べたとおり中国の農民用水者協会は援助機関のPIMモデルが原型となっているが、援助プロジェクトの終了後、時間の経過とともに中国の

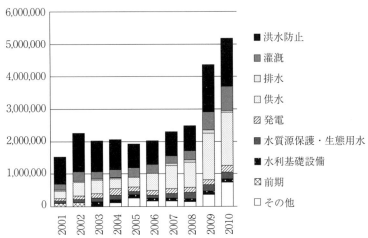

図5-4 用途別にみた水利基礎建設投資額の推移（2001～2010年）

注：単位は万元。2001年を100としたCPIで実質化済み。
出典：李主編［2011］、中国国家統計局［各年版］より筆者作成。

政策的、社会的文脈に即して組織の目的や性格は変化してきた。2001年頃の世銀、DFID等のプロジェクトでは、水利部門を企業化し農民の自主的な運営によるWUAを媒介として個別の水利用者との間で契約に基づき水取引を行い、自律的に運営していくというSIDDモデルが目指されていたが、水利部門の完全な給水会社化は多くの地域で困難であった（山田 2008）。援助機関は、Ostrom［1992］やAgrawal［2003］などの国際的な議論に基づき、WUAは流域ごとの受益者によって自律的・民主的に運営されるべきであり、受益者の意思決定への参加と組織の透明性を強化すべきであると主張する（例えばXie et al. 2009：63）。

ところが実際には中国で農民用水者協会を農民が自発的に組織した事例はあまりみられず、政府や水利部門の強力な指導によって組織されている。また、ほとんどが流域単位ではなく行政村の範囲に組織されており、リーダーも行政村リーダーと兼任であることが多い（仝 2005）。国内の一部の農村社会学者は実態を踏まえて、グローバルなモデルを画一的に導入することに異を唱え、中国の農村社会固有の性格と照らしてどのような組織化がふさわし

いかについて議論をおこなっている。例えば賀雪峰はSIDDモデルが中国になじまない理由として、第一に中国の小農社会では組織化のための取引費用が高いこと、第二に出稼ぎ等の人の移動機会が増加したためメンバーシップが安定せず、組織の相互監視能力が低下しフリーライディングを防ぐことができないこと、第三に歴史的に基層自治組織は人的ネットワークや共通の組織経験が豊富であり、新たな民間組織を作るよりも適していること、を指摘する（賀 2011）。同論文ではさらに湖北省、四川省の都江堰での調査に基づき、農家が自発的に組織した協会よりも伝統的な基層自治組織による水管理の事例のほうがより良好な運営がおこなわれているという事例を紹介している。賀ら［2003］、申［2011］も中国南部での調査に基づき、末端の小規模水利については（中国南部では宗族などの社会単位と一致していることの多い）村民小組単位で運営するのが適切との見方を示している。

中国農村社会における住民の協調行動や組織化の可能性については農村社会学、経済学などの分野で古くから多くの研究があり、現在の問題の解決に対して少なからぬヒントを与えてくれる。特に改革解放後の中国農村における公共サービスの供給問題、組織化の停滞について中国社会の特徴から捉えようとする研究がいくつかみられる。菅［2009］の整理によれば、中国の農村社会は高度に個人主義的、経済合理的であり、血縁や個人間の関係を重んじるネットワークのみが存在する。また、日本のような地縁的な農村共同体は存在せず、観察される協調行動は共通の必要性や利益によって結び付いた人々の集合体と捉えるべきである。つまり、長期的・固定的な組織を作り、維持する社会的コストが高い社会であるといえる。

水利組織づくりが停滞する一方、一部の地域では請負、リース、入札、株式合作といった市場的手段で個人が水利施設を私有化し管理する方法が試行されている（山田 2008）。上述の組織化の議論から見れば、こうした市場的な二者間取引は中国の農村社会に比較的なじみやすい制度かもしれない。

（2）農民用水者協会の評価

では、農民用水者協会のパフォーマンスについて、国内外でどのような評価がおこなわれているだろうか。まず、国際機関の枠組みを用いた先行研究

を紹介したい。Wang et al.［2010］によれば、中国で世銀の設立した農民用水者協会が地域の環境や経済に対しどのような影響を与えたかという第三者による客観的評価は、ほとんど行われて来なかった。ここで農民用水者協会を設立したことで節水、農業生産性と農民所得の向上などにどのような効果があったか、あるいはどのようなタイプの組織が有効であるか、という点について実証した経済学分野の数少ない研究を紹介したい。まず、Wang et al.［2010］は、農民用水者協会は世銀が提唱する5原則、すなわち①十分かつ安定した水の供給があること、②行政区分ではなく水系を範囲として水利組織が組織されていること、③政府の干渉がなく自律的に組織が運営されていること、④農地面積でなく水量に応じて水利費が徴収されていること、⑤水利組織が水利費を徴収する権利をもつこと、を満たすべきであるという考えに基づき、寧夏、甘粛、湖北、湖南において上記5原則を満足する世銀プロジェクトの農民用水者協会とそれ以外の協会のパフォーマンスを比較した。その結果、前者は後者に比べて用水量の平均10～20パーセントを節約できていることが明らかとなった一方で、農産物の単収には有意な違いはみられなかった。

　Zhang et al.［2013］は、Agrawal［2003］などの理論をもとに、Wang et al.［2010］の用いた5原則にさらに⑥組織が適正な規模であること、⑦資源への依存度が高いこと、という2つの条件を追加し、甘粛省張掖市民楽県を対象に農民用水者協会と農業用水の生産性の関係について実証分析を行った。その結果、組織の規模、組織の数と水資源の希少性が水1単位あたりの生産性を決定する重要な要素であり、逆に資源の大きさ、組織と水系の範囲の重複はそれほど大きな影響力を持たないことが明らかとなった。

　次に、国内の政策担当者、研究者による農民用水者協会の評価は、全［2005］のようにその存在意義を認め肯定的に評価する論者を除き、総じて厳しいものとなっている。李［2009］は現在成立している農民用水者協会のうち、運営が良好、改善が必要、不良（一部は有名無実）の割合は約3分の1ずつとしており、賀・郭［2010］は協会の大部分がうまく機能していないという厳しい評価を下す。

　こうした国内の評価はかならずしも統一された根拠や基準のもとにおこな

われているわけではないが、政策的な目的への適合性が主要な基準となっていると考えられる。李［2009］によれば、現在中国の政策担当者からみた農民用水者協会を設立するねらいは、以下の3点である。すなわち、第一に従来不明確であった末端水利施設の管理の責任主体を明確にし、農民用水者協会を「一事一議」制度による公共投資の受け皿とし有効に事業を運営すること、第二に水利費を利用者から徴収することで節水意識を高め、水管理部門に代わって協会が費用徴収に係る煩雑な事務をおこなうこと、第三に水利用者間の水争いの調停をおこなうこと、である。第二の点については、水利系統と行政系統を分離することで水利費の用途の透明性を高め、汚職の発生を排除するねらいもある。このように、中国政府はPIMの概念を一部取り入れつつも、組織改革はあくまで上意下達的な水利システムの末端部分の運営の適正化を目的としているとみたほうが良いだろう。

　さて、以上の中国内外の2つの議論の流れをどう統一的に解釈すればよいだろうか。もしもWang et al.［2010］やZhang et al.［2013］などの実証研究の結論が妥当であるとするならば、一定程度水利施設が整備され、安定的な水供給が保障された条件下では、小規模な組織による水利費の適切な徴収が行われ、農民の灌漑用水への依存度が高ければ、節水効果を得ることができる。一方、生産性と水系と組織の範囲の重なりの影響は小さいので、中国の農民用水者協会を（現状がそうであるように）行政村単位で組織することに大きな問題はない、ということになる。このように、国際的な経験に基づく定説と実証研究が示した中国における実態のずれは、まさに中国農村の政策的、社会・経済的条件の特徴に起因するものであるが、国内の社会学研究からの示唆と部分的に整合的である。そこで次節では、筆者による中国での調査事例をもとに、国際経験から導かれた上記の7指標および地域社会と農民用水者協会の関係から調査地における中国版PIMの特徴を抽出し、そのうえで水資源利用の効率化、農家収入への影響について初歩的な評価を試みたい。

第3節　甘粛省張掖オアシスにおける節水型農業モデルの推進と環境への影響

1　調査地域における水資源問題と政策的対応

（1）地域の概況

　筆者は2013年3月、同年10月、2014年3月に黒河流域の甘粛省張掖市で張掖市水利局およびその下部組織、農民用水者協会（村民委員会）、農家を訪問し、関係者にインタビュー調査を行った[12]。本節では調査結果に基づき、農村末端の水管理体制の改革の実態と効果について検討したい。

　図5-5に、中国における甘粛省（上）と調査地（下）の位置を示した。甘粛省は中国西北部の内陸に位置し、東は陝西省と寧夏回族自治区、西は新疆ウィグル自治区と青海省、北は内蒙古自治区、南は四川省に接している。省都は黄河沿いに発展した蘭州市である。南側に位置する祁連山脈に沿って

図5-5　中国における甘粛省張掖市の位置および調査地の位置

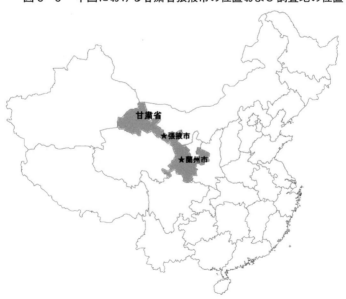

第5章　中国西北農村における水資源管理体制の改革とその効果　　155

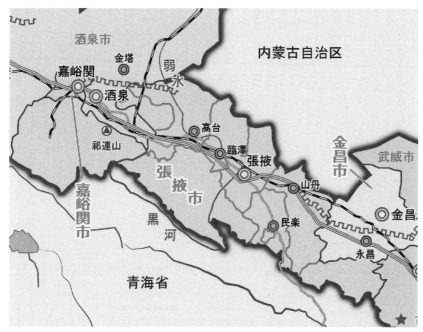

出典：「中国まるごと百科事典」http://abysse.co.jp/china-map/admin/kansyuku.html とグーグルアース画像をもとに、佐藤赳氏（東京大学大学院農学生命科学研究科）が作成。

　西北から東南方向に900キロメートルに及ぶ河西回廊と呼ばれる平原が続いており、南沿の祁連山脈に水源を発する黒河、石羊河等の内陸河川が複数存在する。内陸河川の流域には、かつてシルクロードの要衝として栄えた武威、張掖、酒泉、敦煌といったオアシス都市が点在している。
　本章の調査地である張掖市は甘粛省のほぼ中央に位置するオアシス都市である。内陸河川黒河の中流域に位置する。張掖市は行政上、甘州区、高台県、臨澤県、民楽県、山丹県、粛南県の1区5県を管轄しており、2012年末時点の総人口は120万7600人である。温帯大陸性乾燥気候区に属し、市政府所在地の甘州区の平均気温は7.7度、年間降水量は区・県によって異なるが125.1～364.0ミリ、年間蒸発量は1491.7～2093.1ミリと乾燥している（張掖市統計局・国家統計局張掖調査隊 2012）。降雨は5～8月の夏季に集中し、年間降水量の70パーセント以上を占める（胡ほか 2008：209）。

甘粛省および本章で分析対象とする黒河流域の人口・面積あたり水資源量を全国平均と比較すると、全国平均の一人あたり水資源量は2153立方メートルであるのに対し、甘粛省と黒河流域の平均はそれぞれ1150立方メートル、1400立方メートルで、全国平均を大きく下回っている。さらに1ムーあたり水資源量を比較すると、全国平均は1476立方メートル、甘粛省と黒河流域の平均はそれぞれ378立方メートル、529立方メートルである[13]。つまり、甘粛省平均の水資源量は人口一人あたりで全国平均の約半分、面積あたりでは約4分の1に過ぎない。黒河流域の水資源は省内では比較的豊富とはいえ、全国平均と比較すればかなりひっ迫しているといえる。

(2) 水資源問題と節水型農業の普及

黒河は祁連山脈の雪解け水を水源とし、中流はオアシスや沙漠湖を形成し、最下流は沙漠で消滅する。近年気候変動による流水量の減少、中流域における人口増加と農牧業の発達による過剰取水の結果、断流や砂漠湖の消滅といった問題が発生した。

窪田・中村［2010］の整理によれば、近年の黒河の水資源問題の経緯は以下のとおりである。黒河中流域の張掖市および周辺地域では古くから灌漑農業が発展していたが、市場経済化後経済発展と人口増加による取水量の増加により、河川水量の減少が問題となっていた。1990年代から人口増加や近郊農業の発展に伴い地下水の利用量が増加し、特に張掖市周辺地域では地下水位の低下が進行した。1999年には黒河流域管理局が設立され、上流の甘粛省、下流の内蒙古自治区間で流域の利水調整が始まった。2002年に張掖市が全国レベルの節水型社会建設モデル地域に指定されると、黒河の水の利用を厳しく制限した反面、地元政府はモデル地域としての節水目標を達成するために地下水利用を許可したため、地下水への依存がますます強まった。

張掖市の2012年の耕地面積387万5000ムーのうち、有効灌漑面積は264万2000ムーを占めている（有効灌漑率68.2パーセント）。河川水灌漑と井戸灌漑がおこなわれており、揚水式井戸も6804ヶ所整備されている。張掖市の1区4県（甘州区、高台県、臨澤県、民楽県、山丹県）において2006年に行った実地測量に基づきリモートセンシング技術を用いて各地域の農業用水路の整備

状況を推計した胡ほか［2008］によれば、張掖市には24の灌漑区があり、灌漑用水路は6300本、水路の総延長は8749.5キロメートルに及ぶ。用水路は甘州区に集中しており、同区の水路の総延長は全体の約3分の1を占めている。

　2013年3月に張掖市水利局で行ったヒアリングによれば、用水量全体に農業用水が占める比率は8〜9割、農業用水の7割が河川水で地下水は補給水として用いられている。張掖市では、節水のため伝統的なトウモロコシ・小麦の混作を禁止するとともに、農民用水者協会を通じた啓蒙や指導、補助金、マイクロクレジットなどの経済的手段によって、水消費が少なく収益性の高いアルファルファや種子用トウモロコシ、施設園芸への転作を促している。モデル地域指定以来の節水農業の普及によって、こまめな用水管理の必要な2000年のモデル地域指定時と比較して、調査時点では農業用水量は1億3000万立方メートル減少したという。また、地下水位の低下を防ぐため新規の井戸掘削は禁止となっている。節水政策の結果地下水の過剰採取は以前よりも緩和されたが、ハウス野菜などの経済作物の普及にともない、水量の安定した地下水の使用量が増加しているとみられる。調査時点で、地下水位はなおも毎年0.2〜1メートルの速度で低下し続けている。

　2002年のモデル地域指定以来、張掖市では灌漑区における水利権改革が実験的に進められてきた。その具体的な内容は、水票制度と農民用水者協会の設立である。水票制度は75％の灌漑区で実施されており、灌漑区毎に村民に水利権証書を発行し、経営農地面積、家族人数に基づき灌漑用水、生活用水の使用権を保証している。農業用水の使用料は上述のとおり水票に基づいて支払われるが、節水によって生じた余剰水については村民間の水票の売買も認められている。水票発行にあたっての年間作付計画の取りまとめ、受益農民からの水費の徴収と上部組織への上納、水利政策や気象情報に関する情報伝達のため、農民用水者協会が設立された。調査時点で、灌漑区内の98％の行政村で設立されているという。

(3) 農業の現代化と環境汚染問題

　2011年の張掖市の農民一人当たり純収入は6467元で、甘粛省平均の3909元

を大きく上回っている。同市の農林水産業による収入の比率は67.7％となっており、第一次産業収入への依存度は高い（国家統計局張掖調査隊・張掖市統計局編 2012）。

　調査地では伝統的に自給向け小麦とトウモロコシの混作や乾燥に強い雑穀やウリ類の生産がおこなわれてきたが、2000年頃からアグリビジネスの進出と契約農業の展開により野菜や種子用穀物の生産が増加している。張掖市における食料作物と経済作物の播種面積の構成および単位面積あたり生産資材（化学肥料、農薬）の投入量の変化を整理したものが図5-6である。1985年から2012年までに農産物播種面積は229万2000ムーから348万8000ムーへと1.5倍以上に拡大し、同期間中に播種面積全体に占める経済作物の割合は17.6％から25.2％へ増加、食料作物の割合は逆に75.6％から70.5％へ減少した。なお、2011年の食料作物の播種面積239万7000ムーのうち、トウモロコシは103万6000ムーと最大であるが、この中で種子用トウモロコシの栽培面積が89万ムーと大部分を占めていることに注意が必要である。甘州区における農業経営の変遷と農民専業合作社や契約農業の展開について論じた中村［2011］によれば、2000年頃から種子用トウモロコシの企業が進出し、契約栽培面積が急激に拡大している。筆者の聞き取り調査によれば、種子用トウモロコシの買い取り価格は従来の在来種の約2倍である。

　このように経済作物や契約農業が発展したことにより、張掖市においても化学肥料や農薬を多投する集約的な農法が普及した。中国社会科学院農村発展研究所・国家統計局農村社会経済調査司［2011：234］によれば、張掖オアシスを含む河西回廊の灌漑農業地域では1990年代後半にはすでに全国の施肥の多い指定地域（「高施肥区」）平均の4倍以上の量の化学肥料が投入されていたという。図5-6によれば、張掖市における耕地1ムーあたり化学肥料施用量（成分換算）は1995年から2012年の間に217.7トンから264.7トンへと約1.3倍に、農薬は2009年から2012年のわずか3年間に5.2トンから6.1トンへと約1.4倍に急速に増加している。中国の化学肥料と農薬の投入量は過剰であることが指摘されており、深刻な土壌、水（特に地下水）、大気汚染や健康被害を引き起こしている（山田 2012）。

第5章　中国西北農村における水資源管理体制の改革とその効果　　159

図5-6　張掖市における農産物播種面積の構成と生産資材投入量の変化

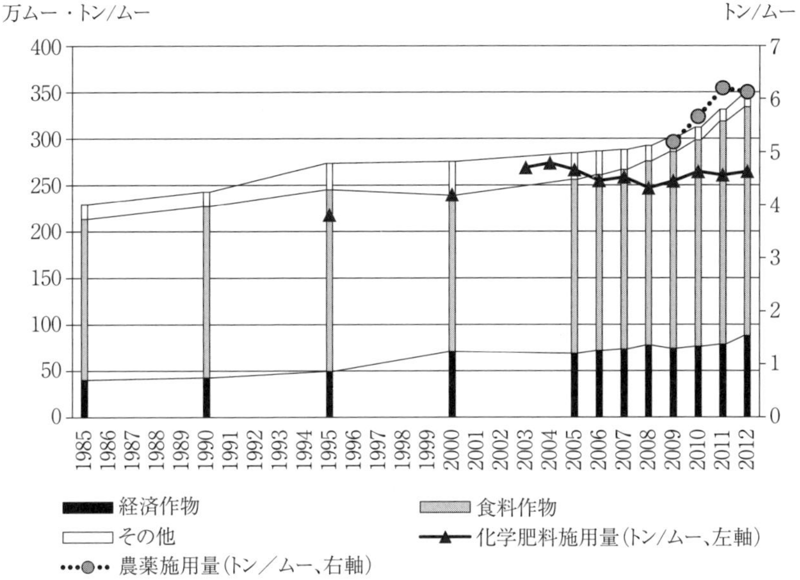

凡例：
- 経済作物
- 食料作物
- その他
- 化学肥料施用量（トン／ムー、左軸）
- 農薬施用量（トン／ムー、右軸）

注：播種面積は山丹農場を除く。化学肥料施用量は成分換算量。
出典：国家統計局張掖調査隊・張掖市統計局編［2012］、甘粛年鑑編委会編［各年版］および甘粛年鑑編委会編［各年版］。

2　末端水管理体制の改革とその効果

(1) 農村基層の水管理体制

　改革後の農業水利の管理体制（図の右側）と行政組織（左側）の関係を描いたものが図5-7である。1980年代以降の中国の行政組織は、中央級—省級（省・自治州）—地区級（市・区）—県級（県・県級市）—郷鎮級までの5層の政府からなり、その下に住民自治組織である行政村とその補助組織の村民小組が置かれている。水利部系統をみると、黒河を含む複数の省に跨る流域の場合は最上位に流域管理委員会が存在し、各省の水利権調整を行う。省レベルの最高意思決定機関は灌漑管理委員会で、同一水系内の行政組織の代表者から構成され、省の水利庁の指導を受けつつ用水計画や施設管理の審査などを行う。行政組織では県レベル以下の農業水利施設は幹渠、支渠、斗渠、農渠、毛渠の5段階に分類でき、それぞれのレベルの組織が重層的に管

図5-7　調査地における末端水利施設の管理体制

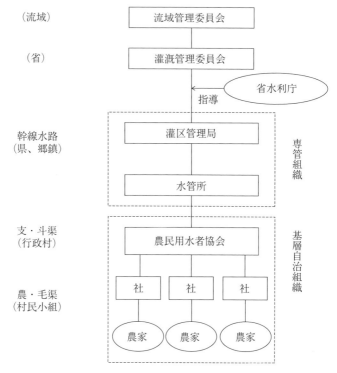

出典：山田［2008］および現地におけるヒアリングに基づき筆者作成。

理を行っている。県、郷鎮レベルにはそれぞれ灌区管理局、水管所と呼ばれる省水利部の出先機関（「専管組織」）が置かれ、上級政府の指示に従いつつ施設管理、取水、配水、費用徴収などをおこなっている。

1980年代以降の中国では、農村の土地、山林、水利施設は集団（行政村および村民小組）所有とされており、末端の行政村（基層自治組織）レベルの支渠、斗渠、農渠、毛渠は、農民用水者協会によって管理されている。調査地域の農民用水者協会が置かれている灌区では、支渠と斗渠までを農民用水者協会が、その下の圃場レベルの末端水路である農渠、毛渠を協会の下部組織である受益農民のグループ（「社」、「組」などと呼ばれる）が管理している。

第5章　中国西北農村における水資源管理体制の改革とその効果　　*161*

　なお、行政村には村民委員会と党村支部が置かれており、行政村は農村住民と政府をつなぐ窓口であると共に住民の利益を代表する基層自治組織でもあるという二つの側面をもつ[14]。1998年施行の村民委員会組織法は村民委員会の構成と職責、選挙、会議の運営等について定めており、意思決定機関である村民会議では村の財政、村民からの費用徴収、公共事業の立案など村内の重要な議事について審議することが定められている。

　一連の組織改革の結果、制度上行政組織と水利系統の資金の流れは分離され、水利費の用途の透明性は向上した。灌区の水利費の統一基準は各省の物価局で定められており、基層自治組織は規定に基づいて水費を利用者から徴収し、上部組織に上納している。農民負担の軽減のため水の価格は低く抑えられており、調査時点では甘粛省では1立方メートルあたり地表水は0.1元、地下水は0.01元であった。

　続いて、前節で抽出した評価のポイント、すなわち①十分かつ安定した水の供給の有無、②水系を範囲として水利組織が設立されているか、③政府の干渉がなく自律的に組織が運営されているか、④農地面積でなく水量に応じて水利費が徴収されているか、⑤水利組織が水利費の徴収権をもつこと、⑥組織が適正な規模であること、⑦資源への依存度が高いこと、を手掛かりとして調査地の水管理体制改革の特徴と節水や農民収入への影響、地域社会との関係を分析したい。

　表5-3に、張掖市の1区4県（甘州区、高台県、臨澤県、民楽県、山丹県）の各1ヶ村でのインタビュー調査結果を示した。調査項目は調査村の立地と自然条件、調査村が所属する灌漑区の受益範囲、水源と水供給の安定性、水利施設の整備状況、農民用水者協会の発展状況、協会の規模、水利費の徴収方法、農家の農業用水への依存度をみるため収入構造と主要な農産物、末端水路の維持管理の状況、干ばつの発生頻度と災害対応として食料備蓄の有無を質問した。

　まず、①十分かつ安定した水の供給の有無については、高台県の河川水の水量がやや不足しており地下水への依存度が高いほか、民楽県、山丹県が水量と安定性ともに低くなっている。調査村のうち山丹県以外の区・県は黒河を水源としているが、これまで水利インフラ投資、節水農業の普及は黒河流

表5-3 調査地の概要

番号	1	2	3	4	5
県区	甘州	高台	臨澤	民楽	山丹
灌漑区	DM	YL	NJY	HSH	HC
調査村	PJ	DL	WJD	ZZ	SH
建設年次	1968	1966	nd	1953	1958
地形	平地	平地	平地	丘陵地	丘陵地
張掖市からの距離（km）	14.2	76.3	34.6	44.4	57.6
受益範囲	8郷鎮48行政村429社	3郷鎮38行政村301社3国営農林事業所	1郷鎮7行政村50社	4郷鎮50行政村415社40国営農林事業所	3郷鎮28行政村189社
受益人口（人）	76,500	47,100	9,300	146,500	35,000
うち農村人口（人）	71,200	47,100	9,100	89,600	34,000
受益面積（ムー）	320,400	108,700	306,600	459,800	180,000
水量	豊富、安定	豊富、安定	やや不足、安定	不足、不安定	不足、不安定
用水戸協会（組織）	48	38	7	57	44
1組織あたり平均受益農村人口（人）	1483	1239	1300	1572	773
主な水源（割合の大きい順に）	黒河+井戸	井戸+黒河	黒河	井戸+黒河	小河川
水利施設の整備状況					
干渠（km）（コンクリート化率、%）	59.7(nd)	149.8(72.4)	12.8(nd)	109.4(99.7)	106.9(nd)
支渠（km）（コンクリート化率、%）	168.0(nd)	0(0)	38.5(nd)	401.3(40.3)	117.4(nd)
斗渠（km）（コンクリート化率、%）	579(nd)	240.9(83.1)	67.7(nd)	1280.8(28.7)	868(nd)
農・毛渠（km）	812.0	369.9	76.3	140.0	1463.0
水利費の支払い方	面積、量	面積	nd	面積	nd
水路の管理方法	協会、村民の労働供出（年2回、出不足金あり）	協会、村民の労働供出	協会、末端水路は受益者による個別管理	協会、村民の労働供出	協会、社単位で村民の労働供出（年1回）

水票	なし	なし	あり	あり	N.A.
年間総収入（元／人、2012年県平均）	17,664	11,599	13,751	10,042	11,843
うち第一次産業収入（%）	53.2%	69.9%	79.6%	62.9%	46.8%
うち給与収入（%）	10.5%	21.1%	11.1%	20.9%	26.3%
主な農産物	種用トウモロコシ	タマネギ、露地野菜、温室野菜	種用トウモロコシ、種子用ヒマワリ	種用トウモロコシ、食料作物、ヒマワリ、タマネギ、薬草	ビール用大麦、アブラナ、ジャガイモ
干ばつの発生頻度	低い	中程度	低い	高い	中程度
食料備蓄	なし	あり	なし	あり	あり

出典：現地におけるヒアリングと収集資料、国家統計局張掖調査隊・張掖市統計局編［2012］に基づき筆者作成。

域に重点的におこなわれてきたため、山丹県の水路の整備がもっとも遅れている。地形は甘州区、高台県、臨澤県は平地、他の2県は丘陵地で水へのアクセスが悪い。また、干ばつリスクは民楽県で最も高く、山丹県、高台県と続いており、水利施設の整備されている甘州区は低い。

次に農民用水者協会の設立状況については、すべての調査村で用水者協会が設立されており、設立時期は2003年頃から2000年代後半にかけてであった。②水系を範囲として水利組織が設立されているか、については、全村で協会と行政村（村民委員会）、社と村民小組の管轄範囲が一致しており、水系ごとに作られていない。⑥組織が適正な規模であること、については行政村単位となるので800～1500人の規模となっており、あまり大きな差はない。

③政府の干渉がなく自律的に組織が運営されているか、についてはすべての調査村で協会と行政村リーダーは兼任で、行政村は行政の下請機関という性格も有することから、完全に政府の干渉を排除するのは困難とみられる。調査村でのインタビューによれば、設立当初は行政村と協会を独立組織にすべきであるという原則に基づいて異なるリーダーを選出した村もあったが、経費が不足しリーダーの人件費を賄えなくなったことから結局兼任にしたと

いう。協会の業務内容をみても、行政の下請け組織的な色彩が強い。協会の業務は、毎年灌漑期前に上部組織である水管所から通達される各村の割当用水量の村民への伝達（一部の村ではそれに基づいた水票の発行）、水利費の徴収と水管所への上納、村民に対する財務の公開、村民同士の水紛争の調停である。村民小組長（「社長」）は割り当てられた水量に基づいて小組内の生産計画を取りまとめ、小組メンバーから水利費を徴収する。村民は政府が定める作物ごとの用水割当量の基準を知らされており、それに基づいて年間の栽培計画を立てる。ただし、近年は灌漑管理委員会に農民用水者協会も出席可能となったため、村の生産計画に基づいて用水割当量に関する交渉に参加することができる。

　財政面では、水利費はすでに述べたように省内で統一されているが、ほとんどの灌漑区では運営コストを水利費で充足できず、差額を水利部系統の上部組織が補てんしている。調査地では1990年代に灌漑区の市場化を目指し灌漑区毎に異なる水価格を設定したところ、農民の反対にあい頓挫した経緯がある。水利施設の建設に係る費用は半分を村民が労働供出で、残りは政府が負担している。維持管理に係る費用は、支・斗渠レベルの水利施設であれば一事一議制度により上級部門に補助金を申請できるが、末端の農・毛渠レベルの小型施設の場合は全額村民負担である。調査村では村内の末端水利施設の維持管理費用は年間1ムーあたり100～200元相当必要であるが、すべての調査村で年に1～2回、全村民、あるいは社単位で末端水路の浚渫や修復作業を行うことで負担している。水管理部門と村・社リーダーの人件費は県政府が支出しているが、前者は水利部門から、後者は行政村と用水者協会のリーダーが兼任のため、行政村リーダーとしての給与のみ支給されている。このように、施設の建設費については政府の水利部門と村民が分担している。農・毛渠レベルの末端施設の維持管理に対する政策的支援はほとんどなく、事実上村リーダーや社長のリーダーシップに頼った分権的な運営が行われている。

　④、⑤の水利費の徴収については、協会は徴収権を有しており、水票の発行や財務公開により、資金の用途の透明性が担保されるようになり、水利費の徴収が以前よりも円滑に行われるようになった。徴収方法については、面

積割で徴収している村が依然として多い。一部のモデル地域の揚水式井戸は ICチップカードによる管理を行っており、社長立会いのもと圃場ごとに順番に取水を行っている。社長には業務量に応じて年間600〜800元の報酬が支払われている。

　最後に⑦資源への依存度が高いこと、について、収入構造、出稼ぎの多寡などから分析したい。張掖の市街地からの距離が比較的近い甘州区、臨澤県は総収入が高く、遠隔地にある高台県、山丹県は低い。総収入に占める第一次産業収入の割合が最も高いのは臨澤県で8割近くを占め、甘州区、山丹県が5割程度と低い。出稼ぎ収入比率は、山丹県、高台県、民楽県の順に高い。

　このような収入構造の決定要因は各地域で大きく異なる。最も収入が高い甘州区は、収益性が比較的高く手間のかからない種子用トウモロコシの契約生産に特化することで安定した農業収入を確保する一方、都市に近く兼業就業機会も多いため、余剰の時間を遠隔地ではなく周辺地域での農外就業にあてている。同じく収入の高い臨澤県は、都市へのアクセスの良さを生かして種子用トウモロコシやその他の経済作物の多角的な生産により高い農業収入を得ている。企業側からみれば上記の甘州区、臨澤県はともに立地条件、地形、水供給の安定性、災害リスクの低さから契約先として選定されやすい。他方、低地であるが遠隔地に立地する高台県、市街地に比較的近いが丘陵地で災害リスクの高い民楽県は、共に水供給が不安定なことから企業契約のフロンティア的な地域であると考えられ、さまざまな経済作物を生産しているものの契約関係が不安定である。収入が最も低い山丹県では、インタビューによれば水不足と農地の生産性の低さにより農業の収益性が極めて低いため、労働力人口の大半が遠隔地へ出稼ぎに従事している。残された農地を有効に活用するため、村民の合意のもと農地を社ごとに集積し、少数の在村の農家が出稼ぎ農家に地代を支払って大規模経営を行うことでようやく採算が取れているという。

　各区・県の住民の農業用水への依存度と末端水路の維持管理活動への参加の積極性の関係を考えると、まず調査地において全般的に水資源は希少であり、また農家総収入に占める第一次産業比率は山丹県を除くすべての区・県

で5割を超えているため、水への経済的な依存度はかなり高いといえる。その結果、すでに述べたようにすべての調査村で村民を動員した末端水路の維持管理作業が可能となっており、中国の多くの地域で農家が維持管理活動への参加に消極的であることと比較すると、調査村における積極性は十分高いと考えられる。とはいえ、地元での兼業機会が多い甘州区では活動に不参加の場合は出不足金の支払いが義務付けられるなど金銭を介したより市場主義的な手段で費用負担をおこなっている。一方、第一次産業収入比率が低く出稼ぎ収入への依存度の高い山丹県では農業用水を利用しているのは大規模農家のみとなっており、大規模農家が中心となって水利施設の維持管理を行っているとみられる。黒河流域に属さない山丹県はインフラ整備に対する政策的支援が薄いこともあり水利条件も悪く、また市場からの距離も遠いためアグリビジネスとの契約などの経済機会にも乏しい。そのため、現時点では大規模農家により村の農地が有効に活用されているが、今後農産物市場の変化などにより農業の収益性が低下すれば大規模農家の経営が立ち行かなくなる可能性も高い。その意味で、山丹県の維持管理体制の持続可能性は大きなリスクを抱えていると考えられる。このように水利組織のパフォーマンスに大きく影響する水管理への参加の積極性は、本章で既存研究から抽出した要素以外に、水利組織のメンバーと実際の水利用者の重複度、地域の立地、自然条件、農業の収益性、他の就業機会にも影響を受ける。

おわりに

　本章では、第一節で中国における水資源の希少性と地域間格差、アジア・モンスーン気候に起因する水資源量の季節変動、近年の災害の多発について統計や先行研究を使って概観した。続く第二節で、新中国成立以来の水利政策と水利投資の変遷を整理した。計画経済時代に急ピッチで建設された水利施設が更新期を迎えると、1980年代には投資不足と維持管理体制の未整備が問題となったが、1990年代以降ふたたび政策的投資が増加していった。2000年代以降農村水利に対する国家投資が増大していくなか、資金の効率的な運

用のために分権的・自律的な管理体制の構築が目指されているが、先行研究から農村住民の組織化という難題に突き当たっていることが明らかとなった。

　第三節では、国際的なPIMの経験に基づく経済学や社会学分野の先行研究から抽出したいくつかの基準に照らし、中国西北の乾燥地域の甘粛省を例に、末端水管理体制を分析・評価した。分析によって、調査地の農民用水者協会は比較的うまく機能しているにもかかわらず、国際的な経験からみちびかれた良好なPIMのための基準のいくつかを満たしていないことが示された。主な相違点としては、中国の分権的な財政制度による村レベルの資金不足、人材不足により協会は水系ではなく行政村単位で組織されている。協会はある程度自律的に運営され水利費の徴収権も有するが、経営は公的補助に依存しており独自の財源が確保できているとはいえない。全体として水資源の希少性ゆえ水利用と管理においてトップダウン型の運営が行われており、協会も受益者による自発的・自律的な組織というよりも、節水技術の普及や節水作物への転用を集団的に実施する行政コストを下げるための下請け組織的な性格が強い。ただし、水が希少であり経済的な依存度が高いため、農家の維持管理への参加の積極性は高い。このように、調査地では中国の制度や市場条件に即した独自のPIMが行われていた。

　ここで水管理体制改革が農業用水の利用効率と農家収入に与えた影響に関する初歩的な評価と今後の課題を示し、まとめとしたい。第一に、農業用水の利用効率の改善効果については、調査地における農業用水の節約は主に政府の投資による水路のライニングと、流域の利水計画に基づく各村への割当と節水技術普及による用水量の圧縮により実現している。ただし、筆者の調査では水路のライニングなど技術的な対策と制度改革による節水効果を厳密に区別することは難しいので、後者の組織改革の効果について述べたい。用水者協会設立による主な成果は、水利費徴収の適正化、村民間の水利紛争の減少、節水作物への転作、節水技術の普及と水利費の徴収による節水意識の向上である。協会は作物ごとの必要用水量、コストを示すことで村民の水利用を従来の「大田漫灌（粗放的で浪費の多い灌漑方式）」から節水を意識したものへと変化させている[15]。

なお、張掖市における水利権改革、特に水利権売買は一層の水資源利用の効率化を目指した制度として国内外で注目されているが、実際は出稼ぎ等で離村する場合以外、農家間の水票取引はほとんどみられない。その理由として申請手続きが煩雑であること、ある程度のまとまった規模でなければ、水系を跨ぐ水の移送は技術的・コスト的に困難であることが挙げられる。調査地でのヒアリングによれば村民間ではなく灌漑区や小組レベルのまとまった水量の取引は、過去におこなわれた例があるという[16]。

次に、農家収入への影響について述べたい。工業化の進んでいない調査地において農家収入は依然として大きく第一次産業収入に依存しており、水管理体制改革と同時期に進出してきたアグリビジネスとの非伝統作物の契約生産が普及した一部の地域では農業収入の増加と安定化が実現した。アグリビジネスとの契約では、立地、水供給が安定していて干ばつリスクが少ないことと、地形などの条件を満たす地域が選択される。逆に水供給が不安定な地域では農業の収益性が低く、多くの村民が遠隔地での出稼ぎ収入に依存する。このように調査地域では水供給の安定性と販売先を確保しなければ高付加価値の農産物の普及は困難であり、インフラ整備と適切な利水計画に基づく組織的な水管理はその参入障壁を下げる効果をもつ。政府は農家に対し節水を行わせる代わりに、付加価値の高い非伝統作物の普及を推進し、マイクロクレジットなど契約農業への参加を通して収入を増加させるための政策メニューを提供しているが、水利や立地条件によってはその利益を享受できない地域も存在する。

さらに農業の収益性と水管理体制の持続可能性の関係を考えると、末端水利施設は村リーダーらによる分権的管理となっているので、安定した農業収入が確保された地域では維持管理への人員やコストが負担可能であるが、出稼ぎの多い地域では維持管理費用が確保できなくなるリスクも大きい。このように中国において地域の実態に即した持続可能な農民用水者協会をデザインするためには、国際的な指標を画一的に当てはめるのではなく、組織化の対象となる社会単位（本事例では行政村）の制度的特徴、財政状況、政策環境、地域農業の収益性、収益の安定性、メンバーシップの安定性、自然条件などを総合的に考慮する必要があるだろう。

コラム：甘粛省石羊河流域における生態環境問題[16]

　石羊河は、本章で取り上げた黒河の西側を流れる河西回廊の内陸河川の一つである。石羊河オアシスの中心都市は甘粛省武威市である。石羊河流域の水資源問題を、上流、中流、下流に分けて整理すると以下のようになる。まず、山岳地帯で氷河を擁する上流地域では、近年の気候変動によって気温の上昇、降水量の減少が発生しており、森林面積の減少、氷河や万年雪のライン後退が問題となっている。盆地が広がる中流地域では、過剰取水によって湧水の枯渇、地下水位の低下、砂漠化、工業化や都市化の進展に伴う水質汚染が進行している。下流の砂漠地帯では、上流域での過剰取水によるオアシス面積の縮小、砂漠化、砂嵐の深刻化、塩害などが発生している。

　石羊河下流域の民勤県には青土湖という砂漠湖が存在し、トングリ（騰格里）砂漠とパタシリ（巴丹吉林）砂漠を隔てていた。ところが、計画経済時代の食料増産を目的とした紅崖山ダム建設によって流量が減少し、砂漠湖は1957年までに完全に消滅した。半世紀以上が経過した2007年10月に温家宝総理（肩書は当時）が現地を視察した時に「決不能譲民勤成為第二個羅布泊（民勤を第二のロプノールにしてはならない）」と

図5-8：閉鎖された井戸（右）と閉鎖された井戸からの湧き水（左）

出典：武威市民勤県夾河郷黄案灘村にて、筆者撮影（2013年3月23日）。

発言したことが、石羊河流域および青土湖の環境保全に対する政策的措置が実施されるきっかけとなった[17]。2010年9月には下流への配水が実施され、青土湖は半世紀ぶりに姿を現した(『新華網』2010年12月2日付記事)。

現在の石羊河流域における環境保全政策のスローガンは「南護水源、中調結構、北拒風沙」、すなわち南(上流)では水源を保全、中流では水利用のセクター間の構造調整、北(下流)では砂嵐を防止、となっている。2002年に石羊河流域管理局が設立され、利水者間の調整がおこなわれている。このほか地下水の取水許可制度を導入し、井戸3318ヶ所を閉鎖した結果、地下水位が回復した一部の地域では閉鎖された涸れ井戸から再び地下水が湧水となってあふれ出る現象も確認されている(図5-8)。また、環境が脆弱で住民の生計維持が困難な上・下流域の一部では、2万4000人を環境移民(原語は「生態移民」)として中流域へ移住させているという。

参考文献
(日本語)
* 池上彰英[2009]「農業問題の転換と農業保護政策の展開」池上彰英・宝剣久俊編『中国農村改革と農業産業化』アジア経済研究所、27-62頁。
* 窪田順平・中村知子[2010]「中国の水問題と節水政策の行方──中国北西部・黒河流域を例として」秋道智彌・小松和彦・中村康夫編『人と水Ⅰ──水と環境』勉誠出版、275-304頁。
* 常紅暁[2005]「農業税減免で、統計の不備が明るみに:耕地面積の『ブラックホール』」『日経ビジネス』2005年1月10日号、112-113頁。
* 管豊[2009]「中国の伝統的コモンズの現代的含意」室田武編著『環境ガバナンス叢書3──グローバル時代のローカル・コモンズ』ミネルヴァ書房、215-236頁。
* 中村知子[2011]「中国における農業の市場経済化と実態分析──甘粛省張掖市甘州区を例に──」『砂漠研究』第21巻 第1号、31-36頁。
* 山田七絵[2008]「中国農村における持続可能な流域管理:末端水管理体制の改革」大塚健司編『流域ガバナンス:中国・日本の課題と国際協力の展望』

第5章　中国西北農村における水資源管理体制の改革とその効果　　*171*

　　アジ研選書 No.9、アジア経済研究所、71-108頁。
＊―――［2012］「太湖流域における農村面源対策とその実施過程：基層自治組織の役割に注目して」大塚健司編『中国太湖流域の水環境ガバナンス：対話と協働による再生に向けて』研究双書 No.602、アジア経済研究所、77-125頁。
＊―――［2013a］「中国における持続可能な農業発展と水管理制度―水不足問題への対応を中心に―」大塚健司編『長期化する生態危機への社会対応とガバナンス』アジア経済研究所2012年度調査研究報告書。
＊―――［2013b］「中国の『村』を理解する―共有資源管理を手掛かりに―」〔特集：アジア農村における住民組織のつくりかた〕『アジ研ワールド・トレンド』No.217、20-24頁。

（中国語）ピンイン順
＊甘粛年鑑編委会編『甘粛年鑑』［各年版］中国統計出版社。
＊甘粛発展年鑑編委会編『甘粛発展年鑑』［各年版］中国統計出版社。
＊国家統計局張掖調査隊・張掖市統計局編［2012］『張掖統計年鑑2011』張掖市統計局。
＊賀雪峰［2011］「農民用水戸協会為何水土不服」『中国郷村発現』No.11, pp.81-84。
＊賀雪峰・郭亮［2010］「農田水利的利益主体及其成本収益分析」『管理世界』Vol.7, pp.86-97。
＊胡暁利・盧玲・馬明国・劉小軍 2008。「黒河中游張掖緑洲灌漑渠系的数字化制図与結構分析」『遥感技術与応用』Vol.23, No.2, pp.208-213。
＊李国英主編［2011］『2011中国水利発展報告』中国水利水電出版社。
＊李遠華［2009］「我国農民用水戸協会発展状況及努力方向」『中国水利』No.21, pp.15-16。
＊羅興佐［2011］「論新中国農田水利政策的変遷」『探索与争鳴』No.8, pp.43-46。
＊申端鋒［2011］「農業干旱与農田水利治理機制：以湖北省沙洋県為例」『華南農業大学学報（社会科学版）』Vol.10, No.3, pp.17-22。
＊仝志輝［2005］「農民用水戸協会与農村発展」『経済社会体制比較』Vol.120, No.4, pp.74-80。
＊趙海燕・張強・高歌・陸爾［2010］「中国1951-2007年農業干旱的特徴分析」『自然災害学報』Vol.19, No.4, pp.201-206。
＊中国国家統計局編［各年版］『中国統計年鑑』中国統計出版社。
＊中国農業部編［2009］『新中国農業60年統計資料』中国農業出版社。
＊中国社会科学院農村発展研究所・国家統計局農村社会経済調査司［2011］「中

国農村経済形勢分析与・預測（2010〜2011）」社会科学文献出版社。
＊中国水利部［2012a］『2012年中国水旱災害公報』（水利部ウェブサイトよりダウンロード可 http://www.mwr.gov.cn）。
＊────［2012b］『2012年中国水資源公報』（水利部ウェブサイトよりダウンロード可）。
＊────［2012c］『2012中国水利統計年鑑』水利水電出版社。

（英語）

* Agrawal, Arun. 2003. "Sustainable governance of common-pool resources: context, methods, and politics," *Annual Review of Anthropology*, Vol.32, pp.243-262.
* Ostrom, Elinor 1992. *Crafting Institutions for Self-Governing Irrigation Systems*, San Francisco, California: Institute for Contemporary Studies Press.
* Takahashi, Taro., Hideo Aizaki, Yingchun Ge, Mingguo Ma, Yasuhiro Nakashima, Takeshi Sato, Weizhen Wang, Nanae Yamada 2013. "Agricultural water trade under farmland fragmentation: a simulation analysis of an irrigation district in Northwestern China," *Agricultural Water Management*, Vol. 122, pp.63-66.
* Wang, Jinxia., Jikun Huang, Lijuan Zhang, Qiuqiong Huang, and Scott Rozelle 2010. "Water Governance and water use efficiency: The five principles of WUA managenent and performance in China," *Journal of the American Water Resources Association*, Vol.46, No.4, pp.665-685.
* Xie, Jian et al. 2009 *Addressing China Water Scarcity: Recommendation for Selected Water Source Management Issues*, Washington DC: The World Bank.
* Yamada, Nanae 2014. "Communal resource-driven rural development: the salient feature of organizational activities in Chinese villages" in Shigetomi, Shin'ichi and Ikuko Okamoto eds., *Local Societies and Rural Development: Self-organization and Participatory Development in Asia*, Edward Elgar: Cheltenham, UK・Northampton, MA, USA.
* Zhang, Lei., Nico Heerink, Liesbeth Dries, Xiaoping Shi 2013. "Water users associations and irrigation water productivity in northern China," *Ecological Economics*, Vol.95, pp.128-136.

（ウェブサイト、報道記事など）
＊『新華網』2010年12月2日付記事「干涸51年后石羊河尾閭青土湖重現碧波

第 5 章　中国西北農村における水資源管理体制の改革とその効果　　*173*

(51年間涸れていた石羊河最下流の青土湖に再び青いさざ波現れる)。

1　「糧食」は中国独自の主食概念で、三大穀物にマメ類、イモ類を加えたもの。
2　「農民用水戸協会」とも。本章では「農民用水者協会」で統一する。
3　中央一号文件とは中央中共がその年最初に発表する政策文書を指し、政府が年間を通じて最も重点を置く政策課題である。近年政府はいわゆる「三農問題」に重点的に取り組んでおり、2004～2014年間は11年連続で農業・農村問題が取り上げられた。
4　本章の第 1 節、第 2 節は山田［2013a］の一部を大幅に加筆・修正したものである。
5　「農産物受災面積」とは降水量や河川流水量の減少により干ばつが発生している地域のなかで、例年の収量より 1 割以上収量が減少した農地面積。同じ土地で同一年内に複数回被災した場合も一回と数える。「農産物被災面積」と「絶収面積」とは、干ばつが原因で平常年よりそれぞれ 3 割以上、 8 割以上収量が減少した面積。
6　「飲用水の不足する人口」、「飲用水の不足する家畜頭数」とは、干ばつが原因で一時的に人と家畜の飲用水が不足していることで、慢性的な飲用水不足は含めない。大家畜は羊を原単位として換算する。
7　中国の農村基層は伝統的に国の公式な財政制度の外に置かれている。基層が独自に調達するインフォーマルな財源を「制度外予算」と呼ぶ。
8　「第一次全国水利普査公報」(http://www.mwr.gov.cn/2013pcgb/ より閲覧可)。
9　1996年に実施された国土資源局による調査の結果耕地面積が大幅に上方修正されたため、1995年と1996年の間でデータの連続性は失われている。主な原因は地域によって統一されていなかった土地面積の単位を統一したこと、当時実施されていた農業税の負担を軽減するため農家が耕地面積を過少申告する傾向があったためである（常 2005）。
10　中国初の節水型社会建設モデル都市となった甘粛省張掖市の節水政策の内容と効果については窪田・中村［2010］に詳しい。
11　中国の灌漑区は、受益面積によって大規模（ 3 万3000ヘクタール以上）、中規模（ 2 万～ 3 万3000ヘクタール）に分類される。
12　本節の内容は、2013年 3 月に西北農林科技大学水利与建築工程・魏暁妹教授、陝西省外事文化交流部・呉衛氏、中国科学院寒区旱区環境与工程研究所・鐘方雷博士の協力のもと、龍谷大学政策学部・北川秀樹教授の調査チームと合同で甘粛省武威市と張掖市で行った現地調査、ならびに2013年10月と2014年 3 月に中国科学院寒区旱区環境与工程研究所・王維真研究員、同・蓋迎春高級工程師の協力のもと、東京大学大学院農学生命科学研究科博士課程・佐藤赳氏と合同で張掖市で行った現地調査によって得られた情報、資料に基づく。また、現地調査に際しては現地政府の関係者にご協力いただいた。記して感謝したい。

13 ムー（畝）は中国の面積単位で、1ムー＝15分の1ヘクタール。
14 中国の行政村、自然発生的な集落（自然村）と村民小組の範囲、地理的関係は地域により様々である。村民小組と自然村が一致する場合もあれば、自然村の人口規模に応じて一つの村民小組に複数の自然村が含まれたり、逆に一つの自然村の中に複数の小組が含まれたりする場合もある。本章が対象とする中国北部では一般に移民を起源とする自然村が多く、複数の家族からなる雑姓村が主で、人口規模も比較的大きい。中国農村の組織構造については山田［2013b］、Yamada［2014］に詳しい。
15 同市甘州区盈科河灌区でのヒアリングによれば、1ムーあたりの年間用水量は、トウモロコシで伝統的な灌漑方式で行った場合560立方メートル、チューブを使った点滴灌漑で260立方メートル、ハウス栽培では200立方メートル、を基準としている。
16 Takahashi et al.［2013］は、経済学の立場から甘粛省張掖市において水利権取引市場が停滞している原因について、そもそも農家の経営耕地が極度に分散している条件下で水利権取引という制度がなじまない可能性を示唆し、地域の実情に即した制度の導入を提言している。仮に同論文のインプリケーションが正しいとすれば、なぜこのような政策選択が行われたか、という政治的な意思決定過程にも目配りする必要があるかもしれない。
17 2013年3月23日石羊河流域管理局でのヒアリング、同管理局ウェブサイト等に基づく。
18 ロプ湖（ロブノール）とは、現在の新疆ウイグル自治区タリム川流域にかつて存在したがその後消滅した湖。

第6章　陝西省関中三渠をめぐる古代・近代そして現代

村 松 弘 一

はじめに——関中平原と水利施設——

　黄土高原の南端を流れる渭河の中流域は中国古代文明発祥の地である。渭河は甘粛省に源を発し、東へ流れ、西周王朝の拠点の周原、秦の咸陽、漢・唐の長安、半坡・姜寨の新石器遺跡を経て、黄河へと流入する。800kmあまりを流れる渭河の水は黄河下流の水環境に大きく影響する。20世紀末には、黄河の水が河口まで届かない断流という現象が発生した。現在では「断流」の公式的な報告はないものの、華北平原の水不足は続いている。この下流下の水不足の原因のひとつが渭河を含む黄河上中流域での農業・工業用水の過度な利用である[1]。

　渭河流域の南北に広がる西安付近の盆地を関中平原（関中盆地）と呼ぶ。司馬遷『史記』貨殖列伝にも「関中は汧水・雍水から以東、黄河・華山に至るまでの範囲で、そこには肥沃な土地（膏壌沃野）が千里広がっている」とあるように、関中平原は古代から農業生産に適した肥沃な大地と認識されていた。関中平原の土は黄土である。しかし、「黄土」という土壌はなく、それは黄綿土や塿土と呼ばれる「黄色い土」の総称である。この黄色い土のうち、渭河両岸の関中平原に分布するのが塿土である。塿土は人間が継続的に農耕をおこない、施肥をし続けた結果、できあがった肥沃な土地である。つまり、関中平原は数千年以上の間、農耕を繰り返してきた歴史を刻んだ大地ということになる[2]。半乾燥地である関中平原の開発を数千年にわたっておこなうために最も重要なことは、灌漑用水をどのように確保するのかということである。関中平原のうち、渭河の南岸すなわち渭南平原には秦嶺山脈から比較的大きい灃河・覇河・滻河などの河川や無数の小河川が流れ込み、清

らかな河川の水を利用することができる。その一方で、渭河の北岸、渭北平原には汧河・涇河・洛河など黄土を多く含んだ黄色い河川が西北から東南方向に流れている。渭北平原で灌漑をおこなうためにはこれらの河川の水を利用することになる。紀元前3世紀から1世紀の秦漢時代には大規模な灌漑水利施設が建設された。涇河を利用するいわゆる「引涇渠」には秦の鄭国渠、漢の白渠があり、渭河から分水した「引渭渠」には成国渠、洛河を利用した「引洛渠」には龍首渠がある。これらの水利施設が約二千年前に建設されたということも重要であるが、それらの取水方法を「継承」した涇恵渠・渭恵渠・洛恵渠が二千年後の今も農業灌漑に利用されていることには驚かされる。しかし、各々の渠水の歴史を見てみると、秦漢時代から灌漑対象区などを変化させて継続的利用されているものもあれば、水源確保のため取水河川を変えて継続させたもの、漢代に失敗したまま二千年間復元されなかったものがある。20世紀に入り度重なる災害が発生したため、食糧確保を目的として、1930年代以降、古代の渠水を「継承」した涇恵渠・渭恵渠・洛恵渠の計画・建設がおこなわれた。その建設の中心人物が陝西省蒲城県出身の李儀祉であった[3]。それから約80年後の今でもこの三つの渠水は農業灌漑に利用され続けているが、それはまた黄河下流域の水不足の原因のひとつともなっている。本稿では前近代における涇河・渭河・洛河から引水する三渠の歴史的過程、近代の李儀祉による涇恵渠・渭恵渠・洛恵渠の建設、そこから見通すことのできる、現代中国の水問題の解決と関中平原の水利開発のあり方について考えてみたい。

第1節　涇恵渠の履歴

1　涇恵渠を訪れる

　涇恵渠は渭河の支流である涇河を水源とする灌漑水利施設である。涇河は黄土高原西南部の六盤山の東麓にあたる寧夏回族自治区涇源県・固原県を水源とし、甘粛省平涼県を経て、陝西省へと入り、東南に流れ、長武県・彬県

を経て、涇陽県から関中平原に入り、漢の景帝の陵墓である陽陵の東の高陵県陳家灘で渭河に流入する全長455km、流域面積4万5千平方キロの河川である。陝西省涇陽県に建設されたダム（攔河大壩）が現在の涇恵渠の渠首である。渠首から流れ出た総幹渠は杜樹村に至り北幹渠・南幹渠・十支渠の三つに分流する。北幹渠は三原県を灌漑し、石川河に注ぐ。南幹渠は涇陽県の北・高陵県を経て渭河・石川河に注ぎ、十支渠は涇陽県の南を流れ、渭河に注ぐ。すなわち涇恵渠は涇河中流のダムから取水し、東南方向に流れ、涇陽・三原・高陵県を灌漑し、石川河・渭河に流入する灌漑用水であると言える。

　1998年8月、筆者は雨のなか三原県・涇陽県などの涇恵渠流域を訪れた。三原県涇恵渠管理局では元総工程師の葉遇春氏らから話を伺った。そこで、涇恵渠は秦の鄭国渠・漢の白渠・唐の鄭白渠（三白渠）という歴史的遺産を継承していること、1930年代以降李儀祉によって涇恵渠が造られ近代化がすすめられたこと、涇河の流れで河底が浸食されるため同じ渠首から長く取水できず渠首は時代が下るごとに涇河の上流部へと移動したこと、1950年以前は排水渠が整備されておらず、灌漑後に塩害が発生したことなどの説明があった。葉氏の説明の中で私たちに特に衝撃を与えたのは排水施設を持たなかった鄭国渠は灌漑開始後の再生アルカリ化によって塩害が発生し、十年程度しか機能しなかったという見解であった。これは1930年代に建設された涇恵渠が1940年代には塩害によって機能しなくなったことに基づく推論という[4]。これは鄭国渠と白渠が秦漢時代を通じて機能していたという通説に再考をせまるものである。私たちが次に訪れたのは渠首ダムから約2km下流の涇恵渠首管理ステーションである。ここは渠首からの流量が多い時、涇河に水を戻すという調整の役割を担っている。訪問した際には渠道の水量が非常に多く、大量の水が涇河に放流されていた。涇河の色はまさに黄土色の濁流であった。涇河は多くの黄土を含んでおり、その泥砂を排除することもこのステーションでおこなわれている。その後、総幹渠及び分水閘・支渠や斗渠などを訪れた[5]。

2　秦・鄭国渠と漢・白渠

　近代の涇恵渠へと至るまでの歴代の涇河の水を利用する灌漑施設は「引涇灌漑システム」と総称され、それは二千年以上の歴史を有する。その淵源は、紀元前3世紀、戦国秦の時代にはじまる。秦は西方から勃興し、のちに始皇帝となる政が秦王に即位した時（前246年）には、東方への遠征の準備段階にあった。そこで、東方の隣国・韓は水工（水利に関わる役人か）の鄭国をスパイとして秦に派遣した。鄭国は秦王に「涇河を掘削して中山の西の瓠口から渠を造り、北山に沿って東に流し、洛河に注ぐような三百余里の渠水を造れば、田を灌漑することができるでしょう」と説いた。工事は始まったものの、その途中で鄭国がスパイであると発覚してしまった。そこで、秦王は鄭国を殺害しようとしたが、鄭国が「確かに私はスパイでした、しかし、この渠が完成すれば、秦の利益となるでしょう」と語る。秦王は確かにその通りと思い、最終的に渠を完成させるに至った。渠が完成すると、その泥水を用いて、「澤鹵の地」四万頃余りを灌漑し、収穫は一畝あたり一鐘にまで増加した。これによって関中は沃野となり、凶年はなく、秦は強国となり、ついに諸侯を併呑した。よって鄭国渠と命名された[6]（『史記』河渠書）。紀元前1世紀の前漢・武帝の時代に編纂された司馬遷の『史記』ならではのドラマチックな展開のすべてが事実であるかを確かめることはできないが、この鄭国渠が涇河の水を利用した歴史上最初の灌漑施設であったことは注目に値する。秦の鄭国渠の特徴は二つある。ひとつは灌漑範囲が涇河から洛河までの間であるということ、もうひとつは灌漑した土地が「澤鹵の地」であったということである。「澤鹵」とは塩類土壌、つまり、塩害が発生しやすい土地を意味する。塩類土壌には原生塩鹹地とよばれる窪地で低くなった土地に自然に塩が集積して形成される場合と大規模灌漑ののちに排水がうまくなされず、地下水中の塩分が毛細管現象によって地表面に上昇し、乾燥して塩害が発生する再生アルカリ化の二つの場合が考えられる。鄭国渠は涇河を利用した最初の大規模灌漑であるわけだから、この「澤鹵の地」は再生アルカリ化によって発生したものではなく、前者の原生塩鹹地を指しているのである。この「塩害」を解決したのが黄土であった。涇河の水には漢代にも

第6章　陝西省関中三渠をめぐる古代・近代そして現代　　179

「涇水一石、その泥数斗」と語られているように多くの黄土を含んでいた。この大量の黄土が農地に流れ込むことによって地表の塩類が除去され、土壌改良を促すこととなった。では、この「澤鹵の地」は涇河から洛河までの全域に広がっていたのであろうか。それは漢代の白渠との比較によって明らかとなる。

　秦を継承した前漢王朝は鄭国渠の引涇灌漑システムを継承する。まず、武帝の元鼎六年（前111年）に左内史の兒寬（げいかん）の上奏によって六輔渠が建設される。これは鄭国渠上流の南岸に六つの小渠道を開削し、鄭国渠では灌漑できない高所の補助的灌漑をおこなうことを目的とした施設であった[7]。その16年後、武帝の太始二年（前95年）、趙中大夫の白公が全面的な渠首・渠道の修築を上奏する。それは鄭国渠の渠首付近の谷口を渠首として涇河から水を引き、櫟陽（やくよう）を経て、南に流れ、渭河に入るもので、その広さは二百里、漑田面積は四千五百餘頃であった。白公の提案であったため、白渠と名付けられた[8]。想定される灌漑面積は鄭国渠の十分の一の規模であった。櫟陽は戦国秦の東方戦線の拠点として設置され、一時、秦の都にもなった都市で、涇河と洛河の中間の石川河の東岸に位置する。つまり、白渠の灌漑区は涇河から石川河までの間であった。鄭国渠は涇河－石川河－洛河までを灌漑対象としたから、白渠は鄭国渠灌漑区全体ではなく、その西半分のみを対象としたのである。このことは前述の鄭国渠の「澤鹵」の地と関係している。鄭国渠のルートのうち石川河－洛河間の黄土高原の丘陵と関中平原の境界線上（現在の蒲城県や富平県）には窪地になっている場所が多くあり、そこは塩類集積が顕著で、明清時代の地方誌でも多くの塩池が分布している[9]。このことは涇河・洛河間のうち東半分の石川河・洛河間に原生塩鹹地すなわち「澤鹵の地」が多く分布したことを意味する。また、『漢書』には白渠の灌漑地は「漑田」とのみあり、鄭国渠のような「澤鹵の地」を灌漑するとは書いていない。すなわち、白渠は涇河の水を利用するという点については鄭国渠のシステムを継承したが、灌漑対象地区に着目すると鄭国渠は涇河－石川河－洛河までの地域であったのに対して、白渠は涇河－石川河のみであったことが２つの水利施設の大きな違いである。白渠は「澤鹵の地」（塩類土壌）を「無理に」灌漑対象とはしなかったのである[10]。塩類集積地を灌漑して、農

地化する必要があるのかは、その時々の王朝が置かれている状況によって変化する。例えば、鄭国渠は秦が統一前の戦国時代の西方の一国に過ぎない時期に開削が始まった。それは狭い国土のなかで関中平原全体を如何に農地として利用し、生産力を上げるのか、という時代であった。そのため、涇河から洛河に至る全体を灌漑するために鄭国渠を開削したのである。そして、それは秦の天下統一の原動力の一つとなった。しかし、その後、前漢王朝は天下統一を継承し、黄河下流域で生産された穀物を黄河・渭河を通じて都の長安まで輸送することができた。そのため、漢の武帝の時代には関中平原全体を農地として利用する必要はなくなり、石川河－洛河間の塩類集積地は放棄され、灌漑のしやすい涇河－石川河間を対象とした白渠が建設されたのである。

　さらにその後、再び狭い国土を有効に利用することが重視された三国時代の魏では石川河－洛河間の塩を管理する連勺鹵鹹督という役職が置かれ「塩を利用」するという動きがあった。さらに五胡十六国時代には前秦の苻堅が建元七年（372）に涇河の上流で山を開削して堤を造成し、水路を通して、高台の「鹵」（塩類土壌）の田を灌漑した（『晋書』苻堅載記）[11]。西魏時代には大統十三年（550）に白渠を開削し田を灌漑し（『北史』文帝紀）[12]、さらに、大統十六年（553）には大将軍の賀蘭祥が富平堰というダムを建設し、渠を開いて洛河にまで水を流したという（『北史』賀蘭祥伝）[13]。

　さて、白渠によって確立した涇河から引水し、涇河・石川河間のみを灌漑

図１　関中平原灌漑図（鄭国渠と白渠）　斜線部は原生塩鹹地（塩池）

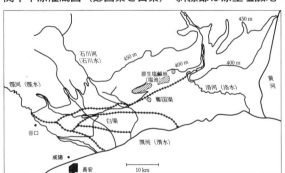

するというシステムは唐王朝に引き継がれる。唐の鄭白渠もしくは三白渠と称される水利施設は涇河から引いた水を太白渠・中白渠・南白渠に分水したもので、涇河から石川河までを灌漑地域としていた。宋代以降、政治・経済の中心は江南へと移ったが、豊利渠（宋代）・王御史渠（元代）・広恵渠（明代）など、渠首や灌漑区を改修しつつも「引涇灌漑システム」は継承された[14]。

これらとは異なるものが清代の乾隆二年（1737）に建設された龍洞渠である。龍洞渠は涇河からの引水するのではなく、山中の泉の水を水源として利用した点が特徴的である。涇河は黄土高原を流れ多くの土砂を含んでいる。そのため、渠道に大量の土砂が堆積することになり、浚渫を定期的におこなう必要があった。それに対して、泉水は多くの土砂を含まず、土砂の堆積や流域住民の浚渫作業の負担も軽減された。すなわち龍洞渠開削は濁水から清水への転換であった[15]。しかし、19世紀の後半になると泉水の水量では不充分となったことから、再び涇河の河岸を掘削して渠首を開き、涇河の水を利用するようになった。

以上のように見てみると、これまで鄭国渠から涇恵渠に至るまで「引涇灌漑システム」と称されていた歴代の灌漑施設は大きく三つに分けられることがわかる。第一は秦・鄭国渠型で涇河から引水し、涇河から洛河まで灌漑するタイプ、第二は漢・白渠型で涇河から引水し、涇河から石川河まで灌漑するタイプ（石川河‒洛河間は放棄）、第三は清・龍洞渠型で泉水を利用し、涇河・石川河間を灌漑するタイプである。20世紀に入って建設された涇恵渠はこのうち第二の漢・白渠型を継承することとなる。これはまさに漢王朝の技術の継承と言えよう。

第2節　洛恵渠の履歴

1　洛恵渠を訪れる

洛河は陝西省の境域を流れる最も長い河川である。陝西省定辺県の白于山

南麓の草梁山から発し、南に向かって志丹・甘泉・富県・洛川・黄陵・宜君・澄城・白水・蒲城・大荔を流れ渭河に流入する。この洛河の下流域に建設されたのが洛恵渠である。澄城県洑頭村の渠首ダム(欄河壩)から取水された水は、総幹渠と称され洛河と並行して南流し、鉄鎌山の北の分水閘で洛西渠を分ける。洛西渠は西の蒲城県を灌漑するために1970年代になって建設されたものである(李儀祉の計画には無い)。総幹渠は南流し、鉄鎌山に至る。鉄鎌山は洛河東岸の標高400mの丘陵が龍の尾の様に西に延びている部分である。洛河はこの丘陵に沿って北から西に流れ、丘陵の先端で流れを南へ変えた後、東流して大荔県城の南を流れる。つまり、低い土地を流れる洛河から大荔県城や朝邑鎮付近の高い土地への供水は難しい。そこで、洛河を分流して鉄鎌山の地下を通し、高い位置からそれらの地を灌漑することが必要であった。この鉄鎌山の地下に掘られたトンネルが五号隧洞である。

　1998年、私は涇恵渠調査ののち、関中平原東部の洛河流域を訪れた。まず、大荔県にある洛恵渠管理局でインタビューをおこなった。会議室で提供された大荔県の地元のミネラルウォーターは一度口に含むと塩味の強い水であった。ここは塩類土壌の地なのである。インタビューでも洛恵渠のシステムのなかで排水渠の整備と維持管理が重要であると強調していた。土むき出しのＶ字型の排水渠は７ｍより深くなるように維持管理する必要がある。排水の泥が堆積し、深さが５ｍより浅くなると、塩分を有する地下水が毛細管現象によって地表に上昇し、塩害となってしまうためである。また、住民が排水渠にゴミを捨て、地下水位が高くなる場合もよくあるという。その後の現地調査では、洛河から取水するために建設されたダム(欄河壩)、コンクリートで造られた幹渠・支渠、土むき出しの小さな渠道である斗渠・毛渠・排水渠、さらに、五号隧洞(平之洞)を見学した[16]。五号隧洞は蒲城・大荔県境にある鉄鎌山の下を通るトンネル形式の渠道である。このトンネルが洛恵渠の最大の特徴である。

２　漢の龍首渠

　洛恵渠の淵源は漢武帝の時代に建設された龍首渠である。建設を提案した荘熊羆は「臨晋の民のために洛水を掘って重泉以東の萬餘頃の故の「鹵地」

を灌漑する。これによって実際に水を得ることができれば、一畝あたり十石の収穫を得るようになるだろう」と上奏し、それに基づき、人民一万人が徴発され渠の掘削が開始された。徴県（現在の澄城県）に渠首を造り、洛河の水を商顔山（鉄鎌山）下まで引く。そのまま地上に渠道を建設する場合、渠道の岸が崩落しやすかったため、深さ40丈あまりの竪穴（井）を掘り、すこしずつ東南方向に進みながら順次、井戸を掘り、井戸の下に水を通した。水は商顔山の地下を流れ、山の東から十里あまりの地域に至った。井渠という工法とはこの工事から始まったもので、渠を掘った際、龍骨が出てきたため、龍首渠と名付けられた。ところが、このような困難な工事を十年あまりおこない渠は通じたものの、それによって豊饒とはならなかったという[17]。灌漑対象地区である臨晋は現在の大荔県朝邑鎮あたりで、重泉は商顔山の先端の付近に位置する。漢代の龍首渠は洛河から引水し、商顔山（鉄鎌山）の地下を通して、山の東南の「鹵地」を灌漑するという水利施設であった。龍首渠建設の特徴は、井渠によってトンネル形式の渠道を造ったこと、灌漑対象が「鹵地」であったことの二点にある。井渠とは中央アジアに見られるカ

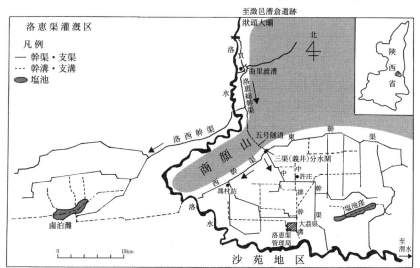

図2　『洛恵渠志』（陝西人民出版社、1995年）をもとに作成

ナートで、龍首渠がその中国での最初の事例とされている。「鹵地」とは鄭国渠の場合と同じ原生塩鹹地と考えられ、龍首渠の水を引いて灌漑したとしても、結局、地下水が上昇して再生アルカリ化が発生し、塩害が発生したのである。そのため、渠は完成しても豊穣とはならなかったのである。

　その後、唐代になると開元七年（717年）に同州刺史の姜師度が朝邑（漢代の臨晋）を灌漑するために朝邑の南の洛河から引水するルートと、東北の黄河沿岸に堤防を築いて取水するルートの2つをあわせ持った通霊陂と呼ばれる水利施設を建設し、効果を挙げたという[18]。通霊陂は洛河を南から引水するという方法や黄河の水を利用するという点で龍首渠とは全く異なる方式の水利施設である。おそらく、後に再生アルカリ化が発生し、その後はこの水利施設も使われなくなったと思われる。

第3節　渭恵渠の履歴

1　渭恵渠を訪れる

　渭河は甘粛省定西市渭源県鳥鼠山から発し、甘粛省の天水などを経て、陝西省宝鶏市に入り、眉県・咸陽市を過ぎて、北から流入する涇河・洛河を受け黄河へと入る黄河の支流である。渭恵渠は眉県首善鎮の北側、渭河北岸の魏家堡村から取水する。そこは渭水がこぶのように北へ突出した地点である。渭恵渠は渠首から東へと流れ、扶風県絳帳鎮上宋村で渭高幹渠と分岐する。渭高幹渠は漆河を越え、茂陵の南を通過したのち、平陵（昭帝）、安陵（恵帝）、長陵（高祖劉邦）、陽陵（景帝）等の漢代皇帝陵の南を咸陽原の南縁に沿って東へと流れ、高陵県涇渭鎮の南で渭河に入る[19]。渭河に流入する地点は涇河と渭河の合流点（涇渭分明）から約8km西南にあたる。一方、渭恵渠本流は渭河に沿って東へと流れ、咸陽市の南で渭河へと流入する。武功・興平・咸陽の県城の北は渭高幹渠、南は渭恵渠本流の灌漑対象地区である。

　渭恵渠・渭高幹渠の特徴は渭河から取水し、渭河へと流れ込む水利施設、

第 6 章　陝西省関中三渠をめぐる古代・近代そして現代　　*185*

図 3 - 1

図 3 - 2

渭高幹渠（漢武帝茂陵の南）

つまり、渠水の起点と終点が同じ河川であることである。そのため、山間部から渭河へと流れる涇恵渠とは異なり、渭河の屈曲と高低差をうまく利用した渠首の開鑿・渠道ルートの策定が重要となる。渭河はおよそ南北5kmの幅で常に流れを変え、また、激しく南北に屈曲している河川である。渠首の魏家堡村は渭河が北から南に大きく転回する地点である。そから渭河流入点にあたる高陵県涇渭鎮までの距離は120km、その高低差は200m程度である。東西に長い距離を流れ、灌漑するためには、十分な水量の確保が重要となる。ところが、渭河からの直接の取水では、渭河の流水量の増減の影響を受けることとなり、安定的な水の供給は期待できない。そのため、1970年代になってようやく西の宝鶏市の汧河にダムを建設し、そこから取水して渭恵渠へと供水する宝鶏峡引渭灌漑システムが建設されることとなった。

　2014年8月、私は漢の武帝の茂陵（陝西省興平県）から真南に車を走らせた。1kmほど南下するとコンクリートの渠道が東西に走っていた。これが渭恵渠の分流のひとつ、渭高幹渠である。その夏は渭河本流の水量も少なく、渠道を流れる水の量も少なかった。色は緑色を呈していた。その渠道から南に向かって緩やかな傾斜のある平地が続く。この平坦な台地は現地の言葉で「塬」（ユアン）と呼ばれ、「原」とも書かれる。ここの原は咸陽原と呼ばれ、渭高幹渠はこの原上の農地を灌漑する用水である。咸陽原には9つの漢代皇帝陵が建設され、2000年前から開発が進められていた。地図では渭高幹渠より南の西宝公路沿いに渭恵渠本流の渠道が描かれていた。そこで、2kmほど南へ移動し、下官道鎮という村で、渭恵渠はどこにあるのかと現地人に聞いた。しかし、彼は、北の渭高幹渠の方を指さして、あれが渭恵渠だと答えた。原上の住民から見れば、高い所を流れる渭高幹渠の恩恵を受けているのだから、より低い土地を流れる渭恵渠本流よりも、身近な渠道であると考えたのだろう。渭恵渠のルートを歩くとまさに漢代皇帝陵とその付近に建設された陵邑と密接に関わっている水利施設であることは現代の実地調査でも安易に理解できる。

2　漢の成国渠

　漢代の皇帝陵の南を通る渭高幹渠のルーツは前漢時代に建設された成国渠

である。紀元後1世紀の班固によって著された『漢書』地理志の郿県の条に「成国渠の渠首は渭河の水を受け、東北に流れて上林苑に至り、蒙籠渠に入る」とある[20]。成国渠は郿県において渭河から引水し、東北方向へと流れた渠水であった。郿県は現在の眉県である。『漢書』溝洫志によると建設されたのは漢の武帝のころ。当時、さまざまな河川を利用した灌漑水利施設の建設が盛んにおこなわれ、成国渠もそのひとつとして書かれている[21]。

　三国時代になると成国渠は拡張される。曹魏の青龍元年（233年）、陳倉から槐里までの間に成国渠を開鑿した[22]。陳倉は現在の宝鶏市陳倉区、槐里は現在の興平市にあたる。陳倉は汧河に近く、そこから取水した。汧河に渠首を建設し、周原の南を経て郿県にまで引水し、郿県で渭河の水を受けた漢代の成国渠と連結させたのであろう。これは古代においても渭河のみを水源とすると水が安定的に供給されなかったことへの対処策と見ることができる。その後、6世紀初めの北魏時代に著された『水経注』渭水注にはさらに詳しいルートが述べられている。成国渠は汧河の水を陳倉の東で受けて、郿県・武功県・槐里県の北を経て茂陵（武帝）・茂陵県故城・平陵（昭帝）・平陵県故城・延陵（成帝）・康陵（平帝）・渭陵（元帝）・義陵（哀帝）・安陵（恵帝）・安陵県故城・長陵（高祖）・漢丞相周勃の家・陽陵（景帝）の南を通り渭水に注いでいた[23]。これは汧河から引水し、漢代の成国渠につながる三国時代のルートを説明したものである。この記載から郿県以東の漢の成国渠は茂陵から陽陵までの漢代皇帝陵の南を流れるという渭高幹渠との共通していることがわかる[24]。ただ、『水経注』には「成国故渠」や「今水無し」とあり、北魏時代にはすでに利用されなくなっていた。

　漢王朝は皇帝陵を建設する際、その側に陵邑とよばれる都市を建設した。陵邑のなかには茂陵のように27万人の人口を抱える都市もあった。この陵邑には「強幹弱枝」の考え方から、東方の黄河下流域の豪族とよばれる有力者を強制的に移住させた[25]。この人口をささえるために陵邑付近の農地を灌漑する渠水を確保する必要があった。それが成国渠であった。漢代の成国渠は長安を中心とした首都圏形成を目的に建設された水利灌漑施設と言える。しかし、郿県で渭河の水を取水して東西に長い灌漑区に水を流すことは難しく、魏の時代には汧河から取水するが、それでも北魏時代には廃れてしまっ

たのである。唐の咸亨3年（672）には汧河から引水して周原・岐山・扶風を経て六門堰を通じて成国渠へと入り、咸陽から渭河に流れ出る昇源渠が建設された。それらの成国渠とかかわる渠水は宋以降、廃れてしまった。明の成化20年（1484）には宝鶏にて堰を造って渭河を引き、岐山・眉県・扶風から武功県までを灌漑する通済渠が開鑿されたが、これは渭河から引水するが、成国渠の渠首とは異なる地点での取水であり、灌漑地域も成国渠の西の一部を対象とするが、漢代の皇帝陵の南までに至らず、成国渠を継承した施設とは言いがたい。このように、成国渠は漢代に建設され、三国時代には汧河からの取水となり、北魏時代までには廃れてしまった。その後も唐代や明代にも汧河から漆水河までの灌漑はなされたが、それは成国渠の復元ではなかったと言ってよい。近代以降、成国渠は復活することとなる。

　以上、関中三渠の歴史を整理した。清末において、引涇灌漑は白渠以来の涇河・石川河間のみを対象として継承され、引渭灌漑は宋代以降廃止され、引洛灌漑は漢代に効果がもたらせないまた、継承されなかった。これら三渠を近代の科学技術を以て復興させようとしたのが、1930年代の李儀祉らによる関中三渠のプロジェクトであった。

第4節　関中三渠の整備――近代中国と漢王朝――

　1930年、陝西省関中平原は三年連続の干ばつに見舞われた。この危機的状況を打開するため、李儀祉が陝西省政府に招聘され、関中の水利施設の再建に奔走した。彼はまず涇恵渠の整備に着手した。李儀祉は前に陝西省水利局長であった1922年ごろにその再建計画を準備していた。そのなかで、白渠の灌漑区を復元するのか、鄭国渠の灌漑区までをも再建すべきかについて議論している。その過程で彼は灌漑面積からみて、涇河上流の高い位置にダムを建設し、そこから東の洛河までの間に渠道を建設することを主張した。つまり、鄭国渠の再建を目指したのである。彼は、この復元工事を成功させるために、平原部からの分水ではなく山間部の岩を掘削して分水すること、水を貯めることのできる高い堰を造ること、鄭国渠の故道に従って渠を開くこ

第 6 章　陝西省関中三渠をめぐる古代・近代そして現代　　*189*

と、白渠の故道を利用することなどの提言をした[26]。渠首ダムの建設には19世紀末に西洋から導入されたセメントで積み石を固定させる技術を用い、増水の際の衝撃の耐久性の向上や貯水量の増加をはかることができると考えた[27]。西洋近代の水利技術を活用し鄭国渠を復元することを求めたのである。ところが、1930年代に李儀祉が陝西省に呼び戻された時には、1920年代の李儀祉の計画とは異なり、渠首ダムの貯水量が少なく設定され、洛河に至るまでの渠道の建設は見送られた。そのため、灌漑区は白渠の範囲すなわち、涇河・石川河間に限られることとなった（現在も涇恵渠は洛河にまでは至っていない）[28]。まさに近代の涇恵渠建設計画は秦の鄭国渠復元計画から漢の白渠復元計画に変更されたのである。

　涇恵渠の第一期工事は1930年11月に施工が始まり、1932年 4 月に完成した。第二期工事は1933年から1934年までおこなわれた。第一期の工事費は陝西省政府・華洋義賑会・檀香山華僑の寄付によるものが主であり、第二期の工事費の大半は全国経済委員会によるものである[29]。全国経済委員会は南京国民政府下の機関で1931年10月に成立し、1933年にはアメリカ合衆国から棉麦借款というかたちでその事業費を得た。1934年 3 月の全国経済委員会第二次委員会議で決定された資金の使途のなかに灌漑事業が盛り込まれ、涇恵渠および綏遠の民生渠と計画のみがなされていた引洛工程の三つが対象となっていた[30]。つまり、アメリカの資金が涇恵渠の建設に使われたのである。涇恵渠の建設は技術と資金の面で1930年代の世界とつながった事業であった。

　全国経済委員会の資金提供を受けて、次に着手されたのは洛恵渠である。1933年に李儀祉および孫紹宗を中心に測量・計画をすすめた。この段階で渠首から総幹渠、鉄鎌山の地下を通るトンネル（のちの五号隧洞）を経て東・西・中の三つの渠に分かれて大荔・朝邑の位置する馮翊平原を灌漑することが計画書に記されている[31]。1934年に工事を開始、渠首ダム、総幹渠、分水閘などの建設をすすめたが、洛恵渠の最も重要な施設である鉄鎌山の地下を通す五号隧洞は地下水と土砂の流出などによって工事に問題が発生した。これに対応するために、洞室内を加圧する方法やルートの変更等の方策を経て、井戸を掘りつつトンネルを掘り進める、いわゆる「井渠」の方法が採用された。この方法によって加速度的に工事が進展し、1947年に放水式がおこ

なわれた。しかし、国共内戦により工事は1948年に停止。1950年になってようやく完成した（洛恵渠のみ）。工事の記録で注目すべきは五号隧洞の開鑿中に漢代の柏の人字型の木片が出土したことである。これは洛恵渠が漢代のルートを継承していることを意味する。

最後に渭恵渠の計画がすすめられた。渭恵渠の準備は1922年に始められ、1932年に導渭工程処が設置された。1936年より工事が始まり、1938年には完工した。渭恵渠の課題点は引水地点をどこに設定するかであった。李儀祉は渭河の水量を調整する目的は黄河の下流の水害原因の除去、農田開発、運航の三つにあるとしている。そのなかで農田開発については、草灘（渭河南岸、西安の北）で渭河を引水するもの、鄠県に堰を設けて渠を開鑿して渭河を引き興平・咸陽を灌漑するもの、宝鶏の山中にて渠を開いて渭河を引き、鳳翔を経て汧河の水を入れて、岐山・扶風の原の上を灌漑するという三つの方法で議論された。李氏はこれらの工事費が莫大な額となるとして新たな方法を提案した。洪水が発生し、多くの良い田を失ったのは渭河の川幅が広いためで、これに対応するには渭河の河床を狭める工事をして、堤防に沿いに水門を設けて南北両河岸の田を灌漑すればよいというものだった[32]。最終的に渠首の攔河大壩は漢代の成国渠と同じ鄠県の北にコンクリートによって建設された[33]。それは漢代の水利システムの継承を選んだことを意味する。しかし、結果として水量は安定しなかった。このことを李儀祉はその完成前から想定しており、別に宝鶏の汧河から取水し渭恵渠に接続するという計画も考えていた。この汧河からの引水が実現するのは1970年代の宝鶏峡引渭灌漑システムの完成をまたねばならない。

涇恵渠・渭恵渠・洛恵渠三渠の建設は漢代の白渠・成国渠・龍首渠という漢王朝、とくに武帝の時代に建設された歴史的な遺産を近代西洋の技術と資金で復元した事業であったと言うことができる。漢の武帝は中国古代帝国の最盛期を築いた皇帝である。1930年代、南京国民政府では開発の遅れている西北地域に対して「西北開発」・「西北建設」というスローガンが広まり、具体的な政策も進められた。1932年に開設された西京籌備委員会も、西北の副都・西安の開発をおこなう機関である。この西京籌備委員会は遺跡の保護・整備や植林、学校建設などの事業をおこなった。なかでも、周辺の異民族を

制圧した漢の武帝と唐の太宗は重視された。武帝の茂陵は霍去病墓の石像とともに保護され、周囲に植林がなされ、茂陵小学が建設された。太宗の昭陵も保護され、周囲の街路には植林がなされ、昭陵小学も建設された[34]。それは清朝滅亡後の中華民国が自らの国家のアイデンティティーを漢王朝や唐王朝に求めたためと考えることができる。漢の武帝の時代に建設された白渠・成国渠・龍首渠は、1930年代の西安に生きる彼らが立ち戻るべき漢王朝の水利施設であったのではなかろうか。だが、それは単なる漢代の「復古」ではなかった。清代の白渠は泉水を利用する龍洞渠となっており、成国渠・龍首渠はすでに廃されて久しかった。漢代の引涇・引洛という枠組みを継承しつつ、実際の工事においては、コンクリートや排水渠等の西洋近代の技術を用いることによって、それらを復元・維持することが可能となった。つまり、李儀祉による関中三渠の整備は中国の伝統と西洋の近代技術を結びつけた開発であったと言えよう。

おわりに

　以上、関中平原の涇河・渭河・洛河から引水する灌漑水利施設の古代・近代の歴史を整理した。今から二千年以上前の秦漢時代に建設された鄭国渠・白渠・成国渠・龍首渠はそれぞれの立地環境に即して特徴があり、大規模な灌漑効果をもたらしたものもあれば、失敗したものもあった。時代を経て1930年代に至り大干ばつが発生し、水利灌漑施設の再建が急務となった。その中心人物として計画・実行にあたった李儀祉は漢代の三渠を復元することによって局面を打開しようとし、西洋の水利技術と資金を得ることによって、一定の成果を得た。それから約80年後、私たちが生きる現代、黄河下流では上流部の過度な水利用によって断流や水不足が発生している。そのようななかであっても、涇恵渠・洛恵渠・渭恵渠（渭高幹渠）は、さらに規模を拡大し利用されている。中国古代帝国の大規模水利施設を復元し、近代の技術を利用して使い続けることが結果として環境問題の原因となっている。今一度、近代以来の開発の方法を考え直す時期なのではなかろうか。

参考文献
井黒忍（2004）「モンゴル時代関中における農地開発―涇渠の整備を中心として」『内陸アジア史研究』19号。
川井悟（1982）「全国経済委員会の成立とその改組をめぐる一考察」『東洋史研究』40-4。
川井悟（1995）「中華民国時期における涇恵渠建設」『福山大学経済学論集』20-1・2。
涇恵渠志編写組編（1991）『涇恵渠志』三秦出版社。
陝西省水利局（1942）『陝西水利季報　渭恵渠専号』7-2。
朱道清編（1993）『中国水系大辞典』青島出版社。
孫紹宗（1933）「引洛工程計画書」『陝西水利月刊』第一巻十一期。
鶴間和幸（1980）「漢代における関東・江淮豪族と関中徙民」『中嶋敏先生古希記念論集』上巻、中嶋敏先生古稀記念事業会。
鶴間和幸（1989）「漢代皇帝陵・陵邑・成国渠調査記―陵墓・陵邑空間と灌漑区の関係―」『古代文化』第41巻第3号。
東洋文庫中国古代地域史研究班編（2011）『水経注疏訳注　渭水（下）』東洋文庫。
濱川栄（2000）「涇恵渠調査記」『アジア遊学20　黄土高原の自然環境と漢唐長安城』勉誠出版。
濱川栄（2009）「鄭国渠の灌漑効果とその評価をめぐる問題について」『中国古代の社会と黄河』早稲田大学出版部。
原宗子（2005）『「農本」主義と「黄土」の発生―古代中国の開発と環境2』、研文出版。
村松弘一・鶴間和幸（2000）「洛恵渠調査記」『アジア遊学20　黄土高原の自然環境と漢唐長安城』勉誠出版。
村松弘一（2005）「黄河の断流―黄河変遷史からの視点」『アジア遊学』75号、勉誠出版。
村松弘一（2008）「中國古代關中平原的水利開發與環境認識―從鄭國渠到白渠、龍首渠―」、劉翠溶編『自然與人為互動：環境史研究的視角』、中央研究院叢書（台湾）。
村松弘一（2009）「黄土高原の農耕と環境の歴史」佐藤洋一郎監修『ユーラシア農耕史・3巻　砂漠・牧場の農耕と風土』、臨川書店。
村松弘一（2011a）「西安の近代と文物事業―西京籌備委員会を中心に―」山本英史編『近代中国の地域像』、山川出版社。

村松弘一（2011b）「近代陝西省の開発と森林資源」北川秀樹編『中国の環境法政策とガバナンス』、晃洋書房。
村松弘一（2013）「秦漢帝国と黄土地帯」佐藤洋一郎・谷口真人編『イエローベルトの環境史』、弘文堂。
森部豊（2005）「関中涇渠の沿革─歴代渠首の変遷を中心として─」『東洋文化研究』7号。
吉澤誠一郎（2005）「西北建設政策の始動─南京国民政府における開発の問題」『東洋文化研究所紀要』148冊。
李儀祉（1988）『李儀祉水利論著選集』水利電力出版社。
李儀祉（1922）「再論引涇」（李儀祉1988所収）。
李儀祉（1923）「陝西渭北水利工程局引涇第一期報告書」（李儀祉1988所収）。
李儀祉（1931）「引涇水利工程之前因与其進行之近況」（李儀祉1988所収）。
李儀祉（1933）「導渭之真諦」『陝西水利月刊』第一巻十一期、1933年（李儀祉1988所収）。
Pierre Étienne Will1998 "Clear Waters versus Muddy Waters : The Zheng-Bai Irrigation System of Shaanxi Province in the Late-Imperial Period." Mark Elvin ed. "Sediments of Time" CAMBRIDGE UNIVERSITY PRESS.

1 ［村松2005］ほか参照
2 塿土については［原2005］に詳しい。また、黄土高原・黄土地帯の農耕の歴史については［村松2009］［村松2013］を参照のこと。
3 李儀祉（1882～1938）は清・光緒七年（1882）に陝西省蒲城県生まれ。1909年に京師大学堂徳文予備班を卒業した後、ドイツに留学し土木学を学び、辛亥革命時に帰国。1913年に再びドイツのベルリン工科大学に留学した。この時、ロシア・ドイツ・フランス・オランダ・ベルギー・スウェーデンの水利施設を訪問している。帰国後、1915年に南京河海工程専門学校の教師となり、7年間教壇に立ち、学生たちに近代の水利科学技術を講義し、学生とともの各地の河川の調査をおこなった。1922年には陝西省に帰り、陝西省水利局長兼渭北水利工程総工程師となり、西北大学校長も兼務した。その後、西安を離れ、1927年重慶市政府工程師、1928年華北水利委員会委員長、1929年導淮委員会委員総工程師を歴任する。1930年陝西省政府主席の楊虎城は李儀祉を陝西省政府委員兼建設庁長として招聘し、1932年には陝西省水利局長となった。この間、涇恵渠・渭恵渠・洛恵渠の建設および建設の準備をすすめた。1932年～1935年黄河水利委員会委員長兼総工程師、1936年揚子江水利委員会顧問となった。1938年西安にて死去。

4 鄭国渠十年説は［濱川栄2009］の論文にとって重要な考え方である。ただし、この説は必ずしも歴史地理研究者の間で通説とはなっていない。
5 調査の詳細は［濱川栄2000］を参照のこと。なお、1998年の涇恵渠・洛恵渠調査は妹尾達彦氏・鶴間和幸氏の科研費プロジェクト「中国黄土高原の都城と生態環境史の研究」(1997-1999)の一環としておこなわれたものである。
6 『史記』河渠書に「乃使水工鄭国間説秦、令鑿涇水自中山西邸瓠口為渠、並北山東注洛三百餘里、欲以漑田。中作而覺、秦欲殺鄭国。鄭国曰「始臣為間、然渠成亦秦之利也」秦以為然、卒使就渠。渠就、用注填閼之水、漑澤鹵之地四萬餘頃、收皆畝一鐘。於是関中為沃野、無凶年、秦以富彊、卒并諸侯、因命曰鄭国渠」とある。
7 『漢書』溝洫志に「自鄭国渠起、至元鼎六年、百三十六歳、而兒寬為左内史、奏請穿鑿六輔渠、以益漑鄭国傍高昂之田」とある。
8 『漢書』溝洫志に「太始二年、趙中大夫白公復奏穿渠。引涇水、首起谷口、尾入櫟陽、注渭中、袤二百里、漑田四千五百餘頃、因名曰白渠」とある。
9 ［村松2008］では東洋文庫所蔵の明清地方誌資料から涇河から黄河に至るまでの塩池と淡水池の分布を調査した。蒲城県・富平県・大荔県一帯に塩池が分布していることを指摘した。
10 涇河－石川水間、石川水－洛水間という空間設定は［村松2008］を参照されたい。
11 『晋書』苻堅載記に「堅以関中水旱不時、議依鄭白故事、発其王侯已下及豪望宮室僮隷三万人、開涇水上源、鑿山起堤、通渠引瀆、以漑岡鹵之田。及春而成、百姓頼其利」とある。
12 『北史』文帝紀に「十三年春正月、開白渠以漑田」とある。
13 『北史』賀蘭祥伝に「周文以涇渭漑灌之処、渠堰廃毀、乃令祥修造富平堰、開渠引水、東注於洛」とある。
14 歴代の引涇灌漑システムについては［井黒忍2004］［森部豊2005］等参照。
15 引涇灌漑工程における泉水を利用した龍洞渠の位置づけについては、［Will1998］参照。
16 洛恵渠の調査の詳細は［村松弘一・鶴間和幸2000］参照。
17 『史記』河渠書に「其後荘熊羆言「臨晋民願穿洛以漑重泉以東萬餘頃故鹵地。誠得水、可令畝十石」於是為発卒萬餘人穿渠、自徵引洛水至商顔山下。岸善崩、乃鑿井、深者四十餘丈。往往為井、井下相通行水、水穨以絶商顔、東至山嶺十餘里間。井渠之生自此始。穿渠得龍骨、故名曰龍首渠。作之十餘歳、渠頗通、猶未得其饒」とある。『漢書』溝洫志では荘熊羆は厳熊とある。
18 『新唐書』地理志には「(朝邑)北四里有通霊陂、開元七年、刺史姜師度引洛堰河以漑田百餘頃」とあり、『新唐書』姜師度伝には「又派洛灌朝邑・河西二県、閼河以灌通霊陂、收棄地二千頃為上田」とある。
19 『陝西省地図冊』(西安地図出版社、2006年版)による。［朱道清1993］には涇陽県涇河郷付近で涇河に流れ込むとある。
20 「酈、成国渠首受渭、東北至上林入蒙籠渠」(『漢書』地理志)
21 『漢書』溝洫志に「而関中霊軹渠・成国・湋渠引諸川、汝南・九江引淮、東海引鉅定、泰山下引汶水、皆穿渠為漑田、各萬餘頃。」とある。
22 『晋書』食貨志に「青龍元年、開成国渠、自陳倉至槐里築臨晋陂、引汧洛漑舃鹵之地三千余頃、国以充実焉」とある。なお、『水経注』では魏の尚書左僕射の衛臻が蜀を征伐時に開鑿した

とする。
23 『水経注』渭水注に「(成国渠) 其瀆上承汧水于陳倉東。東逕郿及武功、槐里縣北。渠左有安定梁嚴冢。碑碣尚存。又東逕漢武帝茂陵南、故槐里之茂郷也…故渠又東逕茂陵縣故城南…故渠又東逕龍泉北…渠北故坂北即龍淵廟。…故渠又東逕姜原北、渠北有漢昭帝平陵…又東逕平陵縣故城南…故渠之南有竇氏泉、北有徘徊廟。又東逕漢大將軍魏其侯竇嬰冢南、又東逕成帝延陵南、陵之東北五里、即平帝康陵坂也。故渠又東、逕渭陵南。…又東逕哀帝義陵南。又東逕惠帝安陵南、陵北有安陵縣故城…渠側有杜郵亭。又東、逕渭城北。…又東逕長陵南、亦曰長山也。…故渠又東逕漢丞相周勃冢南、冢北有弱夫冢、故渠東南謂之周氏曲。又東南逕漢景帝陽陵南、又東南注于渭、今無水」とある。和訳は東洋文庫中国古代地域史研究班［2011］を参照のこと。
24 ［鶴間和幸1989］参照。
25 ［鶴間和幸1980］参照。
26 ［李儀祉1922］［李儀祉1923］
27 ［李儀祉1922］［李儀祉1923］
28 ［李儀祉1931］
29 ［涇恵渠志編写組編1991］「第二章興建与改善　工程投資」123頁参照。
30 ［川井悟1982］、［吉澤誠一郎2005］ほか参照。なお、陝西省の水利と全国経済委員会については［川井悟1995］がある。
31 ［孫紹宗1933］
32 ［李儀祉1933］
33 「陝西省水利局1942」
34 西京籌備委員会の文物事業については［村松2011a］、植林事業については［村松2011b］を参照。

第7章　中国の農地抵当権制度をめぐる諸問題

奥　田　進　一

第1節　問題の所在

　2014年1月19日に公布された、習近平政権下で最初の中共中央1号文件の主題は「農村改革の全面的な深化、農業の現代化推進の加速化」であった。胡錦濤政権以来10年以上にわたって、中共中央1号文件は農業に関係する問題をテーマとしてきたが、それだけ中国において農業問題が喫緊の課題であるとともに、なかなか容易に解決できない深刻な問題となっていることを示している。ちなみに、2011年中共中央1号文件は「水利改革発展の加速化」、2012年中共中央1号文件は「農業科学技術創新の加速的推進」、2013年中共中央1号文件は「新しいタイプの農村経営主体」に重点が置かれていたが、個別具体的な問題に対する改革指導であった。

　これらに対して、2014年中共中央1号文件はこれら一連の個別具体的な農村改革を集大成させ、これらを総体的（全面的）に展開させ、農業の産業化の道を一気に拓こうという極めて大局的な内容となっている。2014年中共中央1号文件は全部で33カ条から構成され、中共中央18期3中全会と農村活動会の指導的計画を細分化して提示したものである。33カ条の指導項目は、①国家糧食安全保障体系の完備、②農業支持および保護制度の強化、③農業の持続可能な発展の長期有効化メカニズムの確立、④農村土地制度改革の深化、⑤新しい農業経営体系の構築、⑥農村金融制度創新の加速化、⑦農村と都市の一体的発展メカニズムの健全化、⑧農村治理メカニズムの改善の8分野に大別でき、このうちとりわけ中国内において注目を集めたのは「農村土地制度改革の深化」において打ち出された「請負経営権の三権分離」である。農村の土地請負経営権は農村の集団所有権のもとで、農民に請負経営権

を配分し、これに基づいて農民が耕作に従事するものであるが、農民が経営資金を拡充させるために唯一の財産である請負経営権の担保化がかねてより議論されてきた。しかし、物権法は、この問題について明文の規定を設けておらず、むしろ農村土地請負法や担保法は既存農地に係る請負経営権の担保化を禁止しており、いわゆる農地流動化の阻害要因として指摘されてきた。

現実問題として、農村に十分な資金を流通させ、農業の産業化を促進させるためには、農民の唯一の財産である農地請負経営権に抵当権を設定させて必要な資金を貸し付ける制度の構築が希求されて、2008年より一部の地域において農地請負経営権の担保化が試験的に実施されてきた。2014年中共中央1号文件は、こうした法的に未解決の問題にメスを入れ、試験的におこなってきた政策を全面的に展開させようとする第一歩であった。他方で、既存農地以外の農地、たとえば荒地開墾により新規取得した農地の請負経営権の担保化に関しては、物権法も農村土地請負法も担保法もこれを認めており、システムとして全く新しいものを構築する必要や障害は存在しない。ちなみに、荒地開墾については、糧食問題に伴う耕地拡大政策を背景として推進されており、荒地から耕地に転換させるための資金調達手法として担保制度は必要不可欠である。

本稿は、すでに担保化が認められている荒地についてその取得手続の概要を紹介したうえで、農地請負経営権の担保化、とくに抵当権設定をめぐる法制度的問題と試験的に実施されている制度紹介をおこない、2014年中共中央1号文件において示された「農村土地制度改革の深化」の将来展望を俯瞰しようとするものである。

第2節　農村集団所有権と権利主体

まず、農村の集団所有権が法的にどのように位置づけられているのかについて明らかにする。集団所有権がいかなる法的性質を有しているのかについては、従来から議論が盛んであったが、土地収用の観点から検討する議論があることは注目に値する。まず、集団所有権の不完全性（土地収用により権

利を失う等の制限があるという集団所有権の実態）からすれば、現在の集団所有権は所有権としては不完全なものであり、所有権絶対の原則に反するので是正すべきであるとする見解（江 1999、256～257頁）が存在する。つぎに、土地収用をはじめとして、ある程度集団所有権が制限されるのは社会的要請により止むを得ないとする見解（王 1997、119～121頁）が存在する。両説を検討するに、前者は、所有権概念をあまりに厳格に捉えすぎているのではないだろうか。他方で、後者は、わが国の宇奈月温泉事件判決のような権利濫用の法理を念頭に置いているようであり、土地収用のような場合は権利濫用による所有権の制限とは状況が異なるので当を得ていない。また、そもそも集団所有権の発生は政策的なものであり、集団所有権は民法の基本原則にいわゆる所有権絶対の原則の所有権とは性質が異なる。これらに対して、そもそも集団所有権とは近代国家の法概念としての所有権とは異なるものであり、現状では、農民は集団の土地に対して所有権を有し、その土地に対する処分権を有していると誤認しやすいので、集団所有権は法律による制限を受けると明文化すべきであるという見解（王ら 2002、39～43頁）が現れている。

　そもそも、集団所有権の主体である集団とはいかなる団体あるいは組織なのであろうか。1970年代末の農村経済体制改革までは、公社、生産大隊、生産隊という三段階の組織体制を特徴とする人民公社制度の下で農村の経済活動がおこなわれていた。この制度においては生産隊が基本的な経営単位となっていた。人民公社と生産大隊は生産隊における生産活動に対して政府の計画を下達するなどの指導・監督、水利・基盤建設事業の実施、それぞれの段階に設立された集団経営企業の経営などをおこなっていた。しかし、1970年代末から始まった農村経済体制改革で、人民公社体制は、集団所有制を土台としたままで、行政と経済機能が分離した新しい体制に再編された。その結果、従来の人民公社は郷（鎮）人民政府と企業・会社形態をとる集団経済組織に、人民公社の下の生産大隊は村民委員会と村協同組合に、末端の生産隊は村民小組として再編された。ここにいわゆる農村の集団部門とは郷、村、村民小組段階の各経済組織を指し、具体的には集団経営の農村企業、農業関連の事業体が含まれ、土地の所有権はこの集団部門に属する。

　土地管理法8条によれば、集団所有権の主体は、村、郷（鎮）あるいは村

の農民集団経済組織であり、後者には村民小組なども含まれる。ここでは、同条にいわゆる村の範囲が問題となる。現在の村は、かつての人民公社の内部組織であった生産大隊または生産隊に相当するため、各村の規模に応じてその範囲は異なってくる。たとえば、人民公社時代に、然るべき条件を満たして基本採算単位が生産大隊に移行して二級所有制を採るに至った公社を母体とする場合、村はかつての生産大隊に相当する。ここで問題となるのは、かつての人民公社に相当する郷（鎮）は最基層の政権組織となっているが、かつての生産隊に相当する村民委員会または村民小組は、郷（鎮）の下で行政を補助する農民の自治組織にすぎず公的機関ではない。つまり、農村の集団所有の主体が、地域によっては国家の基層政権組織であることもあれば、財政制度も有さない単なる自治組織であることもあり、極めて不整合な状態に置かれており、別の言い方をすれば所有権の主体の範囲が極めて広範囲に及んでいるということになろう（楊ら 2007、75頁）。しかし、農民の自治組織にすぎない村民委員会または村民小組に関しては、確かに政権組織には属さない基層経済組織にすぎないが、実際にこれらの組織は郷（鎮）人民政府の指導の下で、一定の行政的機能を果たしており、その意味において、集団土地所有権の主体が郷（鎮）であろうと村民委員会または村民小組であろうと、事実上その所有権は郷（鎮）という国家の基層政権に掌握されているものといえよう。

　いずれにせよ、集団所有の主体性の不明瞭さが、結果としてその土地の使用者である農戸の経営を不安定なものとしている。また、請負経営権の第三者への転貸が法的根拠を欠くことも、安易な土地収用を拒むことのできない原因でもある。したがって、農戸の請負経営権は常に収用による権利消滅の危機にさらされており、請負農戸の積極的な開発意欲を大きく損ない、長期的な投資を阻み、さらには耕作放棄あるいは離村を促進している。

　上記のような集団所有の主体の不明瞭さを克服することは、農村問題解決のための喫緊の課題とされ、学界においても積極的に議論され、ある程度の方向性を示そうという努力がなされてきた。とくに、近時は、集団所有の実態からその主体性を確定しようとする作業がおこなわれ、たとえば、社区説や総有説などは検討に値するものといえよう。社区説は、既存の農村経済組

織の硬直化や腐敗性を理由として、こうした組織からの脱却を前提とし、農村の実態である村民小組の実態や実状から、法人格を有さず、権利譲渡もなく、他方で民法上の所有権に類する権能（物権的請求権）を有する社区を集団所有権の主体と位置付けようとする。しかし、この説を採用するためには、既存の農村経済組織を社区に代置する必要があり、集団所有権の主体性についての議論と噛合わないのではないかと思われる（史 1991、65頁、徐 2004、131〜132頁）。また、総有説は、いわゆるゲルマン法や日本民法における概念としての総有を想定しており、集団所有権の権利主体をわが国における入会集団のようなものであると理解する（韓 1993、80頁、陳 2003、159頁）。しかし、集団所有権は集団経済組織や村民小組に帰属するという点においては総有説も傾聴に値するが、請負経営権が集団の構成員たる農民に分配されるという事実は、各農民に持分があり、分割が可能であるということになり、原義的意義における総有の性質とは異なる。

　以上のような法的性質に関する様々な考え方を踏まえて、物権法における集団所有権の構成を検討すると、次のような特徴が浮かび上がってくる。まず、国家収用されることを想定した条文（土地管理法42条乃至43条）は存在するが、集団の自由意志に基づく所有権処分に関する規定が存在しない。このことは、集団所有の土地において行われる各種の開発行為の主体は、集団ではなく、国家にあることを意味するものといえよう。つぎに、耕地への抵当権設定を不可能としながら（同184条）、郷鎮企業等の建設用地の使用権や建物への抵当権設定を認めている（同183条）。このことは、農地に交換価値を見出させず、土地の流動化の促進を防ぐことを意味しており、都市と農村という二元構造を維持しようとすることの表徴であり、集団所有権の存在意義ともいえるのかもしれない。さらに、都市部の集団が所有する不動産および動産については、集団の処分権能を認めており（同61条）、同じ集団所有権であっても、都市と農村とでは法的性質において異なるのである。もっとも、都市部の集団所有権の客体の多くは建物が主であり、その意味では性質が異なるのは必然的な結果なのかもしれない。

　なお、集団が所有する土地、森林、山地、草原、荒地、砂州等については、所有主体の属性に従って、村の集団経済組織、村民委員会、村民小組、

郷鎮集団経済組織がそれぞれ集団を代表して所有権を行使するとされ（同60条）、集団経済組織、村民委員会あるいはその責任者がなした決定が集団の構成員の合法的権益を侵害した場合は、侵害された集団の構成員は人民法院に取消を求めることができる（同63条2項）。

第3節　農村土地請負経営権の法的性質

　農村の土地請負経営権をめぐっては、かつてその法的性質に関して議論があった。つまり、当該権利は物権なのか、それとも債権なのかという議論である。農村土地請負法および物権法によってこの問題は解決されたが、農村の土地請負経営権に内在する問題点を明らかにするために、当該議論の内容について触れておく。請負経営権の法的性格については、これを所有権から派生した物権の一種で用益物権の範疇に属する権利であるとする考えが通説（王ら 1988、237頁）となっていたが、これを債権と扱う有力な見解（債権説）（中国社会科学院法学研究所物権法研究課題組 1995、7頁）も存在した。用益物権説は、請負経営権が民法通則第5章において直接規定された権利であること、すなわち物権法定主義に依拠し、請負経営権者が自己の請負農地に対して法律および契約の範囲において直接制御し利用できること、請負経営権は排他的な権利であることなどをその根拠としているのに対して、債権説は請負経営権が請負契約によって発生するものであるということのみをその論拠としている。しかし、請負経営権は確かに契約によって発生するものではあるが、物権的性格が極めて濃厚であることから、用益物権説の方が説得力を有する。わが国においても、入会権以外の用益物権は、通常当事者間の契約によって設定されることを考えれば、契約による権利だからといって、直ちに債権であると考えることに合理性は見出せない。

　しかし、請負経営権が債権であることを、他の視点から検証する見解（陳 1996、86～87頁）が現れた。この見解は、請負経営権が債権であることの論拠として次の5点を上げる。すなわち、①請負経営権者は請負契約に定められた特定の義務を負い、独立した物権ではないこと、②請負契約は注文者で

ある集団組織等と請負人である農戸等との間の内部関係を規律するだけのもので、請負経営権は相対効しかもたないこと、③請負経営権の譲渡は注文者たる集団組織等の同意がなければできないこと、④民法通則80条2項の規定（「法により集団が所有し、または国家の所有で集団が使用する土地に対する公民、集団の請負経営権は、法による保護を受ける。請負双方の権利および義務については、法に従い請負契約で定める」）により集団は所有権者であると同時に使用権者でもあるが、請負経営権はこの集団の所有権および使用権に基づいて設定されるものであり、もし請負経営権が物権であるならば、使用権の上にさらに請負経営権を設定することは疑問であること、⑤農業法13条2項において認められている第三者への再請負を行った場合に、再請負は自己の請負経営権を留保した状態にあり、もし請負経営権が物権であるならば、同一物上に同一の性質の物権が同時に2つ存在することになり、一物一権主義に反すること、論拠として、請負経営権が債権であると主張している（陳1996、88～89頁）。このような債権説の最終目標は、請負経営権を農地に対する直接の占有、使用、収益を内容とする用益物権に転化させ、これによって集団所有権を弱体化させて農民の権利保護を拡充することにあった（陳1996、91頁、中国社会科学院法学研究所物権法研究課題組 1995、7頁）。こうした学説上の対立は、2002年の農村土地請負法および2007年の物権法によって収斂され、土地請負経営権は法文上は用益物権として位置付けられるに至ったのである。

　なお、権利期間に関しては、農村土地請負法の規定をそのまま継承し、耕地は30年、草地は30年～50年、林地は30年～70年とされ（物権法126条1項）、請負期間満了後の継続も関係法の規定に従い可能とされている（同126条2項）。また、請負経営権の譲渡、転貸、下請け、交換、荒地請負経営権の競売など、従来は法的根拠が存在しなかった事項については明文規定を設けた（同128条乃至130条、同133条）。ちなみに、転用に関しては非農用地への転用を禁止し（同128条、土地管理法63条）、抵当権の設定、賃貸借、現物出資は原則としてできないと規定し（同128条、同184条、農村土地請負法32条、担保法34条乃至37条）、権利を広く流通させることを意図していないことが伺われる。

しかし、荒地を含む土地請負経営権は、実体としてはその法的性格が債権的なものである以上、排他的独占権を有さないことによる弊害が必然的に生じる。現に一部の地方では、荒地利用権を獲得しても、その権利関係が不安定であるためにほとんどの農戸が長期的な投資や経営をおこなうことができないという指摘もなされている（蔣ら 2011、94頁）。

第4節　荒地利用権の法的性質

　「荒地」は中国語では「四荒」と称され、荒廃した山、傾斜地、砂州、干潟を指す。また、「四荒」にさらに荒廃した水域を加えて「五荒」と称する場合もあるが（姚 1996、30頁）、通常は荒廃した干潟と荒廃した水域とを並列、あるいは前者を後者に包括して扱い「四荒」と表現している。かつてはここに草原も包括されており、特に文化大革命中には多くの草原が「荒地開墾」の名目の下に乱開墾された。しかし、中共中央11期3中全会後は、「荒地開発禁止および牧場保護政策」の堅持が提唱され、草原を荒地として盲目的に開墾する方法の是正がなされた。そして、この政策は1985年に制定・施行された草原法（なお、同法は2002年に改正されているため、以下85年法を旧草原法、02年法を新草原法と称する）に受け継がれ、草原の開墾と破壊の禁止がはじめて法定されるに至ったのである（旧草原法10条）。これによって、荒地の定義から草原は除外され、直ちに荒地開墾の対象とはなり得なくなった。しかし、荒地とは、人に譬えるならば髪の生え際であって、草原地帯と農耕地帯との端境は、これをいずれの立場から見るかによって荒地にも草原にもなりうる。このような地帯の多くが牧農混合地域で、土地の多くは荒漠地、半荒漠地などと称される土地であって、旧草原法においては植被の回復措置を講じることで将来の草原として扱われる一方で、農業法等では荒地として開墾の対象として扱われることになる。結局のところ、草原および荒地の両者に関しては、自然科学分野における成果を十分に検討して、これに基づいた詳細かつ緻密な地域区分をなした法規の制定が待たれ、新草原法施行以降は、草原という土地資源流動化を図るとともに、科学的データに裏付けられ

第 7 章　中国の農地抵当権制度をめぐる諸問題　　*205*

た草原の蓄養能力に基づいて蓄養頭数を算出し、一定面積の草原で蓄養すべきか畜頭数を制限する法政策が講じられた。

　これらの荒地の開墾は、物権法133条の規定に基づき、入札、競売、公開の協議等の方法により行われるが、そのほとんどが競売によって行われている。荒地利用権の競売制度は、農村の集団所有権を変更することなく、荒地を長期にわたって有償使用できる権利を競売によって希望者に売却し、購入者に荒地を開発および経営して収益を得ることを認めるものである。競落人の資格については特に制限は設けられておらず、落札さえできれば誰でも荒地利用権の権利主体となることができる。また、利用権の存続期間も50年から100年と比較的長期間にわたって設定される。これらの点において、通常の請負経営権とは権利の性質を異にするが、その他については請負経営権と同質であり、その本質は債権として捉えられる。したがって、権利関係の不安定さから生じる諸問題は回避できず、やはりこれを物権化して権利者に処分権能を持たせるべきだとの見解が生じる（崔 1995、31頁）。荒地利用権の競売は、1995年の時点ですでに山西省、陝西省、湖南省、山東省等の中国中部あるいは西部の15の省および自治区において実施され、すでに農地流動化システムの一つとして頻繁に利用されている。荒地利用権の競売は、農村の集団所有権を変更することなく、荒地を長期にわたって有償使用する権利を競売という方法によって売却し、購入者に開発と経営を行い、収益を得ることを認めるものである。具体的には、農村の集団組織が、売り主である当該農村内の農民全体の委託を受けて競売人となり、集団組織が所有する荒地の期限付き有償使用権を当該農村の内外の農民、工人、国家機関幹部および法人等を買い受け人として競売に付すものである。そして、荒地利用権の買い受け人は、競売人である農村の集団組織に対して毎年定められた貸借料を納付する。このため、荒地利用権の競売の実態は荒地利用権の賃貸借であるとする見解も存在するが、一般的に競売対象物は必ず所有権移転を伴うものでなければならないと解する理由はなく、利用権の競売という表現をとることに疑義を挟む必要はないであろう。

　荒地利用権は、既述の通り、農村の土地請負経営権と異なり、競売等の経済取引手段を通じて取得される権利である。ただし、権利に効力を生じさせ

るためには、競売において荒地利用権を落札した買い受け人と、荒地の所有者である集団組織との間で利用契約が締結されなければならない。利用権の存続期間は、50年から100年という長期で設定される。これは、荒地であることから投資期間が長期に及ぶことをあらかじめ考慮しているのだが、収益が上がらずに破産しあるいは貧困に陥ることに対する施策が講じられていないことも問題として早くから指摘されている（宋ら 2009、193～194頁）。なお、買い受け人の資格については特に制限等は設けられていないので、高値で落札し、かつ事後の経営能力を有する者であれば誰でも荒地利用権の権利主体となることができ、この点において、農村の集団組織の構成員でなければ権利主体となることのできない請負経営権と大きく異なる。ただし、荒地利用権の競売は買受人に農業（林業、牧畜業、水産業を含む）経営をさせることを目的としているので、これ以外の目的の場合は競売に参加できないものと考えるべきであろう。

　荒地利用権を落札した買受人は、農村の集団組織が所有する荒地に対して占有、使用、収益をなす権利を有する。利用権者は、所有者である集団組織の同意を得ることなく、その荒地利用権を賃貸し、譲渡し、交換し、担保の目的物とし、あるいは株式協同組合に株式として出資することができる。荒地利用権を構成する諸権利の行使、とりわけ処分権の行使に関しては、請負経営権のように集団組織等からの制限を受けることはほとんどない。また、相続に関しては、一般的にこれを認める見解が主流のようである（宋ら 2009、31頁、姚 1996、32頁）。ただし、多くの場合、契約において相続人の条件について規定していることがないため、荒地の目的外利用等を防止するという観点から、相続人の年齢、経営能力、職業などについて一定の制限を設けるべきであると主張する見解が多い（蒂ら 1996、62頁、李 1995、31頁）。なお、荒地利用権の効力は、荒地上に存在する竹木あるいは建築物および建造物にも及ぶ。ただし、これらの所有権はあくまで集団所有制組織にあるので、利用に際しては集団組織からの特別授権が必要とされている（崔 1995、31頁）。

　物権法133条は、入札、競売、公開の協議等の方法により荒地等の農村の土地を請負った場合、農村土地請負法等の法律および国務院の関連する規定

に従い、その土地請負経営権は譲渡、出資、抵当権設定またはその他の方法で流通させることができると規定し、荒地請負経営権の法的性質に関しては農村の土地請負経営権と同様に用益物権として位置付けている。もっとも、同条は荒地を農村の土地、すなわち農地として扱っているが、荒地はもともと農地であった場合のほかに、未利用地であった場合もあり、全体としては自然資源として扱うべきであろう。この点に関して、物権法48条および58条は、森林、山地、草原、荒地、干潟等の自然資源は国家所有または集団所有に帰属すると規定することで、ひとまず荒地を自然資源と位置付け、そのうえで同法118条が、国家所有あるいは集団が使用し、法律が集団所有に帰属すると規定する自然資源は、単位、個人が法に従い占有、使用および収益をすることができると一般的に規定して、国家所有または集団所有に帰属する荒地は用益物権の対象となり得るとしている。さらに、同法125条は、土地請負経営権者は法に従いその請負経営する耕地、林地、草地等に対して占有し、使用しおよび収益する権利を享受し、栽培業、林業、牧畜業等の農業に従事する権利を有すると規定して「耕地、林地、草地等」の「等」に荒地や干潟等を含めることを可能にし、これによって荒地を農地として位置付けるようとしている。

第5節　農村土地請負経営権流動化の試み
——抵当権設定を中心として——

既述の通り、物権法133条は、入札、競売、公開の協議等の方法により荒地等の農村の土地を請負った場合、農村土地請負法等の法律および国務院の関連する規定に従い、その土地請負経営権は譲渡、出資、抵当権設定またはその他の方法で流通させることができると規定しており、荒地は譲渡、出資、抵当権設定、その他の方法によって流動化が図られる。その他の方法としては、例えば賃貸借、転貸借、交換が挙げられる（陳ら 2012、62～68頁）。このうち、近年、最も注目を集めているのが抵当権設定による流動化である。しかし、荒地に対する抵当権設定は物権法133条に加えて、同法180条1項3号によって認められているものの、荒地以外の、とくに農地請負経営権

に対する抵当権設定の可否について物権法はこれを明らかにしていない。このため、農地請負経営権に対する抵当権設定の可否をめぐっては、物権法制定以前より様々な議論がなされてきた。まず、わが国の農地法が農地に対する担保権の設定を制限しているのと同様に、食糧生産拠点の確保という政策的観点からこれを否定する見解（梁ら 1997、251頁）にはじまり、請負経営権が用益物権である以上は抵当権設定は当然だという法理論的観点からこれを肯定する見解（王 2001、377〜378頁）、請負経営権の譲渡という処分性の強い行為を認めるならば、抵当権設定も認められるべきだという条理的観点からこれを肯定する見解（温ら 2005、456頁）までさまざまであるが、概ねの学説は抵当権設定を肯定しているといえよう（左 2011、18〜19頁）。

他方で、法律を詳細に検討すると、農地請負経営権に対する抵当権設定は禁止されていることがわかる。まず、担保法37条2項は、耕地、宅基地、自留地、自留山等の集団所有の土地使用権はいずれにも抵当権を設定できないが、本法34条1項5号が規定するものを除くとしている。そして、担保法34条1項5号は、抵当権設定者が法律に従って請負い、かつ抵当権の設定について請負発注者の同意を得た、荒れた山、荒れた傾斜地、荒れた丘陵、荒れた砂州等の荒地の土地使用権に対する抵当権設定を認めている。

つぎに、農村土地請負法49条は、入札、競売、公開協議等の方式によって請負った農村の土地は、法に従った登記を経て土地請負経営権証あるいは林権証等の証書を取得すれば、その土地請負経営権は法に従って抵当権を設定することができると規定している。つまり、入札、競売、公開協議等の方式によらない家庭生産請負経営権のままの状態では抵当権の設定は禁止されているのである。しかし、農村土地請負法32条は、家庭生産請負経営権の譲渡、賃貸借、転貸借、交換等を認めており、同条による流動化を経た農地に対する抵当権設定は可能であると考えられている（蒋ら 2011、15頁）。また、農村土地請負法のこれら一連の条文の規定は、事実上、農地請負経営権の物権化を図ってきたものであり、その作業は物権法がこれを用益物権と位置付けたことによって完結し、処分性の強い譲渡を認める以上、物権法は農地請負経営権への抵当権設定を否定するものではないという見解も存在する（左 2011、22〜23頁）。さらに、農民が有する財産は農地が唯一であり、これ

を投資の対象にできなければ農業生産の拡大や農業の発展はありえず、農地請負経営権に対する抵当権設定を禁止することは農業衰退の要因でしかないという主張も強くなされている（柴ら 2011、60頁）。これらの学説はいずれも農地請負経営権に対する抵当権設定を肯定しようとするものであり、少なくとも物権法制定以前において、担保法および農村土地請負法は農地請負経営権に対する抵当権設定を原則として禁止してきたが、その一方で「流動化」という手法を通じて抵当権設定を可能にすることで、農村金融の方途を切り拓こうとしているのである。

　このような学術界の声に押されるように、2008年の中共中央17期3中全会は「農村改革発展推進の若干の重大問題に関する決定」を採択し、農村における有効な担保物権の範囲を拡大させようとする各地方政府等の試点政策の実施を許可した。たとえば、国務院に関するものでは、2008年10月に中国人民銀行および銀行監査会が連合で「農村金融商品およびサービス方法の独創性加速化に関する意見」を公布して、地方の水域干潟の使用権に対する抵当権設定を模索するための試験的実施を許可したものがあり、2010年5月に中国人民銀行、銀行監査会、証券監査会、保険監査会が共同で「農村金融商品およびサービス方法の独創性の全面推進に関する指導的意見」を公布して、銀行業務をおこなう金融機関に対して農村の土地請負経営権に対する抵当権による金銭消費貸借業務の展開を模索するように要求したものがあり、比較的大きな省や市レベルの地方人民政府に関するものでは、2009年2月に公布された「中共湖南省委員会、湖南省人民政府による2009年農民の持続的増収促進に関する意見」により、長沙市、株洲市、湘潭市において農村土地請負経営権に対する抵当権設定が許可されたものが、さらに2009年11月には成都市において成都市農村土地請負経営権抵当融資管理弁法（試行）が公布された（左 2011）。これらの法政策の実施により、全国各地で農地請負経営権に対する抵当権設定に基づく金融方策が講じられ、2010年5月に中国人民銀行、銀行監査会、証券監査会、保険監査会が共同で「農村金融商品およびサービス方法の独創性の全面推進に関する指導的意見」を公布した直後において、その申請数は100件以上にのぼったという（左 2011、78頁）。

　現在のところ、試行的に実施されている請負経営権の抵当権設定による貸

付制度であるが、その手法について簡単に紹介し、あわせてその問題点について指摘しておく必要があろう。まず、貸付主体は銀行または農村信用社が担当することになるが、銀行が直接おこなうものは少数で、多くは農村信用社がおこなっている。つぎに、抵当権設定対象は請負経営権であることは当然として、その条件として、合法的に取得したものであり、なおかつ法的に有効であることを証明する資料（農村土地請負経営権証、請負経営あるいは賃貸借契約書等）が存在し、土地請負経営権の財産関係が明瞭で「法に基づき、自発的で、有償である」という土地流動化の原則に合致しており、地目変更をおこなっていないことが求められる。そして、抵当財産の資産価値評価については、現在は農村土地請負経営権価値評価仲介機構が設立され、当該機構が専らに評価を行っている。当該機構が設立される以前は、下記のような計算方式によって資産価値が算出されていた（柴ら 2011、82頁）。

　　　年間平均収益×経営期間＋種養物の価値＝請負経営権の抵当価値

　また、抵当権設定登記に関しては、当該請負経営権が当該地の村民委員会に帰属する場合は、村民代表による同意表決を得た後に村民委員会から抵当権設定同意書面（意見書）が提出される。当該請負経営権が農民個人に帰属する場合は、農民個人が村民委員会の抵当権設定同意書面（意見書）上に署名して確認する。その後に、抵当権設定登記申請書に従って、債権者および債務者双方が署名した抵当権設定契約書および関係資料を県の農業局に提出して抵当権設定登記をおこない、さらに郷（鎮）の農村土地管理部門および村の集団経済組織に対して報告して記録を残す。しかし、抵当権設定登記に限らず、不動産物件の登記制度が完備できていない地方都市が圧倒的に多く、最大の課題となっている（陳ら 2012、154頁）。このほかに、天候等の自然条件に影響されやすい農業生産に伴うリスクを最大限回避すべく、貸付金額は抵当資産価値評価額の70％以内とされ、償還期間は請負経営期間と生産周期によって決定されるが、一般的には償還期間は１年間とされることが多いようである。また、請負経営権に対する抵当権設定に関する試点政策が実施されている村の多くには土地請負経営権抵当権設定協会が設立され、村民の中から最も信頼されている人物が会長および副会長に選挙され、協会会員には仁徳良好な者が当たり、彼らはそれぞれ1,000元を供出して共同償還債

に充てている。

　最後に、債務者が債務不履行に陥った場合は、抵当権が実行されるが、通常の抵当権のように競売に付されることはなく、債権者または土地請負経営権抵当権設定協会に抵当目的物である請負経営権が譲渡されて清算手続が完了するが、元利あわせた債権回収ができなかった場合については不明な点が多い。

第6節　農村土地請負経営権流動化の阻害要因
——将来の展望——

　2008年以来試験的に実施されてきた農地請負経営権の担保化に対して、農民の多くは消極的であるという指摘がなされている（蒋ら 2011、51頁）。担保化を含む農地の流動化は、農村の経済発展にとっても、また農村の労働力の適正配置にとっても必要不可欠であるはずだが、農民にとって唯一の財産であり、生活基盤である農地を失うことへの大きな不安が障害となっている。このことには、農村の社会保障制度の不備ないしは制度的欠如も大きく影響している。したがって、農地流動化政策を軌道に乗せるためには、農村の社会保障制度の拡充が課題となる。

　また、貸付をおこなう銀行側の不安要素も政策的に除去する必要がある。担保目的物たる農地には多くのリスクが存在するうえに、担保価値も都市の土地に比べればはるかに低く、確実な債権回収が困難になる可能性が高い。とくに、商業銀行は安全性、流動性、収益性を経営原則とし、自主経営をおこない、自らリスクを負担し、自ら損益に責任を負い、自らを規制すると規定する商業銀行法4条との抵触が懸念される。

　このほかに、物権変動をめぐってもいくつかの問題が生じている。まず、物権法9条1項は、不動産物権の設立、変更、譲渡および消滅に関しては、法律に基づく登記を経て効力を生じ、登記がなければ効力は生じないが、法律に別段の規定がある場合を除くと規定している。つづいて、同条2項は、法に従い国家所有に属する天然資源について、所有権は登記をしなくてもよいと規定している。さらに、同法127条1項は、土地請負経営権は、土地請

負経営権設定契約が発効した時点で設定されるとしている。つまり、不動産物権変動に関しては登記を効力発生要件とする形式主義を原則として採用しつつ、用益物権たる土地請負経営権については意思主義を採用していることになる。他方で、同法127条2項は、県レベル以上の地方人民政府は、土地請負経営権者に対して土地請負経営権証、林権証、草原使用権証を発行し、あわせて登記簿を作成し、土地請負経営権を確認しなければならないと規定しているが、本条項における登記簿の作成が意味する内容については注意をしなければならない。ここで登記をおこなうのは、あくまでも地方人民政府という行政機関であって権利者ではない。土地登記弁法2条および3条は、国家所有の土地所有権、集団所有の土地所有権、集団所有の土地使用権および土地抵当権、地役権等の権利は、県レベル以上の地方人民政府の土地管理部門が登記手続の責任を負うと規定しており、登記対象となる権利から土地請負経営権は除外されている。しかし、この状態では物権法127条2項と抵触するため、農村土地請負経営権証管理弁法4条3項は、耕地の請負経営権に関しては、県レベル以上の地方人民政府の農業主管部門が登記手続の責任を負うと規定して調整を図っている。さらに注意すべきは、林地請負経営権および草原請負経営権に関しては、物権法127条2項でもその他の登記に関する行政法規でも、登記制度そのものを予定していないということである。

　以上のような要因を解決することで、農村の土地流動化が進展し、農村に資金が流れて農業経済発展の促進が大いに期待されようが、2014年中共中央1号文件が掲げた農村制度改革の全面的深化はまだ端緒に就いたばかりであり、今後の推移を引き続き見守りたい。

【参考文献】
江平主編『中国土地立法研究』中国政法大学出版社、1999年。
王衛国『中国土地権利研究』中国政法大学出版社、1997年。
王衛国、王広華主編『中国土地権利的法制建設』中国政法大学出版社、2002年。
楊立新、梁清『細説物権法新概念與新規則』吉林人民出版社、2007年。
史際春「論集体所有権的概念」『法律科学』1991年第6期、1991年。
徐漢明『中国農民土地持有産権制度研究』社会科学文献出版社、2004年。
韓松「我国農民集体所有権的享有形式」『法律科学』1993年第3期、1993年。

陳健『中国土地使用権制度』機械工業出版社、2003年。

王利明、郭明瑞、方流芳『民法新論（下）』中国政法大学出版社、1988年。

中国社会科学院法学研究所物権法研究課題組「制定中国物権法的基本思路」『法学研究』1995年第 3 期、1995年。

陳甦「土地承包経営権物権化與農地使用権制度的確立」『中国法学』1996年第 3 期、1996年。

蒋暁玲、李慧英、張建『農村土地使用権流転法律問題研究』法律出版社、2011年。

姚新章「拍売 " 四荒 " 実践與思考」『農業経済』1996年第 1 期、1996年。

崔建雲「" 四荒 " 拍売與土地使用権～兼論我国農用権的目標模式」『法学研究』1995年第 6 期、1995年。

宋才発等著『西部民族地区城市化過程中農民土地権益的法律保障研究』人民出版社、2009年。

蒂姆、漢斯達徳、李平「中国農村土地制度改革：荒地使用権拍売」『中国農村経済』1996年第 4 期、1996年。

李生「" 四荒 " 使用権拍売中的法律問題」『農業経済問題』1995年第 4 期、1995年。

陳家宏、李永泉、鄧君韜、呉昱、黄亮『自然資源権益交易法律問題研究』西南交通大学出版社、2012年。

梁慧星、陳華彬『物権法』法律出版社、1997年。

王利明主編『中国物権法草案建議稿及説明』中国法制出版社、2001年。

温世揚、廖煥国『物権法通論』人民法院出版社、2005年。

左平良『農地抵押與農村金融立法問題』湖南師範大学出版社、2011年。

柴振国等著『農村土地承包経営権出資中若干法律問題研究』中国検察出版社、2011年。

第3部

砂漠化防止と自然保護

第8章　政府主導下の中国乾燥半乾燥地砂漠化対策の歩みと特徴

金　紅　実

はじめに

　1998年国家林業局土地荒廃化（中国語：「荒漠化」）対策弁公室を中心とする中央関係部門が共同で発表した資料によれば、当時の中国は世界で土地荒廃化が最も深刻な国の一つであり、その面積は262.2万㎢に達し、全国土の27.4％に達するとされた。約4億人の人口がその影響によって生活・生産の深刻なダメージを受けており、その経済的損失は541億元に上ると推算された[1]。

　中国政府は、1996年に発効した国連の砂漠化対策条約をその年末に正式に承認し加盟したが、国内の砂漠化対策としては1978年から三北[2]防護林建設事業をはじめ、国を挙げての様々な対策に取り組んできた。特に2000年以降は更に活発な動きがみられた。2002年には中華人民共和国防砂治砂法が施行され、その後は全国防砂治砂計画（2005-2010）が制定される等、国の社会経済発展の一環として位置付けられるようになった。その間、三北防護林建設事業や京津風沙源対策、退耕還林政策等の国家重点林業プロジェクトが実施されたほか、2009年には省級政府を対象とする地方政府防砂治砂目標責任評価弁法を公布し、地方政府の砂漠化対策に対する指標化管理を導入し、政策的ノルマとして執行力の強化を図った。

　その結果、国家林業局の第四回中国土地荒廃化および砂漠化状況調査（2005-2009）によれば、2009年時点の土地荒廃化面積は262.37万㎢、砂漠化土地面積が173.11万㎢に達し、2004年に比べて荒廃化土地面積が12454㎢（年平均で2492㎢）、そして砂漠化土地面積が8587㎢（年平均で1717㎢）減少したと報告された。その一方で、局部地域では開発行為による荒廃化や砂漠

化[3]が拡大し続けていると指摘された。

　本章は、このような自然環境条件および政策背景を基に30年間の歴史をもつ三北防護林建設事業と、約10年の歴史をもつ京津風沙源対策事業を中心に、乾燥半乾燥地域の砂漠化対策の内容とその特徴を概観する。

第1節　土地の荒廃化・砂漠化と地域社会のグリーン民生

　土地の荒廃化や砂漠化現象は様々な要因によって発生されるが、大きく分けると、一つは気候変動や風の侵食等自然環境条件によるものであり、もう一つは人為的要因、つまり過剰放牧や薪炭材の過剰採集、過開墾、不適切な水管理による塩類集積によるものとされている。植生の破壊と減少および土地の侵食の増大等が進むにつれて、土壌の劣化や生産力の低下が起きるほか、地域住民の生存環境を脅かすほどの様々な経済的及び社会的損失をもたらす。また砂漠地域社会の貧困問題を招来し、貧困解消のために更に過剰な資源採取と利用がおこなわれる結果、土地の荒廃化が進むという悪循環に陥るという社会の構造的問題を引き起こす。

　このような意味では、当該地域の住民にとっては、防護林を建設し植生回復事業をおこなう等の対策は、教育や医療、社会保障制度と同じく、生存権や環境権を保障する重要な公共サービスであり、当該地域の固有のサービスとしても捉えることができる。

　図8-1で示されたように、中国の荒廃化土地および砂漠化土地は、大きく分類すると東北地域、華北地域、西北地域を中心に分布されている。

　荒廃化土地は、新疆ウィグル自治区、青海省、寧夏回族自治区、甘粛省、陝西省、山西省、河北省、北京市、天津市、内蒙古自治区、遼寧省、吉林省のほか、山東省、河南省、海南省、四川省、雲南省、チベット自治区の18の省・自治区と508の旗・区に分布されているが、2009年時点で当該地域の荒廃化土地面積は262.37km²であり、全国土面積の27.33%を占めた。

　他方で、砂漠化土地は新疆ウィグル自治区、内蒙古自治区、チベット自治区、青海省、甘粛省の5つの省・自治区に分布されている。面積はそれぞれ

第8章　政府主導下の中国乾燥半乾燥地砂漠化対策の歩みと特徴　219

図8-1　中国の自然環境と砂漠化状況

出所：三重県環境学習情報センター/エコ探検隊HP
　　　http://www.eco-mie.com/forum/eco/kankyo/kousa/img/chaina.jpg

74.67万km²、41.47万km²、21.62万km²、12.50万km²、11.92万km²に達し、その合計面積は全国砂漠化土地の93.69%を占めている（国家林業局2011）。

　長期にわたる砂漠化対策の生態効果は顕著なものといえる。特に2004年から2009年の5年間の変化は明かであった。土地荒廃化面積は五年間で12454km²、年間平均2491km²減少した。地域ごとの変化をみた場合、18の全ての省・自治区の荒廃化土地面積が減少し、その中で、内蒙古自治区が4672km²、河北省が1802km²、甘粛省が1349km²、遼寧省が1153km²、チベット自治区が789km²、寧夏回族自治区が757km²、山西省が490km²、新疆ウィグル自治区が423km²、陝西省が406km²、青海省が284km²減少する結果を得られた。

　砂漠化土地面積については、全体面積が減少し改善される中で、局部地域では拡大する傾向がみられた。2004年から2009年の間に、全国では合計8587km²の砂漠化土地が消失し、年平均で171km²の改善がみられた。具体的には流動沙丘（地）が5465km²、半固定沙丘（地）が1619km²減少し、固定沙丘（地）

が3271k㎡増える結果となった。地域別でみると、河北省が2782k㎡、内蒙古自治区が1253k㎡、甘粛省が1121k㎡、山西省が877k㎡、チベット自治区が657k㎡、青海省が548k㎡、黒竜江省が330k㎡、山東省が262k㎡、陝西省が212k㎡、寧夏回族自治区が204k㎡減少した。しかし、このような全体傾向とは反対に、土地の過剰利用や水資源の不足等の要因によって、土壌の劣化現象が新しい地域でみられた。2009年の段階で、明らかな劣化傾向にある土地面積は全国合計で31.10万k㎡に達し、全国土地面積の3.24％を占めていることから楽観できない状況にある。内蒙古自治区、新疆ウィグル自治区、青海省、甘粛省が全体面積の92.86％を占めているが、具体的にはそれぞれ17.79万k㎡、4.75万k㎡、4.16万k㎡、2.18万k㎡を有している（林業弁公庁 2006）。

2001年には中国防砂治砂法が制定され、2002年には全国生態環境建設計画が策定された。これに基づいて策定された全国防砂治砂計画（2005-2010）では、土地の砂漠化問題は生態環境問題であると同時に、砂漠地域の貧困問題と深く関わる問題として地域社会や住民の生存権および発展空間を厳しく制約する要素として位置付けられ、国を挙げての重大な公共事業として計画的に体系的に推進していくことが掲げられた。土地の砂漠化現象を引き起した要因として、近年みられるようになった地球温暖化現象や連続性の旱魃気候等の自然環境の要因のほか、人間による過剰な開墾や放牧、伐採および採集、水資源管理の不備等によるものと指摘された。過剰な開墾問題については、砂漠地域の多くが貧困地域であるうえに、農業以外の経済産業がなく、無計画かつ制限をもうけることなく開墾を行った結果であるとし、過剰な放牧問題については、砂漠地域の草原放牧限界指数が36％であることに対して、その限界を超え、地域によっては100％に達する家畜数で放牧をおこなったとされた[9]。過剰な植物伐採及び最終問題については、砂漠地域の無計画な伐採現象が多くみられたほか、伐採が植生回復を上回る速度で行われた結果であると指摘された。そして事例として、新疆ウィグル自治区和田地区の薪炭林の過剰伐採の結果、毎年760ヘクタールの胡楊等天然林が消失した問題や内蒙古自治区吉蘭泰鎮が1970年代の現地住民の過剰伐採によって当該鎮周辺40km範囲の梭梭[10]林が完全消失した事例を取り上げられた。それに、砂漠に生息する天然野菜や漢方薬草の過剰採集がその原因に加った。水

資源管理の不備の問題については、水資源の不合理な利用が指摘された。中国では長期にわたって水利用に関する有効なモニタリングシステムと利益調整システムが整備されていなかったため、河川の上流と下流の間で水をめぐる対立が大きいと指摘した。上流による水のせき止めや過度利用が中下流地域の生態用水の不足を招き、植生破壊と土地砂漠化の要因の一つにつながったと指摘された。このような現象の事例として、内蒙古地域額済納オアシスでは、上流地域が黒河の水資源を大量に利用した結果、1960年代には9億㎥もあった流入量が1998年の段階では2億㎥を下回る量となり、湖が枯渇し、93万ヘクタールの梭梭林が全滅した問題を取り上げた。このほかにも、乾燥地域の鉱山資源の採掘や高速道路の建設等の経済活動および公共事業によって引き起こされた植生破壊や土地劣化の現象が指摘された（国家林業局2004）。

表8-1は、全国の砂漠化対策地域を類型化し、それぞれの地域の特性に合わせて立案した対策プランである。最も多く占めているのが、乾燥地半乾燥地の砂漠化対策地域であり、総面積は合わせて134.38万k㎡であり、その中で修復可能な面積はわずか41.91k㎡に過ぎないとされた。主に新疆ウィグル自治区、内モンゴル自治区、青海省、甘粛省、寧夏回族自治区、陝西省、山西省、河北省、遼寧省、吉林省、黒竜江省と広く分布している。そのほかにチベット高原に広がる高原寒冷砂漠地域があるが、生態環境が極めて脆弱な地域であり、植生が一旦破壊されると修復が極めて困難とされる地域である。特徴的なのは、極地に限定されるものの、黄河下流地域および長江中下流、珠江流域の湖沼沿岸にも砂漠化現象がみられる点である。繰り返された河川の氾濫によって形成された砂漠化土地もあれば、近年の過度な流域開発によって形成された砂漠化土地も含まれる。

本章で取り上げる三北防護林建設事業および京津風沙源対策事業は、概ねこの計画に沿っておこなわれた防砂治沙事業であり、国家重点プロジェクトとして国の様々な資源を動員し、計画的に体系的におこなってきた公共事業である。その中には、国が策定し地方が実施する国家プロジェクトのほか、地方が自らの公共性に見合わせて展開された荒廃化・砂漠化防止対策も含まれる。大多数の場合は国の中長期的な計画をベースとしており、その上でそ

表 8-1　2005-2010全国防砂治砂計画の内容と対象地域

分類区分	対象地域	主な措置	対策地の区分	立地する砂漠
乾燥砂漠周辺およびオアシス類型区（面積109.06万km²、その中で回復可能な面積24万km²）	賀蘭山の西、祁連山と阿爾金山、昆侖山の北（新疆、内蒙古、甘粛の110県	天然荒廃地の植生回復・オアシスへの流砂阻止。（禁牧・自然回復）	(1)タクラマカン砂漠・オアシス区(2)グルバトングータ砂漠と周辺(3)河西回廊とアラサン砂漠と周辺	タクラマカン砂漠、グルバトングータ砂漠、バダインジャラン砂漠、トングリ砂漠、ウランブハ砂漠、庫布斉砂漠等7つの砂漠
半乾燥地類型区（面積25.32万km²、その中で回復可能な面積17.91万km²）	賀蘭山の東、万里の長城の北、東北平原の西、（北京、天津、河北、山西、内蒙古、遼寧、吉林、黒竜江、陝西、寧夏等165県）	過度の放牧・開墾・薪炭林伐採が原因。（輪牧・禁牧・畜舎飼育・生態移民・飛行造林・退耕還林（草）・小流域対策）	(1)北京・天津周辺の砂漠化土地、(2)ホルチン砂地(3)毛烏素砂漠(4)フルンボイル砂漠	渾善達克砂漠、フルンボイル砂漠、ホルチン砂地、毛烏素砂漠等4つの砂漠
高原寒冷砂漠化土地類型区（高原・寒冷・乾燥の三要素が揃った地域、生態環境が極めて脆弱、破壊されると修復不能）	チベット高原寒冷地帯、標高3000m以上（四川、チベット、青海の105県）	草原・森林の過度開墾・放牧・伐採が要因（生態移民・放牧禁止・採集禁止・天然草原（林）の保護	(1)柴達木砂漠とそのオアシス、(2)共和盆地と河川源流地域の砂漠化土地、(3)チベット渓谷砂漠化土地	中国最大の高原寒冷砂漠、標高2500〜3000m。東部は荒廃草原、西部は乾燥荒廃草原。
黄淮海平原半湿潤湿潤砂地類型地（面積3.16万km²、全て修復可能）	太行山の東、燕山の南、淮河の北の黄淮海平原地区。（北京、天津、河北、山東、河南、安徽、江蘇の211県）	悠久の開墾史、有数の穀倉地・綿花生産地。冬春の風砂被害地。アグロフォレストリー・農地防護林建設	(1)黄淮平原砂漠化土地、(2)華北平原の砂漠化土地	黄河決壊による湖沼・水溜まり・沙丘・砂提の形成。

第8章　政府主導下の中国乾燥半乾燥地砂漠化対策の歩みと特徴　　223

| 南方湿潤沙地類型区（面積1.86万km²、全て修復可能） | 秦嶺・淮河の南の華東・華中・華南・西南地域。（浙江、福建、江西、湖南、湖北、広東、広西、海南、貴州、雲南、四川、重慶等の259県） | 河川・湖沼・浜辺の砂漠化対策として防風固砂林・護岸林・水土保持林の建設 | （1）沿海砂漠化土地、（2）長江中下流地域・珠江流域沿岸護岸砂漠化土地、（3）西南渓谷砂漠化土地 | |

出典：全国防砂治砂計画（2005-2010）の内容に基づき作成した。

れぞれの地方が抱える地域課題を反映した地域固有の政策として展開される場合がある。

第2節　三北防護林建設事業の30年（1978-2008）

　1978年の年末、中国共産党および国務院の首脳機関は風砂による被害と水土流失が最も激しい東北、華北、西北の三つの地域に対して、国を挙げて実施することを前提に、長期的な防護林建設計画を打ち出した。グリーン長城と呼ばれる、いわば三北防護林建設事業である。

　この事業は、東は黒竜江省賓県を起点とし、西は新疆ウルムチ自治区烏孜別里山の入り口付近を終点とする、東西全長4480km、南北幅560kmから1460kmに達する壮大な規模をもつ。黒竜江省、吉林省、遼寧省、天津市、北京市、河北省、山西省、内モンゴル自治区、陝西省、甘粛省、青海省、寧夏回族自治区、新疆ウィグル自治区等13の省・自治区をまたがり、551の県・旗・市・区の実施拠点をもつ。計画目標に掲げた防護林建設の総面積は406.9万km²に達し、全国土面積の42.4％を占める規模である。1978年に着手し、2050年に完成させるという73年間に及ぶ長期的な建設事業である（国家林業局三北局2009）。さらに、1978年から2000年を第一段階、2001年から2020年を第二段階、2021年から2050年を第三段階とし、それぞれの実施段階を①1978年から1985年を第一期、②1986年から1995年を第二期、③1996年から

2000年を第三期、④2001年から2010年を第四期、⑤2011年から2020年を第五期、⑥2021年から2030年を第六期、⑦2031年から2040年を第七期、⑧2041年から2050年を第八期の八つの期間に区分し、それぞれの段階および期間の経済的、社会的、技術的な状況に合わせて実施計画の体系化を図ってきた。2014年現在は、第二段階の第四期の実施期間に当たる。

三北防護林建設事業は、既存の森林資源や植生状況を維持することを前提に、さらなる造林、育林事業を導入することで、2050年には三北地域の風砂被害および土壌流出を概ね制御することを政策目的としている。具体的な数値目標では、1977年の林地面積2314万ヘクタールを、2050年には6084万ヘクタールの規模に引き上げることを掲げた。また、森林被覆率では、1977年の5％から2050年の15％に、林木蓄積量では1977年の7.2億㎥から2050年の42.7億㎥の約6倍の増加目標を掲げている。この事業では、このような森林被覆率や林木蓄積量といった生態効果の改善のみならず、実施拠点地域の農民の経済収益の増加を含む地域経済発展を重要な課題として位置づけている。同時に、当該地域には多くの少数民族が居住するなどの地域の特殊性を視野に入れ、生態環境の改善や貧困撲滅、経済収入の増加等を通じて、社会の安定化を図ることも重要な政策目標の一つとしている。つまり、生態効果、経済効果および社会効果を同時に達成することを政策目標として位置付けている（国家林業局 2008）。

表8－2は、2000年以降の三北防護林建設の造林面積とその内訳を示したものである。データの制約によって、2000年以前の事業概要を示すことができないが、国全体の植林造林事業に占めるウェイトが非常に高いことが読み取ることができる。

中国が生態環境改善のために本格的な植林造林事業を始めたのは、1998年の国家林業6大重点プロジェクト[6]がきっかけとなる。そのため、2000年以前は主要流域の防護林建設および三北防護林建設事業が主な内容となっていた。2000年の全国造林事業に占める三北防護林事業の割合は20.6％であり、その後減少傾向を示すものの、2006年以降は再び増加傾向に転じている。事業内容をみると、用材林、経済林、防護林、薪炭林、特殊用途林の中で、防護林の割合が最も高く、2012年には三北防護林事業全体の約92％を占めた。

表8-2 三北防護林建設事業における造林面積　単位：ヘクタール

	全国造林面積(a)	三北防護林建設面積(b)	三北防護林建設の内訳					b/a(%)
			用材林	経済林	防護林	薪炭林	特種用途林	
2012	5595791	678737	12941	38523	626299	648	326	12.1
2011	5996613	737784	10677	66451	658290	173	2193	12.3
2010	5909919	928240	10573	138154	776238	376	2899	15.7
2009	6262330	1255873	26862	166290	1060084	762	1875	20
2008	5353735	497947	11713	116926	368584	170	554	9.3
2007	3907711	381529	4655	94116	282407	348	3	9.7
2006	2717925	247509	4098	40742	202206	287	176	9.1
2005	3637681	217891	2261	46785	165986	2335	524	5.9
2004	5598079	232342	4723	51831	172534	2292	962	4.1
2003	9118894	275296	7793	26429	237552	2748	774	3
2002	7770971	453763	32718	68226	347829	4236	754	5.8
2001	4953038	535520	74524	125659	323578	8965	2794	10.8
2000	5105138	1053161	169037	247708	602978	30748	2690	20.6

出典：中国林業統計年鑑2000年から2012年のデータに基づき作成した。

　その次の割合を占めるのが経済林であり、2007年および2008年には2割を超えている。三北防護林建設事業の最大の目標が周辺農地および村落、都市への風砂の侵食を防止する目的であることや当該地域の多くが貧困地域であることから地元農家の経済収益への配慮が伺える仕組みとなっている。

　表8-3は、三北防護林建設事業の建設面積を資金ベースでみた内容である。この表では、中央財政のほかに、北京市、天津市、遼寧省、吉林省、黒竜江省、山西省、河北省、陝西省、内モンゴル自治区、寧夏回族自治区、甘粛省、青海省、新疆ウィグル自治区がそれぞれ実施してきたことを読み取ることができる。全体投資に占める中央財政の投資率は非常に高く、最も高い2003年には約95％が、その次の2009年には約83％を占めており、最も低い2011年にも約56％を占めている。各地の資金投入状況をみた場合、北京市や天津市はほぼ毎年の金額が中央財政からの特定資金として移転されたこと

表8-3　三北防護林建設面積と資金提供状況　単位：ヘクタール

	三北防護林総面積（中央投資造林）	北京市（中央投資造林）	天津市（中央投資造林）	河北省（中央投資造林）	山西省（中央投資造林）	内モンゴル自治区（中央投資造林）	遼寧省（中央投資造林）	吉林省（中央投資造林）	黒竜江省（中央投資造林）	陝西省（中央投資造林）	甘粛省（中央投資造林）	青海省（中央投資造林）	寧夏回族自治区（中央投資造林）	新疆ウィグル自治区（中央投資造林）
2012	678737	333	1864	30999	52224	122916	68881	13813	74744	66533	57010	42847	18001	128572
2011	737784 (411083)	－	2319 (2319)	42214 (25165)	47408 (31224)	125380 (64711)	68949 (36855)	24004 (23337)	83064 (45889)	78666 (38667)	68848 (29391)	51059 (17725)	16752 (12084)	129121 (83716)
2010	928240 (606561)	47(47)	2690 (2690)	40085 (25134)	65743 (43057)	154753 (90418)	77218 (39183)	45513 (29298)	129792 (85359)	89848 (53847)	55635 (28769)	24860 (13432)	63363 (53429)	178693 (141898)
2009	1255873 (1043296)	314 (314)	2491 (2491)	75996 (66378)	146145 (92170)	234100 (206294)	83840 (61840)	26161 (23828)	153193 (148059)	117286 (97286)	94119 (61040)	55967 (15967)	49106 (39583)	248655 (228046)
2008	497947 (381567)	1017 (1017)	2843 (2667)	31853 (27366)	44287 (44287)	72172 (72172)	15999 (15999)	15835 (15835)	32263 (32263)	36273 (36273)	36876 (36876)	7732 (7732)	54711 (22750)	146086 (66330)
2007	381529 (272236)	428 (428)	792 (792)	22126 (16333)	25665 (25665)	33881 (33881)	34364 (34364)	10031 (10031)	29160 (29160)	34617 (34617)	32384 (32384)	5508 (5508)	32658 (23044)	119915 (26029)
2006	247509 (188602)	574 (574)	2134 (1067)	18135 (12669)	7868 (7868)	41377 (41374)	19283 (19283)	14641 (14641)	24901 (24901)	21703 (20354)	13167 (13167)	4591 (4591)	17675 (17675)	61400 (10438)
2005	217891 (149382)	820 (820)	3290 (3290)	14269 (9369)	11331 (11331)	－	23960 (23961)	10334 (10334)	17261 (17261)	6787 (6787)	13355 (13355)	6967 (6967)	26200 (26200)	83317 (19708)
2004	232342 (154932)	1941 (1941)	4183 (3000)	18866 (18000)	13246 (12313)	4806 (4606)	13717 (13717)	14574 (14574)	32133 (20000)	7738 (7738)	19681 (19681)	6821 (6821)	11977 (11977)	82659 (20564)
2003	275296 (261963)	3255 (3255)	5215 (5215)	19605 (16272)	25363 (25363)	4905 (4905)	18115 (18115)	18620 (18620)	23145 (23145)	15944 (15944)	23810 (23810)	5281 (5281)	36999 (36999)	75039 (65039)
2002	453763	1912	3446	16034	23537	5592	74387	12155	65353	35784	24787	29378	52142	109256
2001	541714	4273	4205	99226	17701	36738	55372	11641	100697	11894	48892	11496	48669	90910
2000	1053161	12769	8605	156472	122401	266763	64517	54077	66867	113943	67656	35291	30493	53307

注：2012年度、2002年度、2001年度、2000年度の統計データには、全体資金投入に占める中央財政の割合が示されなかったため、記入していない。

出典：中国林業統計年鑑2000年から2012年のデータに基づき作成した。

がわかる。特に、2003年から2008年の間には、新疆ウィグル自治区と寧夏回族自治区の一部の年を除いて、各地の毎年の財源が100％中央財政から移転されたことが分かる。中央からの財源移転が最も低い新疆ウィグル自治区をみた場合、最も低い2006年が16.9％、2007年が21.75％、2005年が23.7％、2004年が24.9％を占めるほか、最も高い2009年が約91％を占めており、2010年には79.4％、2011年には65％を占めている。

表8-4は、このような傾向をさらに資金ベースで示した内容である。表3の傾向と同様、中央財政に資金移転が高い割合を占めており、造林面積に対して、資金規模が若干上昇する傾向を示すことから、特に2000年以降の物価上昇に連動して植林造林コストが上昇していることを伺える。三北防護林建設事業は30年以来、①中央財政の特定資金移転、②地方政府の中央財政移

第 8 章　政府主導下の中国乾燥半乾燥地砂漠化対策の歩みと特徴　*227*

表 8-4　三北防護林建設事業の資金投入状況　単位：万元

	三北防護林事業総投資額（中央投資）	北京市	天津市	河北省	山西省	内モンゴル自治区	遼寧省	吉林省	黒竜江省	陝西省	甘粛省	青海省	寧夏回族自治区	新疆ウィグル自治区
2012	325088 (210938)	14792	27080	10773	12514	35030	19362	9237	34222	28414	18708	8100	7774	99082
2011	322215 (208105)	—	13592	30914	17532	46658	19715	9103	33811	22187	19267	8581	9722	91133
2010	284589 (57620)	5858	7946	19262	16611	34636	16010	7716	38119	20840	13156	7900	12722	83813
2009	270310 (104485)	824	9883	16334	24664	32243	13573	10007	37562	21979	7744	4800	9440	81257
2008	184078 (83060)	17621	7896	10542	2700	20877	10450	4027	20538	6247	12848	8300	7350	8191
2007	94026 (48202)	860	2300	7027	7130	4077	4920	1750	4842	4303	5152	1662	6936	43067
2006	84328 (38539)	7440	3050	5342	1180	6109	4054	4084	4870	2004	3520	1362	3250	38063
2005	85231 (41252)	13583	2368	2883	2357	-5069	2276	6846	1190	4285	1120	3149	40105	
2004	86645 (44014)	15641	3397	6326	1881	1072	1656	2666	6514	1405	4342	1352	5119	35274
2003	85437 (49105)	2314	2864	3894	2705	390	5063	4555	5890	2352	5330	3554	6782	39744
2002	139272 (66512)	1275	2985	16880	4194	3982	8761	3730	13388	5693	6470	4806	14474	52634
2001	103125 (57940)	5564	2573	9338	2179	3613	11911	2378	9669	1909	11200	5059	5239	32493
2000	141922 (68954)	9391	4708	11408	8244	35171	2019	6753	2018	5627	12701	14685	4051	25146

出典：中国林業統計年鑑2000年から2012年のデータに基づき作成した。

転資金に対する一定の割合の資金投入、および③住民の義務植樹活動、の三つの柱によって実施されてきた。

　2008年までの全体投資額は6026577万元に上るが、その中で中央財政の資金が503069万元の8.3％とされている。これは、義務植樹活動によって動員された住民の投下労働を貨幣に換算した場合も含むからである。2008年まで投下された住民の義務植樹労働を貨幣に換算すると470704万元、全体の約78.1％を占める（国家林業局前掲）。そのために、中央財政の資金投入は、各地の植林コストを大きく下回る金額に過ぎないことがうかがえる。その基準は、第1期（1978-1985）では1ヘクタール当たり54.15元、第2期（1986-1995）では58.65元、第3期（1996-2000）では120元で実施されたが、第4期（2001-2010）には1500元に引き上げた。しかし、第4期の2001年から2007年の中央投資金額は実際の計画目標の18.7％にとどまり、地方への造林ノルマ

も事業計画の約半分の57.4%しか達成できていないことが分かった。特に、乾燥半乾燥地の植林造林事業は、アクセスしやすく、自然条件上活着率が比較的に高いところから着手する傾向がある。そのために、今後の植林造林対象地域は降雨量がさらに少なく（場合によっては年間200mm以下）、活着条件が非常に厳しい地域で展開されることとなる。したがって植林造林コスト[7]がさらに上昇するものとみられている。

　2011年から第5期プロジェクトが実施され、2020年までに1000万ヘクタールの造林面積と12%の森林被覆率を政策目標として打ち出された。この期間には、修復可能な砂漠化土地の50%以上を緑化し、水土流失面積を70%以上に留める上で、平原農業区域の森林隔離帯率を80%まで引き上げることを政策目標として掲げている。前述した残余対象地域の適性を考慮し、水資源の潜在性や防護林と経済林の組合せ等、それぞれの地域の自然環境の特性に合わせた総合計画[8]が立案されている（潘迎珍 2010）。

第3節　京津風沙源対策の10年間（2001-2010）

　30年間の三北防護林建設事業は、中国北方の乾燥半乾燥地域の風砂侵食の防止および植生回復に対して大きな役割を果たした。しかし、そのスケールが北方全域に広がることから、北京や天津といった局部地域の深刻な風砂被害にはそれほど有効な制御力にならなかった。中国北部では、1950年代には砂塵暴が年間5回程度発生し、1990年代になってからは年間23回程度、それが2000年の3月、4月の1カ月の間に12回発生した。このように、2000年に入り北京市および華北地域を襲う砂塵暴[9]頻度は減るところか、範囲や被害状況においてもますます憂慮すべき事態となった。京津風砂源対策プロジェクトは、このような極端な気候現象に対処することを目的に、北京市を中心とする華北地域への風砂の襲来を防ぐことを目的に着手した国家プロジェクトであった。

　2000年10月に、国務院は国家林業局、農業部および水利部、北京市、天津市、河北省、内モンゴル自治区、山西省等中央関係省庁および5つの地方政

第8章 政府主導下の中国乾燥半乾燥地砂漠化対策の歩みと特徴　　*229*

表8-5　京津風砂源対策の事業内容（2002）

事業項目	全国合計	北京	天津	河北	山西	内モンゴル
造林面積(ヘクタール)	824427	24609	1173	326255	102329	370061
封林（砂）育林面積（ヘクタール）	951983	83775	12680	310035	72390	473103
草地対策面積（ヘクタール）	152150	333	—	58000	22103	71714
小流域対策面積（ヘクタール）	57577	3300	750	29123	14233	10171
水利施設（個所）	5380	450	93	2186	576	2075
生態移民数（人）	22246	—	—	4755	3350	14141
生態移民数（戸）	5948	—	—	1536	903	3509

出典：中国林業統計年鑑2002年度版を基に作成した。

府と共同で、「環北京地区防砂治砂事業計画（2001-2010）」を公布した。これは第1期プロジェクトといわれるもので、北京市やその周辺地域の砂漠化土地の分布現状および拡大趨勢、生成要因を把握し、地域の特性を活かした造林、防護林、草地保全のためのプロジェクトを実施するよう打ち出された。具体的な事業内容は、表8-5で示された項目から構成する。つまり、実施対象には北京市周辺に位置する北京市、天津市、河北省、山西省、内モンゴル自治区の5つの市、省、自治区が含まれており、植林造林事業の他に、退耕還林事業や農地（草原）森林隔離帯、放牧禁止による畜舎経営、小型水利施設の建設、水源地保全事業、小流域の総合対策、および生態移民等の措置が含まれた。

　京津風砂源対策事業は、西側は内モンゴル自治区の達茂旗から始まり、東側は河北省平泉県に至る東西700kmの区間、そして南側は山西省代県から始まり、北は内モンゴル自治区東烏珠穆沁旗に至る南北600kmの区間、75の県（旗、市区）に跨る45.8万km²の国土が対象とされた。複雑な地形のほか、年間平均降雨量が459.5mmの乾燥半乾燥気候の特徴をもった代表的な水資源不足地域である。対象地域の総人口は1957.7万人であるが、その中で農業畜産業人口が1622.2万人で、全体の82.9%を占めており、当時の440万人に相当する約22.5%が貧困人口とされた。特に河北省のプロジェクト実施区域内の貧

表8-6 京津風砂源対策事業の実施区分

対策区分	対象地域	砂漠化現況	課題	対策
北方乾燥地草原砂漠化対策区域	北京の西・北西部。内モンゴル錫林郭勒盟、烏蘭察布盟、包頭市の7つの県（旗、市）	総人口54.8万人、総面積175613km²（26342万ムー）、その中で砂漠化土地面積4172.4万ムー。全部修復可	牧地を中心とする草原砂区、長年の過度放牧による草原砂漠化問題。2001年-2010年期間に育林造林1283.6万ムー。草原改良3942.6万ムー。	1）草原管理請負制度の導入 2）植生状況に基づく頭数制限 3）水資源配分の合理化、水利施設の整備 4）草原の灌木林帯・農地林帯の建設
渾善達克砂漠対策区域	北京北部、内モンゴル錫林郭勒盟、赤峰市の17県（旗、市区）	総人口514万人、総面積154333km²（23150万ムー）、砂漠化土地面積7284.7万ムー、全部修復可。	農牧交差地域、過度の放牧・開墾・伐採による灌木・草地の現象・荒廃化。1989年-1996年期間に流砂面積93%増加、灌木・草地減少29%。2001年-2010年期間に育林造林面積2897.5万ムー、草地改善5966.9万ムー。	流砂の固定対策。1）重度の流砂地域では植物・灌木による沙丘固定。2）軽度の沙丘では、人工・飛行機による作付。3）水資源配分の合理化、作付・改善・保護の有機的組合 4）草地・農地の林帯建設
農牧交差地帯砂漠化土地区域	内モンゴル烏盟陰山の南北、山西省雁北、河北省壩上西部の24県（旗、区）	総人口525万人、総面積54452km²（8167.76万ムー）、砂漠化土地面積2056.69万ムー。99.5%の2046.7万ムーが修復可。	土壌層が薄く、砂粒子が極小、風によって浮揚しやすい。人口密度が大きいため、森林破壊・過度伐採が深刻。2001年-2010年期間に、育林造林面積1208.67万ムー、草地改良2858.6万ムー	開墾禁止・放牧制限が主要対策。1）新規開墾の禁止、2）砂漠化が進み、食糧生産性の低い土地について、退耕還林を実施、3）小流域の総合対策を実施、4）伝統の放牧型の畜産業の見直し、5）草地・農地の林帯建設
燕山丘陵山地水資源保護区	河北省張家口およびその東側の山地丘陵地帯。北京・天津・張家口南部・承徳市の27県	総人口863万人、総面積73820km²（11073万ムー）、砂漠化土地面積1761.7万ムー、その中で修復可能土地1671.5万ムー、94.9%	過度伐採・採取、傾斜地の耕作による植生破壊。2001年-2010年期間に、育林造林面積2026.43万ムー、草地改良3173.6万ムー	山地・丘陵地帯の防護林建設。1）現有森林の封林育林、伐採・採取の禁止、2）流域内の傾斜地・ダム周辺の農地の退耕還林、3）水土保持予防監督の強化、

| | | | | 4）現有の荒地・荒山の植栽、水源地の涵養、5）防風・固沙林帯の建設、6）草地・農地の林帯建設 |

出典：「環北京地区防砂治砂事業計画（2001-2010）」に基づき整理した。

困人口は最も多く、全体の約38.5%を占めた。

　北京やその周辺地域への風砂浸食は、気候的な条件と風砂源となる草原の植生破壊問題および土地の砂漠化が主な要因とされた。そして北京市に飛来する砂塵暴のルートは三つあるとされた。つまり、一つは内モンゴル自治区渾善達克砂漠―河北省坝上―北京市およびその周辺地域、二つ目は内モンゴル朱日和―洋河渓谷―永定河渓谷、三番目は桑干河渓谷―永定河渓谷とされた。現在は風砂源と認定された内モンゴル自治区内の地域は、かつては見渡す限りの草原が広がり、自然植生が眩しく青々とした豊かな草原だった。近代の人口増加に伴う草原への人口流入、農耕技術の草原への普及、過度な開発等の人為的な要因によって、自然植生の自己修復能力が低下し、偏西風の暴風に晒された草原の荒廃が進んできた。自然植生の破壊は地域農耕民族の貧困問題を招来し、貧困解消のためにさらに自然植生を破壊するという悪循環が続いてきた。

　そのような意味で、京津風砂源対策事業は、①急速に広がる土地の砂漠化を阻止し、②土地の生産性の向上を図り、③深刻な水土流失を改善し、④植生の悪化状況に歯止めをかけると同時に、⑥地域社会の経済発展につなげることで、地域社会の貧困解消と生態環境保全を同時に実現するのが政策目的とされた。

　2000年に制定された環北京地区防砂治砂事業計画（2001-2010）では、対策地域の特性に基づき、①北方乾燥地草原砂漠化対策区域、②渾善達克砂漠対策区域、③農牧交差地帯砂漠化土地区域、④燕山丘陵山地水資源保護区の4つの対策区域に区分し、それぞれの区域における植生破壊原因および現況を把握したうえで、その地域に合った対策方法を導入した（表8-6を参照）。人口構成や経済発展水準および砂漠化土地面積、修復可能な土地面積を算出

表8-7 京津風砂源対策の内訳と全国造林面積に占める比率　単位：ヘクタール

	全国造林面積 (a)	京津風砂源対策造林面積 (b)	京津風砂源対策造林事業の内訳					b/a(%)
			用材林	経済林	防護林	薪炭林	特種用途林	
2012	5595791	541690	12553	12629	512059	3923	526	9.6
2011	5996613	545191	9672	11412	523773	—	334	9
2010	5909919	439126	8908	2643	427241	—	334	7.4
2009	6262330	434817	17315	3675	411268	1358	1201	6.9
2008	5353735	469042	12804	3481	451584	–	1173	8.7
2007	3907711	315132	5159	20	308906	–	1047	8.1
2006	2717925	219714	8737	2978	207479	200	320	8.1
2005	3637681	408246	6544	7090	393693	600	409	11.2
2004	5598079	473272	8223	10553	453858	470	168	8.5
2003	9118894	824427	19397	21078	782638	947	367	9
2002	7770971	676375	19801	47266	603539	5176	593	8.7
2001 注)	4953038	217320	18102	32260	165463	1446	49	4.4

注：京津風沙源対策事業は2002年から導入されているが、それ以前は1991年から全国防砂治沙プロジェクトが全国27の省自治区の598県で展開された。2001年の統計には環北京地域防治沙事業として計上されていた。両者の実施目的は同じであるが、実施対象が若干異なる点で区別される。

出典：中国林業統計年鑑2001年から2012年のデータに基づき作成した。

した上で、2001年から2010年までの具体的な育林造林目標や草地改良目標を数値化した。

表8-7は、全国（南方を含む）の造林面積に占める京津風砂源対策事業の造林面積を示している。最も低い2009年を除くと、毎年全国造林面積の8％〜9％の水準で推移した。北方5つの省（直轄市、自治区）の成果としては決して低いレベルではない。樹種の構成からみた場合、防護林の割合が最も高く、その次に経済林と用材林が続く構成となっている。京津風砂源地域の植生破壊要因は主に人口の増大や過度の放牧・伐採によるものであり、地域住民の経済収入の低さが誘発したものとして受け止めることもできる。そのため、この地域の植生回復事業は地域住民の貧困解消問題と深く関わる問題

表8-8 京津風砂源対策資金における中央財政資金

	京津風砂源対策総額（a）	中央財政資金			b/a(%)
		合計（b）	国債資金	中央財政特定資金	
2012	356646	321863	—	—	90.2
2011	250395	223978	—	—	89.4
2010	382406	329166	47958	281208	86
2009	403175	355377	58235	297142	88.1
2008	323871	310795	74594	236201	95.9
2007	320929	298768	48157	250611	93.1
2006	327666	310029	59828	250201	94.1
2005	332625	325408	81585	243823	97.8
2004	267666	261900	82050	179850	97.8
2003	258781	239513	122507	117006	92.6

出典：中国林業統計年鑑2003年から2012年のデータに基づき作成した。

とされ、造林育林事業および草地改良事業への経済的補償制度を設けたほか、森林更新材や経済林の利活用を内容とする地域産業の育成にも大きく関わってきた[10]。地域内の自然資源を活用した内発的発展への新しい試みとして捉えることができる。

表8-8からは、このような成果が、国家プロジェクトとして実施され、中央財政の特定資金を中心とする政府間財政移転資金によって実現されたことを確認できる。京津風砂源プロジェクトを実施して以来、2003年から統計データが整備されるようになったが、その後の資金投入の傾向を分析すると、2009年、2010年と2011年を除いた全ての年における中央財政資金の割合は何れも9割を超えており、2009年には88.1％、2010年には86％、2011年には89.4％と、非常に高い割合を占めていることが分かる。このように国は地域住民の生態環境への高いニーズを最優先課題として位置付け、グリーン民生を地域社会の生存権保障の要件として取り組んできたことが読み取れる。

京津風砂源対策事業は、第1期の10年間の取り組みを経て、次のような顕著な生態改善効果がみられた。先ずは、植生回復能力において、高木、低木および草本植物を組み合わせた複合型植生修復群落が多くの地域でみられる

ようになったほか、植生被覆率の大きな改善がみられた。2004年-2008年に行った第7回全国森林資源調査では、京津風砂源対策地域の林地面積は1446.02万ムーとなり、2003年に終了した第6回全国森林資源調査結果より、133.66万ムー増加したことがわかった。また対策地域の森林被覆率は、2003年の10.94%から2008年の15.01%に改善され、立木蓄積量は第6回全国森林資源調査期間の年間増加量の2倍に相当する421.66万㎥に改善されていたことが明らかになった。また、1999年-2009年の第4次全国荒廃化・砂漠化土地調査では、京津風砂源対策の5つの地域の砂漠化土地面積が116.3万ムー減少した結果となった。土壌の風食化変化データでは、2001年、2005年、2010年の風食量がそれぞれ11.91億t、9.96億t、8.46億tを示しており、2001年に比べて2010年には3.45億t減少したことになる。地表粉塵量のデータでは、2001年、2005年、2010年のそれぞれが3124万t、2629万t、2650万tと、2001年より474.1万t減少した結果となった（京津風砂源対策プロジェクト2期計画策定研究チーム 2013）。

　2013年3月に実施した実地調査では、2003年以降の農村農業税の撤廃や2007年の民生財政の提起以降に行われた農村住民への義務教育、公的医療制度および公的年金制度を導入して以来、特に2000年以降の約10年間実施された新農村建設事業の結果、都市と農村間の所得格差および公共サービスの格差が是正傾向にあり、自然資源への過度な依存が大幅に改善されたことが確認された。それには、国による様々な政策のほか、出稼ぎ収入の増加や地域産業の育成等が大きな役割を果しことも確認できた。

　しかし、2011年から始まる第2期京津風砂源対策事業[11]にはこれまでない大きな課題を残している。一つは、第1期のプロジェクトの実施を通じて、大きな意味での生態環境の改善や経済収益の向上がみられたものの、京津風砂源地域の砂漠化対策の抜本的な改善につながっていない。その例として、現在においても北京市やその周辺地域における砂塵暴現象は頻繁に発生している。二つ目は、今後の植林育林事業の難しさと資源制約・コスト上昇の問題である。

　第1期プロジェクト実施期間では、国の財政力の制約を受け、対策地域の多くが北京市北部、北西部に集中し、被害地の近距離区域の対策、つまり風

第8章　政府主導下の中国乾燥半乾燥地砂漠化対策の歩みと特徴　　*235*

向きの下流地域の対策に集中する傾向がみられた。北京地域を襲来する砂塵暴の発生源がさらにその西側にある内モンゴル自治区アラサン高原の騰格里砂漠、烏蘭布和砂漠、庫布斉砂漠、毛烏素砂漠とされていることから、第2期ではさらに西への事業拡大が計画されている。しかし、このような地域はさらに降雨量が少なく、年間200mm ないし300mm の地域における植林事業は、水資源配分をめぐる地域社会内部の矛盾が表面化されるほか、交通アクセスの不便性や造林コストの増加による財政資金へのプレッシャーがさらに増加するものとみられている。

おわりに

　中国は山が多く、砂漠化土地が約3割を占める自然環境が非常に厳しい国土事情をもっている。最適な森林被覆率が約3割といわれるほど、植林造林条件が過酷な国でもある。このような自然条件では、住民の自然環境改善への要望が高く、国としても国土緑化や砂漠化防止対策を地域住民の生存権の保障や地域社会・経済発展に不可欠な必須要件として位置付けて、北部の乾燥地半乾燥地における植林事業を展開してきた。国の財政資金の大量の投下が可能になったのは、ここ30年間の高度経済成長による財政収入の持続的な増加があったからである。本章で取り上げた二つの国家プロジェクトは、中長期的な計画が組み合わされ、かつ、地域の自然特性に適した差別化されたプログラムや資金保証の仕組みを組み入れた体系的な実施プロセスである。実地調査や統計データの分析から、この二つの国家プロジェクトの実施過程における政府間の事務配分および財政関係の不明瞭な仕組みが取り残された形となった。しかし、三北防護林建設事業と京津風砂源対策のそれぞれの変遷を概観する中で、国や公共財政が果たされた役割をある程度明らかにすることができたと考える。

参考文献
　国家林業局編『三北防護林体系建設30年（1978-2008）』、中国林業出版社、2008

年11月、2-5頁、58-61頁。

潘迎珍主編『三北防護林体系建設―5期プロジェクトに関する重大問題研究』、中国林業出版社、9-36頁。

国家林業局三北局弁公室办公室「中国の三北防護林体系建設30年」、国家林業局URL、2014年8月30日アクセス。
http://sbj.forestry.gov.cn/portal/sbj/s/2667/content-416210.html

林業弁公庁「中国荒漠化及砂漠化土地」、国家林業局URL、2006年9月24日アクセス、
http://www.forestry.gov.cn/portal/main/s/58/content-94.html。

京津風砂源対策プロジェクト2期計画策定研究チーム「京津風砂源対策プロジェクト1期がもたらした便益」、同チーム編著『京津風砂源対策プロジェクト第2期計画策定研究』、中国林業出版社、2013年、1-50頁。

1　中国国土資源部：中国土地砂漠化概況、の資料を参照した。2014年8月11日アクセス。
http://www.mlr.gov.cn/tdzt/zdxc/tdr/21tdr/tdbk/201106/t20110613_878377.htm

2　ここでいう「三北」は、東北、華北、西北の三つの地域を指す。環内蒙古自治区行政区域を中心に、砂漠化防止対策として防護林を建設する国家事業を1978年から実施した。

3　国連の砂漠化対策条約によれば、「砂漠化」とは、「乾燥地域、半乾燥地域および乾燥半湿潤地域における種々の要因（気候の変動および人間活動を含む。）による土地の劣化」を指す。ここで「土地の劣化」とは、「乾燥地域、半乾燥地域および乾燥半湿潤地域において、土地の利用によってまたは次のような過程（(①風又は水による土壌が侵食、②土壌の物理的、化学的もしくは生物学的又は経済的特質が損なわれること、③自然の植生が長期的に失われること）もしくはその組合せによって天水農地、灌漑農地、放牧地、牧草地および森林の生物学的または経済的な生産性および複雑性が減少し又は失われることをいう。

4　第二回の全国砂漠化調査（1994-1999）によれば、調査対象地域の61.9％の115.2万㎢の面積が砂漠化又は劣化途上の現象を捉えたと報告した。

5　梭梭とは、砂漠に生息する低木の植物で、乾燥に強い砂漠固有種である。

6　2000年以前に実施した三北および主要流域防護林建設事業を含め、天然林資源保護プロジェクト、退耕還林、京津風砂源対策、野生動植物および湿地保護、重点地域速成用材林プロジェクトが含まれる。

7　植林造林コストには、苗木を栽培・購入する資金のほか、灌漑のために大量の水資源が消費されている。そのために、直接的な経済コストのほか、貨幣試算では正確に評価できない自然コ

第8章　政府主導下の中国乾燥半乾燥地砂漠化対策の歩みと特徴

ストも含まれる。
8　この総合計画を三北防護林体系類型区画ともいう。中身は全国一級区として、東北華北平原農業区域、風砂区域、黄土高原区域、西北荒漠区域の4つの区域に分類し、更に全国二級区として19区域、489県（旗、区）に細分化された体系からなる。
9　砂塵暴とは、都市部や周辺農村地域を襲う巨大な砂嵐を指す。
10　2012年3月の北京市、河北省承徳市・平泉県の実地調査では、地元の中小企業が契約農家と連携して、地元でとれる山杏の廃材を活用した全国最大のキノコ菌床生産地およびキノコ生産拠点を作り上げたことを確認できた。
11　第2期プロジェクトは、2011年から2020年を実施期間とし、第1期の対象地域である、北京市、天津市、河北省、内モンゴル自治区、山西省に加えて、陝西省が加わる6つの省（直轄市、自治区）の138県（旗、市、区）で実施される。総面積は71.05万k㎡に及ぶ。第1期の政策目標と同じく、グリーン民生と貧困解消が大きなテーマとなる。

第9章　中国の乾燥地における草原生態系自然保護区の現状と課題

谷　垣　岳　人

はじめに

　中国の西北部に広がる乾燥地は3,673,000km²と国土の約4割を占める。これは日本の国土面積377,900km²の約9.7倍である。乾燥地といえば砂漠のような草木一本生えない不毛の大地が思い浮かぶ。しかし意外にも乾燥地には、草本や低木が生い茂る緑の風景が広がる。もちろん、タクラマカン砂漠のような極端に降水量が少なく植生が発達しない狭義の砂漠もある。しかし一方で、多くの乾燥地には一時的な降雨があり、この少雨に適応した植物をはじめ、昆虫、鳥類や哺乳類などの動物が生息している。これらの動植物どうしが、食べる－食べられる、共生・寄生するなどの様々な生物間相互作用をすることで、草原や低木林や砂漠のオアシスともいえる湿地などの乾燥地特有の生態系を作り上げている。またこれらの生態系は、牧草地、燃料、水資源、観光資源などの生態系サービスを人間にもたらしてきた。

　しかし、これらの乾燥地では、過度な農地の開墾、過放牧、地下水の不適切な利用などの人為攪乱や気候変動により、植被の減少や砂漠化などの土地の劣化が生じている。乾燥地の生態系とは、攪乱からの回復力が小さい脆弱な生態系なのである。そこで、中国政府は、生物多様性を保全するための自然保護区を2000年頃から急速に建設した。しかし、人為作用で劣化した土地の生物多様性を保全するには、放牧や農地利用などの人為を排除する必要がある。自然保護区建設とは、地域住民との間で利害が真っ向から対立する可能性のある政策である。さらに失われた生態系は人為の排除だけでは回復しないことがある。例えば、生態系の頂点に位置する肉食動物のような捕食者がすでに消失しており、その影響により草食動物が増加し、植生被害をもた

らすためである。そこで寧夏回族自治区の半乾燥地にある自然保護区では、自然保護区の管理運営と地域住民との共存のための取り組みを実施している。さらに生物多様性保全のためには、ネズミのような増加しすぎた草食動物を駆除し、著しく減少した捕食者を養殖し野外に放つ自然再生が試みられている。しかし、思わぬ影響によりネズミの駆除に失敗したり、その地域に生息していない捕食者を導入したりすることがあり、草原生態系の回復は順調ではない。

そこで本章では、中国西北部に広がる乾燥地での生態系保全の現状について、現地調査の結果を交えて紹介したい。

第1節　中国の乾燥地

中国の乾燥地では、気候の変動や人間活動によって生じる砂漠化や水土流失などの土地の劣化が進行している。この土地の劣化は生物多様性を減少させ、人々の生活にも大きな影響を与えている。

ここではまず乾燥地の定義について述べたい。乾燥地の定義には、国連環境計画（UNEP）が定義した乾燥度指数がよく使われる。乾燥度指数とは、年降水量を年可能蒸発散量で割った数値であり、この値が0.65よりも小さくなる地域を広義の乾燥地としている。この可能蒸発散量とは、ある地域の気候条件下での蒸発量と植物を通じて地面から水が失われる蒸散量の合計である。さらに乾燥地は、乾燥度指数に応じて4つに分類されている。0.05未満で最も乾燥している地域は極乾燥地とよばれ、タクラマカン砂漠のような草木がほとんど生えない狭義の砂漠となる。0.05から0.2の地域は乾燥地域とよばれ、乾燥適応した草本と低木が生育する広義の砂漠である。0.2から0.5の地域は半乾燥地域とよばれ、長茎草本と中低木からなるサバンナ的景観となる。0.5から0.65の地域は乾燥半湿潤地とよばれ、長茎草本に高木が混じり乾燥した森林も見られるようになる。

中国の乾燥地は、3,673,000km²で国土面積の約38％を占める（表9-1、図9-1）。このうち厳しい気候条件のために、すでに砂漠となっている極乾燥

第9章 中国の乾燥地における草原生態系自然保護区の現状と課題

表9-1 中国の乾燥地および半乾燥地の面積

類型	乾燥度指数	面積（万km²）	土地面積（%）
極乾燥地域	<0.05	69.7	7.3
乾燥地域	0.05～0.2	137.0	14.3
半乾燥地域	0.2～0.5	108.0	11.2
乾燥半湿潤地域	0.5～0.65	52.6	5.5
湿潤地域	>0.65	592.7	61.7

出典：慈龍駿 1994を改変

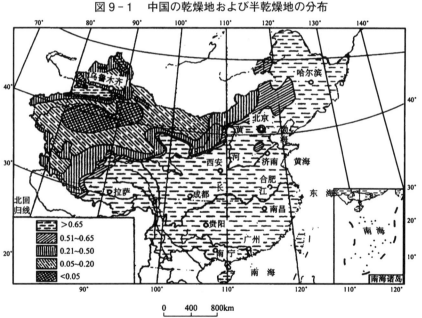

図9-1 中国の乾燥地および半乾燥地の分布

出典：慈龍駿 1994を改変

地を除くと、砂漠化する可能性のある乾燥地（乾燥地域、半乾燥地域および乾燥半湿潤地の合計）は、2,955,000km²と国土の約31%にもなる。すでに砂漠化した面積は2,620,000km²と国土面積の27.3%にも達しており、毎年2460km²の割合で更に砂漠化が進んでいる（国家林業局 2011）。砂漠の拡大により農地や家が砂に埋まるため、移住を強いられる人々も多い。また表土流出および洪水のため、人的・経済的被害が毎年発生している。さらに草地や森林の減少により野生動物の生息地が失われている。このように乾燥地の最も重要な環境問題の一つが砂漠化であり、劣化した土地を草地や森林へ回復させることが重要な環境政策課題となっている。

1999年に中国政府は、2010年までに森林被覆率を19%以上、2050年までには26%を目指した生態環境保全のためのマスタープラン「全国生態環境建設計画」を策定した。これに基づき国家林業局は、6大林業重点事業（1.天然林資源保護、2.退耕還林、3.三北（東北、華北、西北部）・長江中下流防護林建設、4.北京・天津風砂源整備事業、5.野生動植物保護および自然保護区建設、6.重点地域における早生多収穫用材林基地建設）を展開してきた。これらの生態環境建設の結果、2012年での森林被覆率は20.4%に達した（国家統計局・環境保護部 2013）。

森林被覆率の増加は人的・経済的被害を減少させるが、生物多様性に対してはどのような影響を与えたのであろうか。この影響について、上記の野生動植物保護および自然保護区の建設から見てみたい。中国は1993年に生物多様性条約を批准し、生物多様性の保全に関わる行動計画を策定するとともに各種国内法を整備した。例えば、1994年には中華人民共和国自然保護区条例を制定し、絶滅危惧種の生息域および中国の自然環境を代表する生態系を自然保護区として指定した。これらの自然保護区は、生物地理単位および森林、草原と草甸、砂漠、内陸湿地と水域、海洋と海岸などの中国の自然環境を代表する生態系を含むように建設された。とりわけ2000年代は、6大林業重点事業政策の推進により自然保護区の建設ラッシュが起きた。1999年には全国で926ヵ所だった自然保護区が、2000年から2009年にかけて、国家級、省級、地市級、県級を合わせて約1500ヵ所も新設された（谷垣 2012a）。自然保護区数は2012年には全国で2669ヵ所、合計面積は218,570km²となり、これ

第9章　中国の乾燥地における草原生態系自然保護区の現状と課題　　*243*

は国土面積の14.9%を占める（国家統計局・環境保護部 2013）。

　これらの自然保護区の設立が地域の生物多様性の保全に寄与するためには、当該地域における生物多様性減少の要因を特定し、その解決を目指す自然保護区管理計画の策定と着実な実施が必須である。例えば、陝西省南部の秦嶺山脈のような森林生態系の自然保護区では、世界自然保護基金（WWF）や地球規模の環境問題の解決のための資金を無償で提供する地球環境ファシリティー（GEF）のような外部資金を得ながら自然保護区の管理計画を策定しているが、いずれの自然保護区も国家や地方政府からの投資額が少ないという問題を抱えている（谷垣 2012b）。しかし、人為攪乱を受けやすい脆弱な生態系である乾燥地の自然保護区の現状や管理の実態についてはよくわかっていない。そこで著者は2012年に、寧夏回族自治区において草地生態系に建設された自然保護区の管理運営に関するインタビュー調査をおこなった。

第2節　寧夏雲霧山国家級草原自然保護区の概要

　寧夏回族自治区の半乾燥地にある草原生態系型の寧夏雲霧山国家級草原自然保護区の現状を紹介したい。

　寧夏回族自治区は、陝西省、甘粛省、内モンゴル自治区に隣接し、トングリ砂漠、モウス砂地、ウランプハ砂漠に囲まれた人口約630万人の半乾燥地である（図9-2）。半乾燥地は、上述のように長茎草本と中低木からなるサバンナ的景観を作り出す。寧夏回族自治区には、中国国内の自然草原の47.2%が存在するが、長期にわたる過放牧や過開墾により砂漠化が進行し、砂嵐や水土流失などの自然災害が頻発した。1980年代初頭には、区域内の自然草原の97%で環境悪化が観測され、そのうち29.6%で重度の悪化が生じていた。2000年代に入ると、すべての自然草原において環境悪化が観測され、砂漠化は年間1.4%で進行した。1980年代初頭、自然草原の面積は30,140km²であったが、20年後には24,430km²にまで減少した（寧夏農業勘査設計院＆寧夏雲霧山草原自然保護区管理所 2011）。

　寧夏雲霧山国家級草原自然保護区（以下、雲霧山自然保護区）は寧夏回族自

図9-2　寧夏回族自治区の位置

出典：中国国家観光局HP

図9-3　固原市の寧夏雲霧山国家級草原自然保護区の位置

出典：固原市（wikipedia HP）

治区の南部の固原市原州区に位置する（図9-3）。固原市原州区の年平均降雨量は350〜500mmであり北部で少なく南部で多い。降雨は7〜9月に集中するため降水量の割に干ばつが頻発する。例えば、雲霧山の1月の月平均降水量は3.6mmだが7月は91.5mmと25倍もの差がある。この地域は黄土高原の西北端に位置し、ひとたび植生が失われると激しい水土流失が生じるため、溝と深い谷がいたるところに見られる。このため原州区周辺は、全国水土流失最厳重地区の一つになっている。

　寧夏回族自治区政府は、西部大開発による経済社会的な発展を進める基盤となる生態環境の改善を重要な政策と位置づけ、自然保護区の建設、退耕還林、退牧還草および大規模な造林をおこない生態環境の再生を試みた。例えば、退牧還草政策として2003年5月に草原全域において放牧を禁止し、ヒツジ380万頭すべてを畜舎飼育へと変えた。これにより、環境悪化が観測された自然草原24,430k㎡のうち、18,700k㎡において植被が回復した。また流動および半流動砂丘677k㎡が固定砂丘へと変化し、生態環境は大きく改善した（寧夏農業勘査設計院＆寧夏雲霧山草原自然保護区管理所 2011）。このように放牧を近年禁止した一方で、最も典型的な自然草原が存続していた雲霧山の周辺地域を、1980年代に自然保護区に指定した。

　雲霧山自然保護区は、面積は66.6k㎡、南北13.2km、東西8.4kmに広がる寧夏回族自治区唯一の草原生態系型自然保護区であり、黄土高原の草原生態系型自然保護区として最も面積が広い。自然保護区の管理主体は寧夏回族自治区林業局である。自然保護区の大部分は標高1800〜1900mに位置し、保護区内で最高峰の雲霧山は標高2148mである。年間平均降水量は445mmであるが季節的な変動が大きい。ここには黄土高原の典型的な草原生態系がもっとも完全な形で残存しており、砂漠化などにより黄土高原で急速に減少している動植物の重要な遺伝子バンクといえる（寧夏農業勘査設計院＆寧夏雲霧山草原自然保護区管理所 2011）。自然保護区は、保護管理基準の異なる3つ（核心区・緩衝区・実験区）に区分けされている。核心区とは、原生自然がもっとも多く残っており絶滅危惧種が集中分布しているため、研究目的の立ち入りでも省級以上の人民政府の許可が必要な、厳しい利用制限がかけられた区域である。緩衝区とは、観光業や生産経営活動が禁止され、研究・教育のた

めの立ち入りには事前の許可が必要な区域である。実験区とは、科学的実験・教育・見学および観光あるいは野生動物の馴化活動や絶滅危惧種の繁殖事業などが行われる、相対的に多様な土地利用が行われている区域である。雲霧山自然保護区の面積66.6km²のうち、核心区は17km²、緩衝区は14km²、実験区は35.6km²を占める（寧夏回族自治区人民政府 HP）。保護区内の核心区と緩衝区に人は住んでいないが、実験区には11の村があり、回族212戸966人が暮らしている（寧夏農業勘査設計院＆寧夏雲霧山草原自然保護区管理所 2011）。

しかし、雲霧山のような生物多様性を保全するうえで重要な地域でも、自然保護区建設以前には国営牧場があった。固原市原州区人民政府の前身である固原県人民政府は、1982年に牧場経営から県級自然保護区の建設へと政策転換し、1985年には省級保護区となり、2013年には国家級自然保護区に格上げされた。

第3節　雲霧山自然保護区の生物多様性

雲霧山自然保護区の植被は草本型と灌木型からなる（寧夏農業勘査設計院＆寧夏雲霧山草原自然保護区管理所 2011）。草本型の主な構成種は、イネ科ハネガヤ属のホンシシンボウ（本氏針芽 *Stipa capillata*）が優占し、シソ科イブキジャコウソウ属のヒャクリコウ（百里香 *Thymus mongolicus*）、キク科ヨモギ属のレイコウ（冷蒿 *Artemisia frigida*）、テツカンコウ（鉄杆蒿 *Artemisia sacrorum*）、コウコウ（茭蒿 *Artemisia giraldii*）、バラ科キジムシロ属のセイモウイリョウサイ（星毛委陵菜 *Potentilla acaulis*）、イネ科オガルカヤ属のレモングラス（香茅草 *Cymbopogon citratus*）などが生育する。灌木型では、カバノキ科オストリオプシス属のコシンシ（虎榛子 *Ostryopsis davidiana*）、グミ科ヒッポファエ属のスナジグミ（酸刺 *Hippophae rhamnoides*）などである。オルドス高原で人為を排除すると多年生草本であるホンシシンボウ（本氏針芽）が群落を形成する（徳岡 2003）。ハーブの一種タイムとして知られるヒャクリコウ（百里香）は、オルドス高原では、過放牧下で発達し単一種の群落を形成する（徳岡 2003）。雲霧山自然保護区には、種子植物51科131属

182種が確認されており、これは黄土高原の半乾燥地域に生育する植物種数41%を占める。このうち、裸子植物は1科1属1種だけで残りは被子植物である。雲霧山自然保護区の野生動物は、脊椎動物15目34科74属77種が確認されており、これは黄土高原の半乾燥地域に生息する脊椎動物の38.5%を占める。国家1級保護動物では、キガシラウミワシ（玉帯海雕 *Haliaeetus leucoryphus*）、イヌワシ（金雕 *Aquila chrysaetos*）、ノガン（大鸨 *Otis tarda*）、セーカーハヤブサ（猎隼 *Falco cherrug*）、国家2級保護動物では、マヌルネコ（兔狲 *Otocolobus manul*）、オオヤマネコ（猞猁 *Lynx lynx*）、クロヅル（灰鹤 *Grus grus*）、トラフズク（长耳鸮 *Asio otus*）、ワシミミズク（雕鸮 *Bubo bubo*）、チョウゲンボウ（紅隼 *Falco tinnunculus*）、ソウゲンワシ（草原雕 *Aquila nipalensis*）が確認されている。無脊椎動物では昆虫綱43科116種、クモ綱5科7種が確認されている（馬有祥 2013）。

第4節　雲霧山自然保護区の保護管理および研究

　1982年に自然保護区が建設されたのち、生物多様性の保全政策や草原生態系に関する研究を30年間にわたり推進してきた結果、保護区設立前には30%だった植被率は95%以上に回復、草の生産量も4〜5倍に増加し、植物の種数も68種から182種へと増加した（寧夏雲霧山草原自然保護区管理所、2011）。植被が回復することで、土壌表面の浸食も5000t/km²から2000t/km²へと減少し、周辺地域の生態環境が大きく改善した。雲霧山草原自然保護区管理所とともに調査研究をおこなってきたのが中国科学院水土保持研究所などの研究機関である。自然保護区内に封鎖区を設定し、30年間にわたる植生の回復調査や、草地生態農業、草地牧畜業、草地改良利用、水土流失総合管理などの持続可能な利用に関する研究を行ってきた。雲霧山自然保護区では、全国に先駆けて封山禁牧を実行し、植生回復に関する科学的成果を挙げてきた。とりわけ興味深いのは、核心区のように立ち入りを禁じ厳密に植生を保護する一方で、草地の持続可能な利用に関する研究を継続している点である。本来、季節的な移動を伴う伝統的な放牧では長期にわたり草原が維持さ

れてきたが、家畜の移動が制限されるなど社会情勢の変化の中で過放牧となり草原生態系が損なわれてきた。現在、非持続的に利用されている草原生態系を持続的利用に転換するには、面積あたりに放牧できる家畜の種類や頭数あるいは土地のローテーションの方法など、降水量に応じた環境収容に関する最適利用条件を探る必要がある。そこで、保護区では草地の持続可能な利用を見据えて、各種の草原利用実験が行われている。またさらに禁牧により回復した草本を試験的に刈り取り、草原の生産力を積極的に高める研究もおこなっている。これらの刈り取った草量はこれまでに7925万kgにもなり、周辺住民が経営する畜舎型飼育の優質な餌として供給し自然資源の合理的な利用を進めることで、自然保護区と周辺地域住民との共存をおこなっている。さらに周辺住民の生態環境の改善および経済的発展を手助けするため、1992〜1996年にかけて競争的資金「半乾燥地区水土流失総合管理による高効率草地生態農業モデル試験地区」を得て、周辺農地の開拓および改修を行った。具体的には、周辺農地2.9㎢、水源涵養林6.7㎢、経済林0.5㎢、人工植草4.5㎢、棚田の畦2万mの整備、水土流失により削られた谷458カ所の修復をおこなった。これらの科学研究および地域住民との共存を図る実践は、4冊の出版や100編ほどの論文としてまとめられ、これら功績により国や省から科学技術賞や全国自然保護区管理先進団体などを複数受賞した。

第5節　雲霧山自然保護区の問題点

このようにすべての事業がうまく進んでいるように見える雲霧山自然保護区だが、1つの問題点を抱えている。それは捕食者の減少による草食動物の増加である。近年、増加したネズミやウサギによる植生破壊が広がっている。かつて、この地域の生態系の頂点にいたオオカミ（*Canis lupus*）も人が入植してから姿を消した。さらに農民が利用した殺鼠剤によりアカギツネ（*Vulpes vulpes*）やイヌワシ（*Aquila chrysaetos*）も個体数が激減した。天敵がいなくなったことで、自然保護区内のカンシュクモグラネズミ（甘粛鼢鼠 *Myospalax cansus*）やモウコウサギ（蒙古兎 *Lepus tolai*）が増加した。カン

シュクモグラネズミは地下に営巣し植生に悪影響を与えることが知られている（Hongo et al. 1993）。そこで捕食者の生態系機能を人間が肩代わりするため、カンシュクモグラネズミを捕殺すると尾を3元で買い取るという政策を実施した。しかし、捕殺せずにしっぽを切り落として逃がす事例も多く、さらに個体数が多い甘粛省で捕獲し尾を切り取り2元で販売する業者も出現したため、この政策は中止になった。次に捕食者であるキツネを繁殖させて野生復帰させるプロジェクトを行った。寧夏回族自治区草原管理所は中国科学院西北水土保持研究所と共同で、研究題目「黄土高原西北部丘陵区農牧結合生態モデル」および「黄土高原植被恢復建造の理論と技術研究項目」として、寧夏回族自治区だけでなく、内モンゴル自治区、陝西省、四川省の20市県区にわたる29地点の草原や森林に2003年から2010年にかけて、7回328頭のキツネを放った。その結果、4330km²でネズミの害が抑えられた（寧夏農業勘査設計院＆寧夏雲霧山草原自然保護区管理所 2011）。雲霧山自然保護区では、在来種のアカギツネではなく、ロシアに生息する大型の黒色毛タイプの亜種を繁殖させ野に放った。これは上記のプロジェクトが終了した、2012年の段階でも継続して行われていた。この亜種は本来、毛皮採取のため地元の企業が養殖していたが、ワシントン条約により毛皮販売ができなくなった個体であるとのことだった。亜種の野放によりカンシュクモグラネズミやモウコウサギの個体数が減少する可能性はあるが、北方の寒冷地という異なる環境に適応した亜種は予想外の行動を示す可能性もある。目的のネズミやウサギではなく、地上で営巣する鳥類などを捕食する可能性である。また、この地域に本来生息している毛色が茶色いアカギツネは絶滅していないため、黒色の亜種との間で雑種が形成されるという遺伝的撹乱の可能性もある。このため、単に捕食者の機能を外来亜種に肩代わりさせるのではなく、生態系に配慮して在来のアカギツネを利用した生態系復元が急務の課題だと考えられる。

おわりに

　国家林業局が取り組んでいる6大林業重点事業の中で乾燥地の草原生態系の自然保護区の現状と課題を紹介した。
　草原生態系の自然保護区では放牧のような人為を排除することで植生が回復をしていた。これは陝西省の森林生態系の自然保護区において、山の木の伐採を禁じる封山育林を行い原生自然を回復している状況と同じであった。一方で違いもある。森林生態系の自然保護区では、ジャイアントパンダのような草食性の国家1級保護動物を増加させるために、小さく分断化している自然保護区どうしをつなげることが喫緊の課題であった（谷垣 2012b）。草原生態系の自然保護区では、捕食者の減少により増加したネズミのような草食動物の個体数管理が重要な課題となっていた。しかし、この個体数管理のために導入する捕食者の選定は慎重におこなうべきである。現在導入されているアカギツネの黒色亜種は、将来の分類学の進展により別種とされる可能性もある。とりわけ異なる環境に適応した黒色亜種の導入は、人間の想像の範疇を超える被害を今後もたらす可能性がある。例えば、日本では沖縄本島や奄美大島にハブの駆除のために1979年に導入された外来種のフイリマングースが、それぞれの島の在来固有種のヤンバルクイナやアマミノクロウサギなどを捕食するという問題が生じている。そこで環境省がフイリマングースの駆除事業を2005年から開始し継続しているが2014年現在、フイリマングースの根絶には至っていない。さらに上述のように黒色亜種と茶色在来種との間の交雑の可能性もある。このように様々なリスクを抱える黒色亜種の導入は、予防原則の観点からも実施すべきでない自然再生事業といえる。
　さらに保護乾燥地の自然保護区においては、原生自然の保護と同時に持続可能な利用に関する模索も続けられていた。草原を形成する草本類は家畜の餌となるため、うまく利用制限をおこなうことで持続的な利用ができる。この自然の持続利用の発想は、2010年に開催された生物多様性条約・COP10において日本の環境省と国連大学高等研究所が提唱したSATOYAMAイニシアティブの発想にも通じる。SATOYAMAイニシアティブとは、生物資

源を持続可能な形で利用・管理し、結果として生物多様性を適切に保全することにより、人間は様々な自然の恵みを将来にわたって安定的に享受できる「自然共生社会」の実現を目指す取り組みである（SATOYAMA イニシアティブ国際パートナーシップ HP）。この実現のため、国際的なパートナーシップを結び、より持続可能な形で土地および自然資源の利用と管理が行われる景観の維持・再構築を目指し、以下の３つの行動指針を提案している。①多様な生態系のサービスと価値の確保のための知恵の結集、②革新を促進するための伝統的知識と近代科学の融合、③伝統的な地域の土地所有・管理形態を尊重した上での、新たな共同管理のあり方（「コモンズ」の発展的枠組み）の探求である。この三つの指針から、霧山自然保護区での資源管理を見てみる。霧山自然保護区では、純粋に科学的なアプローチによって、狭い面積の柵に囲い込み草原面積あたり放牧可能頭数を算出しようとしている。このような科学的アプローチだけでなく、共有地で伝統的に行われてきた放牧の知恵を掘り起こす必要があるだろう。近代的な土地所有の概念からは、再び共有地に戻すことは難しい可能性があるが、科学的知見と近代化の中で失われつつある伝統的知識との融合を行い、土地の所有と利用の関係を見直す必要がありそうである。このためには、今は調査対象となっていない乾燥地の放牧文化から草原の持続可能な利用という伝統的知識を学ぶという姿勢も重要であろう。

参考文献

赵哈林［2012］『砂漠生態学』科学出版社。

慈龙骏［1994］『全球変化対我国広漠化的影响』自然資源学報、9（4）、290-302。

国家林業局［2011］『中国荒漠化和沙化状況公報』。

国家統計局・環境保護部［2013］『中国環境統計年鑑2013』中国統計出版社。

谷垣岳人［2012a］「中国興日本的自然保護法及自然保護区的現状」郭俊栄、北川秀樹、村松弘一、金紅実編著『中日干旱地区開発与環境保護論文集』西北農林科技大学出版社。

谷垣岳人［2012b］「陝西省における生物多様性保全と自然保護区」北川秀樹（編）『中国の環境法政策とガバナンス～執行の現状と課題～』晃洋書房。

徳岡正三［2003］『砂漠化と戦う植物たち』研成社。

馬有祥（編著）［2013］『寧夏雲霧山草原自然保護区総合科学考察報告』科学出版社

寧夏回族自治区人民政府 HP「国家公布云雾山国家级自然保護区区画」www.nx.gov.cn-83336.htm 2014年 9 月31日参照。

寧夏雲霧山草原自然保護区管理所［2011］『寧夏雲霧山草原自然保護区図片集』。

寧夏農業勘査設計院・寧夏雲霧山草原自然保護区管理所［2011］『寧夏雲霧山草原自然保護区総体計画』。

劉明光［2010］『中国自然地理図集（第三版）』中国地図出版社。

山中典和（編）［2008］『黄土高原の砂漠化とその対策　乾燥地科学シリーズ第 5 巻』古今書院 。

Yuan. J., L. Dai, and Q. Wang [2008] "State-Led Ecotourism Development and Nature Conservation: a Case Study of the Changbai Mountain Biosphere Reserve, China" Ecology and Society, 13(2): 55.

Hongo. A., S. Matsumoto, H. Takahashi, H. Zou, J. Cheng [1993] "Effect of mounds of cansu mole-rat (Myospalax cansus Lyon.) on shrub-steppe vegetation in the loess plateau, north-west China" J. Japan. Grassl. Sci. 39 (3): 306-316.

SATOYAMA イニシアティブ国際パートナーシップ HP（satoyama-initiative.org/ja）2014年 9 月30日参照。

第4部

【特別寄稿】陝西省の林業と持続可能な発展

第10章　陝西省の乾燥地域に文冠果を植栽する優位性、問題および対策

郭　俊　栄
谷　飛　雲

　1999年以来、「退耕還林工程」「防砂治砂工程」「三北防風林工程」（中国の西北、華北、東北三地方において人工林を養成する工程）および「封山禁牧」などの政策が実行されてから、陝西省の緑化範囲は北へ400kmまで進んだ。全陝西省の森林被覆率は以前の37.26%から41.42%まで上昇し、陝西省は緑に覆われることとなった（趙 2011, 1-3）。しかし、乾燥した黄土高原とモウス砂地における植生を再生することは非常に困難で、土壌浸食問題もまだ根本的に解決されていない。このため、地方の状況に従い、干ばつと寒さに耐える文冠果を植栽することは、乾燥地域の植生を徐々に回復させる一方、土壌保全にも貢献することになる。

第1節　文冠果の成長特性

　文冠果（Xanthoceras sorbjfolia Bunge）とはムクロジ科、ブンカンカ属（1属1種）であり、落葉樹あるいは大型低木である。中国北部乾燥、寒冷地域において分布している。文冠果は干ばつと寒冷に耐え、最低気温が－41.4℃までに達するハルピン地区においても安全に越冬し、年間降水量が僅か148mmの寧夏地区にも散在している。また、文冠果は陽性樹種であり、好光性が強く、耐半陰性質も持つが、日陰条件においては成長不良で、果実も少なくなる。一方、この植物は耐湿性が弱く、地下水位が2m以上の土地では正常に生長できず、地下水位が1m以上の土地、または地表水分が蓄積する土地、土壌湿度が高すぎる土地に植栽するなら生命を保つことができ

なくなる。さらに、文冠果は土壌に対する要求が低く、耐塩性も強く、痩せている土地にも成長できる。中国の華北、西北、東北地方の黄土丘陵、沖積平野、固定砂地、岩山地帯および塩類－アルカリ土壌でも成長できるが、最適成長条件は土壌層が厚く、肥沃であり、通気性も排水性も良く、pH値が7.5から8までの弱アルカリ性の砂壌土あるいは壌土（徐 2012, 43-50）である。文冠果は深根性樹木なので、主根が深長し、側根系が膨張しているが、根系が損傷を受けると、癒合が緩慢になるため、根系腐敗を引き起こしやすい。これは栽培の成功率に大きな影響を与える。さらに、文冠果は発芽能力が強く、病虫害も少なく、生長スピードが早くて、寿命が数百年、千年まで達する可能性がある。

第2節　文冠果資源についての調査

　2006年以来、陝西省における文冠果の現状についての調査が行われている。これらの調査結果によると、野生種の多数は小径木または低木の形で、荒れ地、尾根、谷間、さらに崖にまで生育している。多くは小さな面積にブロック状で散在している低木である。生長条件が極めて痩せている一方、果実を摘む過程で人的破壊を受け、野生する文冠果はますます減少し、個体群の個体数が減少し、生態の幅が狭まるため、絶滅危惧状態となる恐れがあり、それに対する保護活動が必要となる。同時に、陝西省において、多くの古い文冠果樹木が見つかっている。その一部の調査結果を表10-1に示す。

　それ以外に、陝西省淳化県の秦河郷、固賢郷、そして、泾陽県の蒋路郷、旬邑県の石門郷に自然分布している文冠果の中に、4種類の典型的な個体が発見された（表10-2と図10-1に示す）。

　最近の10年間に、延安地区、咸陽地区、宝鶏地区、銅川地区、渭南地区および楡林地区において、800k㎡の文冠果は人工的に栽培されることなった。その中でも、淳化県、呉旗県、富県、甘泉県、旬邑県などで人工栽培している文冠果は面積がより大きく、一部分は花も咲き、果実をつけ始めたということである。

第 10 章　陝西省の乾燥地域に文冠果を植栽する優位性、問題および対策　　257

表10-1　陝西省文冠果古木の調査表

文冠果樹木生長地	樹齢(年)	樹高(m)	胸高直径(m)	樹冠幅(㎡)	生長状況
合陽県皇甫鎮河西坡村	1700	12	6.13	140	樹幹と枝が太く、葉も花も繁茂し、世界一の文冠果の王様と称するに足る。
清澗県折家坪郷桃嶺山村	1000	8	4.10	25	葉は繁茂し、木の姿が美しく、楡林市第一の木。
淳化県固賢郷上常社村	1200	7.5	3.6	12	2010年に、現地の人は神拝のため、香、古木を焚いた。その後、根部から芽が萌え、依然として生長している。
靖辺県海則灘郷王甘溝村	550	12	2.57	11	葉は繁茂し、花も実もつける。
横山県石畔鎮杜羊圏村	410	10	2.1	10	葉は良好で、花も実もつける。
楡陽区岔河則郷白河廟村	410	14	2.75	14	3本の文冠果古木が並び、花も実もつける。

出典：

表10-2　4つの典型的な文冠果単株の果実の状況の調査表

晩後性状	06A1 特大果型	06A2 大果型	07A3 中小果型	07A4 小果型
母樹の状況	樹齢13年、胸高直径9cm、樹冠1.3m	樹齢15年、胸高直径11cm、樹冠1.5m	樹齢15年、胸高直径10cm、樹冠1.3m	樹齢14年、胸高直径12cm、樹冠1.2m
開花と実を結ぶ習慣	総状花序、小さい花が19～20枚、花が落ちた後に10～15の幼い果実が見える；成熟する時に、0～3の果実を結ぶ。単株の成熟の果実が5～7枚、種の117～200グラムを収穫できる。種の収穫量の相違が明らか。	総状花序、小さい花が16～20枚、花が落ちた後に10～12の幼い果実が見える；成熟する時に、0～3の果実を結ぶ。単株の成熟の果実が5～8枚、種の90～144グラムを収穫できる。種の収穫量の相違が明らか。	総状花序、小さい花が16～20枚、花が落ちた後に10～16の幼い果実が見える；成熟する時に、0～3の果実を結ぶ。単株の成熟の果実が6～10枚、種の102～170グラムを収穫できる。種の収穫量の相違が明らか。	総状花序、小さい花が16～20枚、花が落ちた後に10～12の幼い果実が見える；成熟する時に、0～3の果実を結ぶ。単株の成熟の果実が7～13枚、種の100～186グラムを収穫できる。種の収穫量の相違が明らか。

果実の特徴	冠状の形態、高荘、柄部は3つの凸の部位があり、うね形の果実線がなく、成熟する時にシェルが裂けない。果実殻内3室、18〜22粒の種を含んで、単一の粒が大きく、平均重量が1.3g。	冠状の形態、高荘、柄部が円形、3つのうね形の果実線があり、成熟する時にシェルが裂けない。果実殻内3室、18〜20粒の種を含んで、単一の粒の平均重量が0.9〜1g。	楕円形、頂点の部分が尖端し、3つのうね形の果実線があり、成熟する時にシェルが3枚に裂ける。果実殻内3室、18〜22粒の種を含んで、単一の粒の平均重量が0.8〜0.9g。	偏円形、体積小さく、4つのうね形の果実線があり、成熟する時に果実線に従い、シェルが4枚に裂ける。果実殻内4室、20〜24粒の種を含んで、単一の粒が小さく、平均重量が0.6〜0.7g。
葉の特徴	葉身が大きく、葉の茎が長く、小葉が9〜21枚、一部の小葉の上で分裂羽根がある。	葉身が大きく、葉の茎が長く、小葉が9〜19枚、小葉が分裂しない。	葉身が小さく、葉の茎が短く、小葉が9〜19枚、小葉が分裂しない。	葉身が小さく、葉の茎が短く、小葉が9〜19枚、小葉が分裂しない。

出典：筆者作成。

図10-1　4種類の典型的な文冠果の個体果実特徴

06A1文冠果果実

06A2文冠果果実

07A3文冠果果実

07A4文冠果果実

出典：筆者撮影。

第3節　文冠果の分布

　漢中、安康および商洛市の南部地区を除き、陝西省の他のすべての地方において、文冠果が分布している。陝西省の洛南—長安—眉県—太白の一線から北方向地区にかけて、文冠果が分布し、反対に、その境界の南部地区には文冠果の生息はみられない。延安、銅川、楡林から渭南、咸陽、宝鶏北部にかけて、即ち渭北黄土の干ばつ地域に北方向地域に集中している。文冠果は一般的に標高400m-1400mの山地と丘陵地帯に垂直分布していると言われるが、調査結果によると、陝西省では垂直分布の範囲が大きくなり、52m-2260mに成長している植栽が見られる。文冠果は小さな面積にブロック状で散在し、水平分布は一部が不連続な状態と見られる。多数の文冠果は暖帯気候地区以内に存在し、天然分布している植生は主に低木や草で構成している。土壌はレス土壌（黄土）が最も良質、その次が黒レス土壌（dark loessial soil）、風砂土（aeolian sandy soil）、山地褐色土壌、栗色土壌等である。

第4節　文冠果の栽培地域分類

　陝西省各地における文冠果の天然分布および人工栽培の状況により、陝西省の栽培地域に成長しやすい地域、一般成長地域、成長しにくい地域に分けられる。

1　文冠果の成長しやすい地域

　調査によると、延安市、銅川市、楡林市3つの都市の全部の県（区）と、宝鶏市、渭南市、咸陽市3つの都市の北部の黄土干ばつ地域を含めた渭北黄土の干ばつ地域、陝北黄土高原丘陵地帯および長城沿線風砂区は、陝西省の文冠果適生地域である。この地域は温帯、または暖温帯半乾燥の大陸性モンスーン気候であり、日当りが極めて豊富であるが、水資源と熱資源が不足し

ている。年間平均温度は7.8℃-13.3℃、年間日照時間は2300-2750h、極端な最低温度は-31.5℃〜28.5℃、無霜期間が134-180日で、昼夜間の温度差が大きく、年間平均降水量は316-610mmで、蒸発量も大きい。春期と冬期において長時間の干ばつが発生しやすく、乾燥と寒冷に耐性が強い樹種が適している。文冠果の苗の低温耐性が成年樹木より弱いため、冬期になると、本地区に栽培されている文冠果の苗に対して、保護措置を行う必要がある。

2　文冠果が一般成長する地域

　陝西省において文冠果を栽培する一般的な生産地域は、大きく以下の地域である。西安市の全部の県（区）、宝鶏市、渭南市、咸陽市3つの都市の中南部と商洛市の北部の県（区）を含める関中平原地域、秦嶺北麓、商洛市の北部地域である。この地帯は自然資源が豊富で、土壌が肥沃な上に、日射量も十分である。水資源と熱条件もよく、年間日照時間が1900-2536h、年間平均温度が7-13.3℃、年間降水量は530-730mmである。暖温帯の半多湿半乾燥気候の下で、文冠果は一般的に花を咲かせ、果実を結び、成長することができる。

3　文冠果成長に適さない地域

　巴山地区、秦嶺南部および漢中、安康の各県（区）と商洛市南部の県（区）は文冠果の成長には適さない。これらの地方は亜熱帯多湿気候帯であり、降水量が多く、湿度も高く、水資源と熱資源も豊かであるため、文冠果に適した気候条件と大きく相違しており、非常に不利な条件といえる。

第5節　文冠果を栽培する利点

1　干ばつ地区の植生回復のパイオニア植物

　文冠果は主根系と側根系が膨張しているので、深く広く分布する。皮質肥大なので、水分を吸収し保存する能力、土壌を固定する能力、および抵抗性

と適応性などの能力が高い。干ばつ、風砂、寒冷気候でも適応できるため、丘陵地帯で水土流失が厳しく浸食ガリの土地においても成長できるだけでなく、崖の隙間にさえも生き残っている。文冠果は北方干ばつ地区の種なので、生態適応能力が非常に強く、干ばつ、半乾燥地区において、生態森林、水土保持林、防風固砂林を植生する事業には重要な役割を果たすことができる（謝 2007, 77-79）。

2 都市、道路の風景植物

文冠果は樹幹の姿が美しく、樹冠も幅広く、枝が赤褐色であり、表皮が平滑という外見からして、一般的は2つ、3つの枝に分かれる。葉が散生葉で、奇数羽状複葉という形で分布し、皮針形と楕円形で現れている。葉縁は鋭い鋸歯を持ち、葉の裏面の色は薄く、表面が濃い緑で、平滑無毛な美しい青葉である。文冠果は総状花序で、5枚の白い花びらがある。花の内側ベースには黄色からパープルに段階的に変化するストライプがあり、いい香りを放つ。花盤は5枚に分かれ、裏面のオレンジ色の角状の付属物が着いている。雄蕊（おしべ）が8枚、子房が楕円形で、花の色が多様で美しい。文冠果の花は数量が多く、一つの花序に30枚あまりあり、一本の樹が数万枚までの花を咲かせる。開花期が20日以上続き、周期が非常に長い。一方、遼寧省建平県白雲林場において、文冠果の赤色の花の種類が発見されたが（図10-2）、その木の形は優美で、花序と果実の品質も高く、文冠果の観賞性を

図10-2　赤色の文冠果の花　　　図10-3　一般の文冠果の花

出典：筆者撮影。

高めている。幼果は緑色で、成熟してから黄色くなり、円形、楕円形となる。木の姿、葉、花および果実という全体的外見は、文冠果の高い観賞性を可能にする。このため、文冠果が都市公園観賞用の植物として、芝生、道路沿いなどに植えたり、観光地と荒山において多く栽培したりすることができる（郭 2007, 36-38）。

3　良質の花蜜資源

文冠果は開花期が早く、僅か2年の文冠果でも花をつける。樹齢が増すとともに、花の数も多く、開花期において非常に美しい。開花期は長く、花蜜の量も多く、貴重な薬用価値を持つ重要な花蜜植物である。

4　健康食品と漢方薬の原料

陝西省文冠果発展有限公社は陝西省漢方薬研究院、陝西技術大学などの研究機関と連携し、文冠果の葉、果実、種、種の油、ナットシェルなどの部分を対象として研究をおこなっている。それによって、文冠果の全部分にはある程度の重要有効成分が含まれているので、非常に高い薬用価値を有している（図10-4）。会社は文冠果の葉を利用し、文冠果のサポニン活性物質を含んだお茶を生産したが、多くの消費者の飲食により、その商品は高血圧、高脂質血症、高血糖の患者たちに対して、顕著な治療効果を持っていることを確認できた。文冠果のナットシェルを利用して皮膚病を治療する薬を開発しながら、その油を用い、「文冠果の精油」という製品を開発したが、これらは皮膚の健康維持などに対する効果が著しい。

5　バイオマスエネルギー

近年、グローバルなエネルギー安全と環境問題はますます深刻となり、林業の分野でもバイオマスエネルギーを開発する必要性が高まっている。文冠果の種子の油の含有量は30%〜36%に達し、種の実の油含有量は55%〜67%を保ち、「北部の油茶」と評判になり、中国特有の希少な油脂類木本植物である。2009年に、筆者は教育部軽化学工業添加剤化学と技術重点研究所と協力し、文冠果の種子油を原料として、メチルエステル反応により、バイオ

第 10 章　陝西省の乾燥地域に文冠果を植栽する優位性、問題および対策　　263

図10-4　文冠果の利用価値

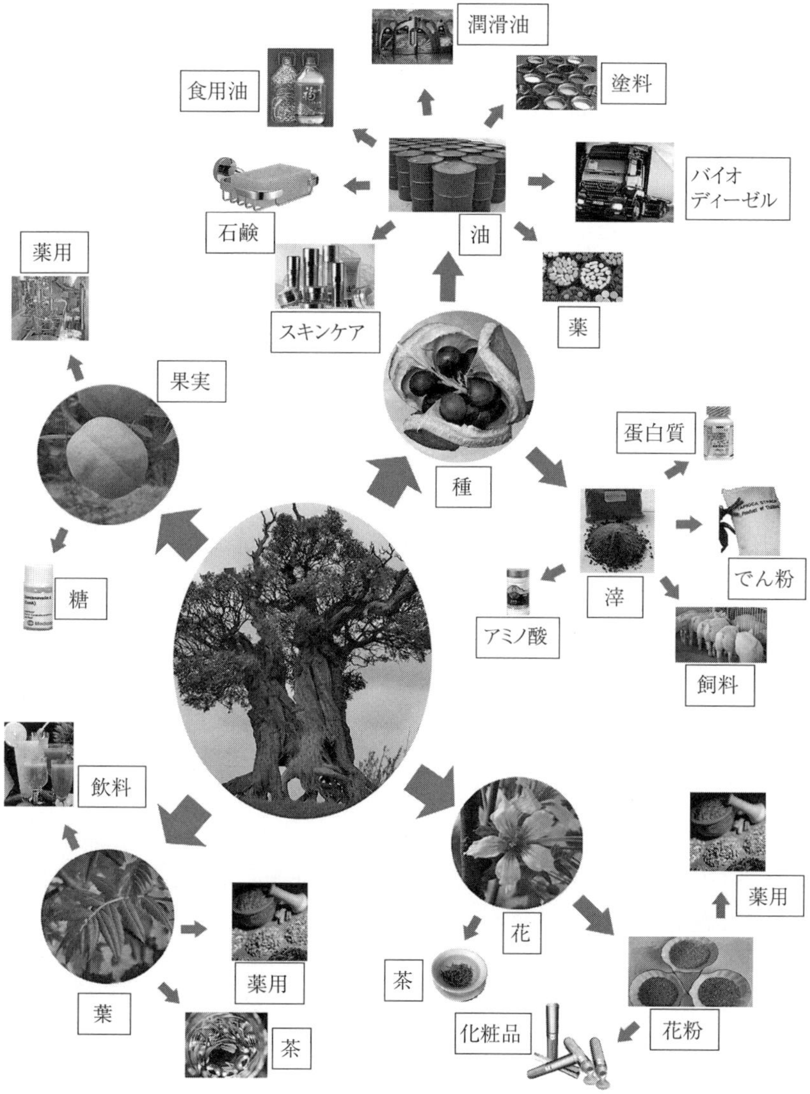

出典：

ディーゼルオイルを生産してきた。さらに、ガスクロマトグラフ分析法を利用し、そのバイオディーゼルオイルの製品における脂肪酸メチルエステルの含有量を測定した。最適工程条件はアルコールと油のモル比（mole ratio）が8対1で、触媒用量は油重量の1.2%であること、反応温度は65℃、反応時間は120分であることがわかった（馬 2010、30-32）。

科学技術が進歩するとともに、バイオマスエネルギー技術を用い、文冠果の油などのバイオマスにより、石炭、石油などの化石燃料に代替する必要性がある。国家林業局は文冠果を中国北方の唯一のバイオマスエネルギー樹木であるとしている（林業局 2009、1-3）。

6　食用油とたんぱく質添加剤

筆者らは2010年に文冠果種子のオイルの理化学的性質、脂肪酸成分とその相対含有量を測定している。この結果、文冠果の種子の中に油の含有率は56.4%であり、相対密度（d^{20}）0.9124、屈折率（n^{20}）1.4665、水分及び揮発性物質含有率が10.13%、酸価が0.93mg/g（KOH）、鹸化価（saponification number）が167.46mg/g（KOH）、ヨウ素価101.32g/100g（I）。オイルの中のパルミチン酸が7.87%、オクタデカン酸5.25%、オレイン酸33.93%、リノール酸48.34%、リノレン酸4.61%と推測される（馬 2010, 100-102）。文冠果の油はオレンジ色で、胡麻油と似て、食用が可能である。文冠果の油には、豊富なリノール酸とリノレン酸が含まれている。これらの物質は人体では合成不可能であり、血管心臓障害病症を予防することに有益である。さらに、文冠果の種子の実にはたんぱく質が25.75%も含まれ、クルミよりも含有量が高い。粗繊維の含有量は1.6%なので、良質なたんぱく質添加剤である一方、高品質の飼料添加物でもある。

第6節　問題と対策

1　生態優先の理念を提唱し、文冠果の生態効果を発揮する

　多数の農民は以前から文冠果を「一年のみ植え、百年まで収穫できる作物」と呼び、ただの単純な木本オイル作物としてのみ認識し、その薬用、食用、加工的な付加価値と生態価値を重視しなかった。文冠果は長期的自然条件の下で成長しているので、生産量が低く、文冠果の花の結実率も低いため、収益が高くない品種と見られ、農民に重視されず、結果的に文冠果を栽培することに悪い影響を与えた。このため、宣伝活動を強化し、生態優先の原則を樹立しなければならない。この文冠果の産業を発展させることにより、民衆の荒山改造の意識を向上させる。これは民衆に富をもたらすと同時に、干ばつ、半乾燥地域の植生の回復速度も高められ、生態安全を保障し、林業の制度改革により民衆に富を蓄積するという目的を実現できる。

2　混合林を形成し、病害と虫害のまん延を予防する

　実際のケースでは、混合林の中に害虫の種類が多くても、発生量は相対的に小さく、虫害の規模にまで至っていない。しかし、単一の樹種で構成する樹林においては発生量が相対的に多く、虫害規模が大きくなる。例えば、「三北」地区において、カミキリ虫（天牛、long-horned beetle）虫害が原因で77％の防護林（約7500万ムーのポプラ）が被害を受けた。これは「単一性が脆弱性に導く」(Single lead to vulnerability) という生態学原理を無視するからである。ドイツにおける「自然林業に近づく」(Close to nature forestry) 理論により、人工林を植える過程において、多種類の混合林を形成することが多いほどよいことを示している。最近の文冠果の幼齢林を調査すると、92％の面積が単純な文冠果の樹林である。もし精細な管理を保障せず、黄土高原丘陵地帯の荒山の上に、幅広い面積の文冠果を栽培するなら、他の1－3個の樹種と一緒に混成し、生態効果と経済効果の両立を図ることが望ま

しい。

3　良質な種類を選び、文冠果の産量を高める

　文冠果の結実率は極めて低く、花を稔性花と不稔性花に分けることができる。稔性花の雄蕊は退化するが、雌蕊が正常である。不稔性花の雌蕊は花の芽が分化するとき最初は正常であるが、その後子房が退化する一方、雄蕊の成長は正常である（徐東翔 2010、19-28）。文冠果のこの特徴はその種が拡散することに大きな制限があり、バラバラの生存環境に生きているため、文冠果の近縁繁殖を導き、個体群が退化した。これらの現象は、授粉不良の結果にもつながった。さらに稔性花は受精した後まだ花と果実が落ちるなどいくつかの段階があるので、最後果実の成熟期には僅かな数しか残らない。また、無限に開花すると樹木の大きなエネルギーを消耗する。この点は自然分布している文冠果の繁殖への大きな挑戦である。その果実に影響するだけでなく、個体の成長にも影響する。したがって、良質な種類を選んだり、整形、樹冠の換気と日当り条件を改善したり、人工補助授粉、成長調整物質を使用したり、虫害と病害などを予防したりすることにより、文冠果の成長環境と栽培技術を改善し、果実がつく比率を高めることが望ましい。

4　文冠果の総合利用技術の研究を展開する

　現段階では、中国文冠果のバイオマス林の大面積の栽培が推進されているところである。遼寧、内モンゴル、陝西、山西、北京、河北、吉林、黒龍江、山東、河南、寧夏、新疆、青海、甘粛など14省（区）における文冠果の栽培面積は一定の規模になっている。将来の文冠果産業の発展を確保するため、あらかじめ開発技術の研究活動とコア技術を準備する必要がある。特に文冠果の果実の皮、種の皮、種の実などから有効成分の抽出と精製技術など、文冠果のバイオマス技術に対する研究に力を入れるべきである。それ以外に、文冠果の果実の皮、種子の皮、種の油とたんぱく質などを健康食品、栄養食品および医療用製品に応用することに努力しなければならない。

参考文献

1. 趙正永、《2011年陝西省政府工作報告》、中央政府ホームページ（www.gov.cn）2011年02月09日参照。
2. 徐東翔、于華忠ほか、《文冠果生物学》、科学出版社、2010年、19-50頁。
3. 謝斌、亢海燕、"陝西木本油量樹種資源利用現状与展望"、《陝西林業科技》、2007年02期、p77-79。
4. 馬養民、郭俊栄ほか、"文冠果種子油制備生物柴油工芸的研究"、《糧油加工》、2010年01期、p30-32。
5. 郭俊栄、"木本生物能源発展現状興前景分析"、《建設資源節約型、環境友好型社会高層論壇文集》、陝西科技出版社、2007年、36-38頁。
6. 国務院弁公庁"関於印発促進生物産業加快発展若干政策的通知"、中央政府ホームページ（www.gov.cn）2009年06月05日参照。
7. 馬養民、郭俊栄ほか、"文冠果種子油理化性質及脂肪酸組成"、《食品研究及開発》、2010年04期、100-102頁。

翻訳：張夢園
監訳：北川秀樹

第11章　陝北モウス砂地における針葉樹造林の総合技術および応用研究

漆　喜　林

　陝西省北部の砂漠化地帯はモウス砂地の南端に位置し、オルドス高原から陝北黄土高原に移行する地区に属する。標高は1000～1350メートル、地形の起伏が少なく、高低の差は30～50メートルである。砂地のベース物質は大部分が中世代の多彩な砂で、構造が粗しょう、風蝕されやすい。地面基質は第四紀の砂、粘土、砂黄土によって構成され。長期的な栽培や過放牧のため植生が破壊された。強い北西風の浸食の下、砂丘砂地は連続的に分布し、低湿地には湖沼（海子）、浅瀬が点在している。この地帯は温帯半乾燥および乾燥半湿潤気候に属し、乾燥した気候、豊富な日照、激しい寒暖差、強風、長い霜の期間という特徴を持ち重要な大陸性気候と砂漠地帯の気候である。年間平均日照は2,752.9時間、年間平均気温は7.5～8.6℃、年間平均降水量405ミリメートルで、東から西へ逓減し、年間蒸発量は1,508～2,502ミリメートル、降水量の5～6倍に達し、干ばつ指数は2.22～3.58である。ほぼ毎年、干ばつ、霜、雨、あられ、強風と砂嵐などの様々な災害が発生している。内モンゴルの高気圧に影響されるために、地勢が高く、植生が疎らである。地面は崩壊しやすく、さらに風の強い期間と干ばつ期間が重なるため、春の4月から5月にかけて、風と砂嵐がしばしば発生している。

　風蝕と砂漠化、干ばつと水不足、激しい蒸発、土地の不毛、動物による破壊などが原因でモウス砂地における造林効果が影響を受ける［1-23］。植林の有効性を改善することは、砂のエリアにおける生態建設過程における問題点となっている。これらの問題を解決するために、砂の障壁の設置、散水フィルムの使用、および施肥、混交、農薬噴霧などの措置により、良い結果を達成した［24-32］。しかし、大部分の造林はいくつかの問題に同時に直面しながら、単一措置の効果が不十分である。モウス砂地において、植林の有

効性を高めることが、砂のエリアにおける生態建設の課題である。これに対応し、砂地の研究者は過去の植林の教訓を学び、創造的に砂の障壁を建設し、フィルムで履い、窒素固定樹木などの植樹と混成により植林の新技術を提唱し、良好な結果を達成できた。本研究では、この地域の主要造林樹種ヨーロッパアカマツ（樟子松、Pinus sylvestris var. mongolica）を対象に、関連する技術の要点をとりまとめるとともに、砂の危険性を軽減し、土壌水分と栄養状態を改善し、植林の効果を高めるこれらの措置の効果を比較分析しながら、砂嵐を防止するための造林技術の統合的応用手法を提案する。

第1節　砂の障壁（草方格）の建設技術および応用効果

調査地域は、モウス砂地の南端に位置している陝西省楡林市楡陽区刀兎村刀兎東砂である。調査サンプルは斜面16～25度の砂丘風上斜面を選択した。土壌は砂質土（表11-1）である。造林時点は2008年4月、樹木はヨーロッパアカマツ（樟子松、*Pinus sylvestris var. mongolica*）を選ぶ。初期栽植密度は625本／ha（行間隔が4ｍ×4ｍ）で、コンテナの苗を栽培し、苗年齢が6A、高さ40～50センチメートルである。調査は2011年8月に実施し、6

表11-1　実験地概況表

地帯番号	処理方式	地形タイプ	地形	坂向き	海抜	土壌
1	砂の障壁を建設する	風砂地区	風を受ける坂	NW	1107	風砂の土壌
2	砂の障壁を建設する			W	1121	
3	砂の障壁を建設する			NW	1124	
4	砂の障壁を建設しない（対照）	風砂地区	風を受ける坂	W	1113	風砂の土壌
5	砂の障壁を建設しない（対照）			NW	1101	
6	砂の障壁を建設しない（対照）			NW	1119	

出典：筆者作成。

つのサンプルを調査した。なかでも、3つのサンプルに砂の障壁を建設し、砂の障壁を建設しないサンプルを3つとした（対照用）。砂の障壁は帯状の形で、4メートルの間隔で、高さ30cm×幅50cm、ヨモギとわらを材料としている。

1 砂の障壁の主要な建設技術

砂の障壁を建設することは風速を下げ、風砂を減らすことに効果がある。さらに苗木が浸食され、砂に埋まる危険を避けることができる。砂の障壁を建設する鍵は、砂の障壁の移行方向と類型の確定である。砂の流動性が小さいところには帯状に砂の障壁を採用し、幅は栽培と同じ間隔で、苗木を砂の壁から一定の距離の風が当たらないところに植える。砂の流動性がより大きなところにはグリッド状の砂の障壁を使い、格子間隔の大きさは、一般に植林の間隔と同じであり、苗木は角に植栽する。帯状の砂の障壁の方向は、主風向に対して垂直で、グリッド状の砂の障壁は一つの辺と風向きに垂直で、一つの辺は風の方向に平行である。その中でも、帯状の砂の障壁建造技術のポイントは、(1) 材料は地元の素材を使い、一般的に作物のわらやアルテミシア、ヤナギ、アモルファの枝を用い、束を結んで準備する。(2) 植林の設計要求に従い、ベースラインを設定し、そのベースラインによってグルービ

図11-1 植物の砂の障壁

出典：筆者撮影。

ングをおこなう。一般に間隔が1-6mである。(3) 準備しておく砂の障壁の材料は、十分かつ垂直、均等に溝に投入し、真ん中にシャベルで溝の奥まで刺して固定し、深さは地面から20cmのところまで掘ったほうがよい。(4) 溝を埋め、両側を足でしっかり踏み、それを直立に保持する。グリッド状の砂の障壁を構築することに対して、プロセスと技術は帯状砂の障壁と基本的に同じである。異なるのは、グリッド状の砂の障壁はチェッカーボードのように見える。その間隔は植林の個体間隔によって決定され、一般に植栽の間隔とほぼ同じである。もちろん、大きさを縮小することによっても、風蝕、砂漠化の抑制効果を向上させることができる。

2 砂の障壁による風蝕、砂漠化の抑制効果

風蝕は、植物の根系を出露させ、生存率と若木の成長量を減らすことにつながる。猛烈な風は樹冠を歪め、樹幹を曲げるため、正常な形態の形成に影響を与える。このため、砂の障壁を建造する場合と砂の障壁のない条件での風蝕や砂漠状況および若木の形態特徴を比較分析した。その結果を示すと、(1) 砂の障壁がある植物の侵食速度は10%未満、平均侵食の深さは2cm、最大風蝕の深さは5cm、砂の障壁のない植物の風蝕率は80%、平均風蝕の深さは15cm、最大風蝕の深さは30cmである。砂の障壁がある場合は、砂の沈下がほとんど確認されないが、砂の障壁なしの条件では、植物の埋没率が10%、平均埋没の深さは10cm、最大埋没の深さは30cmであった。(2) 砂の障壁を置くヨーロッパアカマツには、樹幹のまっすぐな木が95%を占め、比較的曲がった植物が5%、曲がった植物が5%を占める。逆に、砂の障壁のない植物はそれぞれ比率が10%、80%、10%を占めている。砂の障壁がある植物について、風のために倒れた木は2%を占める。倒れた樹幹と垂直方向に形成する平均角度は5°、最大角度は20°である。一方、砂の障壁なしの植物は各値が10%、30°、90°である。以上、砂の障壁の建設は植物に対する風蝕や砂沈下の原因による害を減らし、更には植物の正常な成長を促進できることが示されている。

3 砂の障壁によって造林効果を高める役割

第11章　陝北モウス砂地における針葉樹造林の総合技術および応用研究　　*273*

　表11-2から見ると、砂の障壁がない場合、樹木保存率がわずか19.78%にとどまり、砂の障壁を建設することにより保存率が82.30%に達し、62.60%も高められた。有意差の結果は以下に示した（表11-3）。砂の障壁がある樹木保存率は、砂の障壁なしの保全率より非常に高かった。その結果、保存率の相違は砂の障壁の有無によって決定する。砂の障壁はヨーロッパアカマツ植林保存率を大幅に向上させることが確認できた。

　表11-4から見ると、砂の障壁があるヨーロッパアカマツの高さと地面位置での直径の成長量が砂の障壁がない木より非常に高い。砂の障壁がある樹冠幅と樹高も砂の障壁なしの植物よりもかなり高い。他の統計結果によると、砂の障壁がある樹高、地面位置での直径、樹冠幅および樹冠被覆率は砂の障壁がない木に比べ、各21.28%、20.97%、33.33%、671.43%に高められた。特に樹冠被覆率は大幅に高められ、森林の形成を加速させた。このように、砂の障壁は若木の成長を促進し、大幅に森林を形成するスピードを加速させることが明らかである。

表11-2　砂の障壁の有無と樹木保存率

処理方式	地帯番号	統計の数	保存の数	保存率（%）	
砂の障壁ある	1	31	29	93.55	82.30
	2	30	26	86.67	
	3	30	20	66.67	
砂の障壁なし（対照）	4	31	6	19.35	19.78
	5	30	11	36.67	
	6	30	1	3.33	

出典：筆者作成。

表11-3　砂の障壁の有無と樹木保存率の有意差分析

変異の出所	偏差平方和	自由度	不偏分散	F	Sig.
群　間	0.586	1	0.586	24.786	0.008
群　内	0.095	4	0.024		
合　計	0.681	5			

出典：筆者作成。

表11-4　砂の障壁有無と林木成長量の有意差分析

処理と状況	障壁あり				障壁なし（対照）			
	樹高(m)	地面位置での直径(cm)	樹冠幅(m)	樹冠被覆率(%)	樹高(m)	地面位置での直径(cm)	樹冠幅(m)	樹冠被覆率(%)
平均値	0.57Aa	1.50Aa	0.36A	0.54A	0.47Ab	1.24Ab	0.27B	0.07B
最小値	0.24	0.60	0.13	0.39	0.34	0.80	0.16	0.01
最大値	1.07	2.60	0.65	0.62	0.73	1.70	0.42	0.12
標準偏差	0.1720	0.3935	0.1161	0.1300	0.1062	0.2874	0.0846	0.0557
変異係数%	30.17	26.31	32.14	24.07	22.78	23.11	31.54	79.54

注：＊同じ状況のアルファベットの小文字は差が有意と示し（$a \leq 0.05$）、アルファベットの大文字は差が著しく有意と示す（$a \leq 0.01$）。以下同様。
出典：筆者作成。

4　まとめ

　風蝕と砂漠化は樹木生存率と若木の成長量を低下させ、それと同時に樹幹を曲げ、傾け、さらに倒れることにつながり、造林効果に重大な影響を与える。砂の障壁の造成は風蝕と砂の危険性を低下させ、樹木生存率を高め、森林の成長を促進し、人工林の形成を加速することができる。特に砂の壁の建設を通じて、樹冠被覆率は6倍以上増加することは人工林の早期のプランテーション保護のメリットを発揮することに非常に重要である。砂の障壁を建設することは風食の危険性を減らすため、保存率を高め、木の個体を増大させるので、最終的には樹冠被覆率を向上させる原因となった。

　本稿では、植物のわらと乾燥された苗木の枝で作った砂の壁の作用を検討したが、この地域では他にも生ける植物で作った砂の壁、土塁格子の砂の壁もある（11, 12）。特にこの地域は低木種類が多く、黄土資源が豊かである。今後は生ける植物で作った砂の壁と土塁格子の砂の壁についての比較研究が砂漠化予防に対して、非常に重要である。

第2節　バスケット（かご）植林技術と応用効果

　テストエリアはモウス砂地の南端に位置している陝西省楡林市楡陽区の梁房村梁房北砂である。現地は風上斜面の中部に位置し、傾斜度は6-15°、土壌は砂質土（表11-5）である。造林樹種はヨーロッパアカマツ（Pinus sylvestris var. mongolica）であり、栽培時間は2006年4月、初期栽植密度は1,111本/ha（個体間隔が4m×4m）で、植え穴のサイズは60cm×60cm×40cm、容器で栽培した苗木を採用し、苗木の樹齢は6a、高さ40～50cmである。植栽した後、各植物の給水は15kg/株、フィルム0.8m×0.8mを張る。調査は2011年8月に実施した。6つの試験地があり、そのうちバスケット植林が3組、バスケット植林なし（対照用）の試験地が3組設定した。

1　バスケット植林の主要技術

　バスケット植林とは、植えた後に苗ごとに特製の防護用のバスケットを被せて、植える時などは膜を張り、苗を深く栽培して、穴を大きく掘るような

表11-5　試験地の状況表

地帯番号	処理方式	地形タイプ	海抜	地形	坂向き	土壌種類
1	バスケット技術採用	風砂地区	1151	風を受ける坂	NW	風砂の土壌
2	バスケット技術採用		1123		N	
3	バスケット技術採用		1134		NW	
4	バスケット技術不採用	風砂地区	1164	風を受ける坂	N	風砂の土壌
5	バスケット技術不採用		1139		NW	
6	バスケット技術不採用		1131		NW	

出典：筆者作成。

図11-2 バスケット植林の主要技術および効果

注：左上の図はバスケット植林の効果を示し、右上の図は防護用バスケットをかぶせる方法と防護の効果；左下の図はバスケット技術を採用しない時の造林効果、右下の図はバスケット技術を採用していない風食の情況
出典：筆者撮影。

土壌の入れ替え、風砂・干害防止、節水の措置と併せて行う植林技術である。防護用のバスケットは現地で原材料を入手し、沙柳などの灌木の枝で編み、円錐形で、外見が底なしの紙かごに似ている。上の口は小さく、下の口は大きい。普通の規格は上口直径が20cm～30cmで、下口直径が30cm～40cm、高さが50cm～60cmであり、そして下口には3つの約10cmの足を残す。バスケットをかぶせる時、シャベルでその足を土壌中に刺し、バスケットをしっかり直立させ、幼い木と若苗を保護する。バスケットの措置は単独で使うことができるが、膜を張り、苗を深く栽培し、穴を大きく掘って土壌を入れ替えるなどの措置と併せて行うと効果が更に顕著である。

2　バスケット植林により風蝕と砂漠化をコントロールする

　バスケット植林技術の風砂を防ぐ能力を理解するため、風化によりもたらされる主要な結果を観察し、測定と統計をおこなった。その結果は（1）バスケット植林の平均風食率は8.0%、平均風食の深さは1.0cm、最大風食の深さは3.0cmである。一方、バスケット植林なしの状況で、平均の風食率は20.0%、平均風食の深さは4.0cm、最大風食の深さは7.0cmである。（2）バスケット植林の砂に埋められる平均比率は8.0%、平均の砂に埋められる深さは1.0cm、最大砂に埋められる深さは3.0cmである。バスケット植林なしの状況では、それぞれが70.0%、4.5cm、7.5cmである。（3）バスケット植林の場合、樹幹がまっすぐな木の割合は95.0%、曲がった樹幹が5.0%を占め、バスケット植林なしの場合、樹幹がまっすぐな木が70.0%を占め、曲がった樹幹が30.0%占める。このように、バスケット植林技術は風食現象を軽減することができ、苗木の正常な生長に役立つ。

3　バスケット植林技術により土壌の水分量を高める

　表11-6により、バスケットを被せた場合の土壌含水率は4.18%まで達し、土壌水分量は7.09t/haに達する。一方、バスケットを被せていない土壌含水率は2.71%で、土壌の水分量は4.60t/haである。バスケットを被せた場合の土壌水分量は処理しない場合より2.49t/ha増え、割合を54.13%も高めた。有意差分析の結果により、バスケット処理のヨーロッパアカマツ林地の土壌水分含有率、土壌水分量は処理しない土壌より著しく高い。つまり土壌水分含有率、土壌水分量の相違はバスケットを被せるかどうかによって異なる。その原因は、バスケットを利用し、光強度と風速を減らすことにより、土壌と木の水分蒸発を減少させたことによる。バスケットを被せず、すべて強烈な日照に暴露させれば、土壌と木の水分が蒸発するのは速い。このように、バスケットを使うことは、光強度、風速の減少につながり、土壌と木の水分維持に効果があり、それによって土壌の水分含有率と土壌水分量を高められる。

表11-6　バスケットの有無と土壌水分量の有意差分析

処理方式	土壌含水率（%）	土壌水分量（t/ha）
バスケットのある植林	4.18A	7.09A
バスケットなしの植林	2.71B	4.60B

出典：筆者作成。

4　バスケット植林技術により土壌の養分状況を改善する

　表11-7から見ると、土壌pH値と土壌のカリウムの埋蔵量以外に、バスケット造林の土壌の有機質、全窒素、全リンと有効態リンの埋蔵量がバスケットなしの林地の土壌より著しく高い。加水分解性窒素、速効性カリウムも被せない土壌よりも高い。バスケットをかぶせないのと比較し、バスケット植林は林地土壌の有機質、全窒素、全リンをそれぞれ366.96kg/ha、19.63kg/ha、19.62kg/ha増加させ、割合でそれぞれ83.86%、100.05%、49.99%高める。林地の加水分解性窒素、有効態リン、速効性カリウムをそれぞれ0.98kg/ha、0.60kg/ha、2.13kg/haを増加させ、割合でそれぞれ27.84%、60.61%、20.02%高める。観察により、バスケット植林が林地の土壌養分の埋蔵量を改善することができる原因は、風食で枯れている枝が植えた穴から飛ぶ現象を軽減できるためであることがわかる。枯れている枝をバスケットの内外に集め、それらの分解を通じ、土壌に養分を提供することができる。このようにして、バスケットが風食で枯れている枝を林地から離散することを減少し、枯れている枝を林地からバスケットの内外に集め、林地の土壌の養分の含有量を高めることができる。

5　バスケット造林技術により他の特性を改善する

　バスケット造林技術のその他の効果を理解するため、林地の動物の危害、種の多様性、生物学的土壌クラスト（biological soil crusts）などの特徴について統計と比較を行った。その結果、バスケット技術は林地の動物の危害率を5.0%以下に抑える一方、使用しない林地の動物の危害率は20.0%以上であった。バスケットがある林地は天然の灌木の4種類〜6種類を有し、植被

第11章　陝北モウス砂地における針葉樹造林の総合技術および応用研究　　*279*

表11-7　バスケット有無と土壌養分量及び有意差分析

処理方式	pH値	有機質 (kg/ha)	全窒素 (kg/ha)	全リン (kg/ha)	全カリウム (kg/ha)	加水分解性窒素 (kg/ha)	有効態リン (kg/ha)	速効性カリウム (kg/ha)
バスケットのある造林	7.35 a	804.57 A	39.25 A	58.87 A	4258.32 a	4.50 Aa	1.59 A	12.77 Aa
バスケットなしの造林	7.42 a	437.61 B	19.62 B	39.25 B	4356.44	3.52 Ab	0.99 B	10.64 Ab

出典：筆者作成。

率が15％〜20％であり、草本植物の2種類〜4種類を有し、植被率5％〜10％であった。バスケットなし地帯は天然の灌木の2種類〜4種類を有し、植被率が5％より小さく、そして草本植物は1種類で、植被率が5％より小さい。バスケットがある林地の生物学的土壌クラストの厚さは1cm〜3cmの間にあり、植被率が5％〜10％の間にある。バスケットを被せない林地では生物学的土壌クラストの現象を見ることができない。このように、防護バスケットは抵抗作用で動物危害を軽減し、さらに林地の水分、養分効果を改善することを通じ、林地の生物多様性と生物学的土壌クラストの形成を促進する。

6　バスケット造林技術により造林効果を高める

表11-8によると、バスケット造林技術により保存率が96.67％に達し、バスケットなしの造林の保存率の66.67％に比べ30.0％高まる。有意差分析により、バスケットがある林地の造林保存率は著しく高い。つまり造林保存率の高低はバスケットを被せるかどうかにより決定される。

表11-9から見ると、バスケット造林の木の高さ、地面位置での直径、樹冠幅の成長量はバスケット造林がそれぞれ36.70％、42.37％、48.33％高く、樹冠被覆率、生産力の増加幅は223.87％、303.70％に達する。有意差分析結果によると、バスケット林地の成長量、樹冠被覆率の占める割合、林地の生産力はバスケットを被せない林地より著しく高い。つまり成長量、樹冠被覆

表11-8　バスケット有無と造林保存率及び有意差分析

措置	地帯番号	統計量	保存数	保存率（%）	
バスケットのある造林	1	30	28	93.33	96.67A
	2	30	29	96.67	
	3	30	30	100.00	
バスケットなしの造林	1	30	20	66.67	66.67B
	2	30	18	60.00	
	3	30	22	73.33	

出典：筆者作成。

表11-9　バスケットの有無と林木成長量および有意差分析

処理方式	樹高（m）	地面位置での直径（cm）	樹冠幅（m）	樹冠被覆率（%）	地上生産力（t/ha）
バスケットのある造林	1.49A	3.73A	0.89A	7.19A	1.06A
バスケットなしの造林	1.09B	2.62B	0.60B	2.22B	0.27B
増加率（%）	36.70	42.37	48.33	223.87	303.70

出典：筆者作成。

率、生産力の高低はバスケットを被せるかどうかにより決定される。

　以上のように、バスケット造林技術は保存率を高めるだけではなく、林木の成長量、樹冠被覆率および林地の生産力を大幅に高めることができる。

7　バスケット造林技術のバイオマス調節メカニズム

　表11-10により、バスケットの造林技術は総バイオマス投資（蓄積）がバスケットを被せないのに比べて168.02％高まり、樹幹、枝、葉、根系のバイオマスの投資（蓄積）について、それぞれバスケットを被せないのに比べて128.93％、205.36％、236.11％、102.22％を高める。このことから、バスケットの造林技術を採用することは個体群のバイオマス総量、それぞれの部分のバイオマス投資を大幅に向上させ、その生長のための基礎となる。

また表11-10は以下のことを示している。バイオマスの分配中で、バスケット造林の地上バイオマスが90.79％、地下バイオマスが9.21％を占める。バスケットなしの造林の地上バイオマスは87.69％、地下バイオマスが12.31％を占める。地上のバイオマスを再分配する過程で、バスケットがある木の幹が36.84％、枝と葉が53.95％を占める。バスケットを被せない林地の幹が43.21％、枝と葉が44.49％を占める。ここから判明したのは、バスケット造林を採用する場合は、個体群がより多いバイオマスを樹冠の発育に配分し、根系に対するバイオマスの分配を減らす。採用しない場合は、個体群は相対的に多いバイオマスを根系の生長、発育に配分し、樹冠に対するバイオマスの分配を減らす。

8 要約

研究調査から、バスケット造林は多重的効果があり、風化を軽減し土壌の含水量と土壌の養分の含有量を増加させ、人間の妨害を阻止する。特にバスケットの造林技術を利用することは風化により林木に対する危害を軽減することができ、林木の正常な成長を促進し、当初の予想された効果を発揮した。しかしその中でも最も際立っているのは林地の土壌の含水量と林地の土

表11-10 バスケット造林技術有無のバイオマス投資と分配の比較

処理方式	バイオマス分配	バイオマス投資量と分配				合計
		樹幹	枝	葉	根系	
バスケットのある造林	生体重（kg）	0.915	0.406	0.764	0.244	2.329
	乾燥重量（kg）	0.364	0.171	0.363	0.091	0.989
	含水率（％）	60.18	57.92	52.54	62.64	57.54
	バイオマス分配（％）	36.84	17.28	36.67	9.21	100.00
バスケットなしの造林	生体重（kg）	0.371	0.122	0.239	0.144	0.876
	乾燥重量（kg）	0.159	0.056	0.108	0.045	0.369
	含水率（％）	57.12	54.19	54.74	68.55	57.95
	バイオマス分配（％）	43.21	15.16	29.33	12.31	100.00

出典：筆者作成。

壌の養分の含有量を大幅に高められることである。バスケットの造林技術は土壌の含水量を2.49t/ha増加させ、割合を54.13%高めた。土壌の有機物、全窒素、全リンについてもそれぞれ83.86%、100.05%、49.99%高めた。これらの効果は風食がひどく、土壌が乾燥しているモウス砂地にとって、林地の土壌の水分の保有、土壌力と林地の生産力を維持する点で大きな意義がある。

バスケット技術の環境の条件を改善するとともに、造林の効果も明らかに引き上げる。研究結果によって、バスケットの造林技術を採用することは樹木の保存率を96.67%まで高め、かぶせないのと比べ30.0%上回った。樹高、地面位置での直径、樹冠の成長量の上昇割合がすべて35%以上あり、特に樹冠被覆率、林地の生産力は223.87%、303.70%にまで高められる。同時に、林地の生物多様性と生物学的土壌クラストも改善させる。造林が困難なモウス砂地にとって、バスケット造林は樹木の保存率を高め、林木が成長するのを促進し、林を形成する過程を加速することは言うまでもない。

バスケット技術が造林の効果を高めることができる原因は、その中の一つが個体群のバイオマス投資と分配を変化させることである。バスケット技術が環境条件を改善し、個体群それぞれの部分のバイオマスの投資を増大し、個体の生存と生長のために物質とエネルギーの基礎を提供した。さらに、バイオマスを分配する過程にあって、個体群がより多いバイオマスを樹冠の発育に分配し、光合成面積を拡大する。そのため、生存率が高く、成長量が大きく、林地を形成することを加速させる。バスケットを被せていない場合、環境の条件は比較的悪く、林木が必ず風化、土壌乾燥、水不足などの不良の環境の条件に直面しなければならない。それぞれの部分のバイオマスの投資を減らすだけではなくて、同時により多いバイオマスを根系の発育に分配し、多くの地下の資源を獲得し、地上部分の水分の蒸発を減少させる。このように、個体群のバイオマスは光合成部分への配分を減少し、それによって個体の生存と生長を制限する。すなわち、個体群は生存率と成長量を下げるのを代価にし、現有の植物個体の生存と生長の確率を高める。最終的には、生存率が低く、成長量が小さく、林地を形成するのが遅いという結果となって表れたことがわかる。

第3節　混成造林技術および応用の効果

　ヨーロッパアカマツ（Pinussylvestris var. mongolica）はモウス砂地の主要な樹種で、その生存と生長は乾燥、水不足、砂漠、風蝕などの影響を受ける。最近の研究では、砂地は有機質、全窒素、速効性リン、速効性カリウムの含有量がきわめて少なく、ヨーロッパアカマツの持続的に成長する需要を満足させにくい（19-23）。具体的には、林分の年齢が増大するに従って、ヨーロッパアカマツの単一の種類の林地は土壌力が衰退し、生産力が減少する現象が現れ、さらに群落の安定性の下落、病虫害の侵入などの不良な結果をもたらす（33-35）。このため、ヨーロッパアカマツの林地に施肥することについて議論が展開されている（29-30）。しかし、大きい面積に施肥するのは現在は条件を備えていないと考える。ただし、混成林の土壌の物理・化学性状は単純林より優れている（36）。コマツナギは窒素固定、虫害を予防するなど多種の効果がある [37-42]。しかし、その研究は造林と虫を防ぐ効果のみと関連し、混成により土壌の養分の状況を改善するメカニズムは明らかではない [18]。このため、本研究では混成手段で土壌の養分の含有量を高めることに重点をおくと同時に、これに対応する造林技術を提案し、中心的な技術のパラメーターと理論の根拠を提供することが望ましいと考えた。

　試験区はモウス砂地の南端に位置している陝西省楡林市楡陽区の梁房村梁房北砂である。現地は風上斜面の中部に位置し、スロープ角度は5-15°より小さく、風砂土壌である（表11-11）。造林時期は2005年4月で、処理方式はヨーロッパアカマツの単一の林地、ヨーロッパアカマツとコマツナギの混成林を含める。このうち、ヨーロッパアカマツはコンテナの苗を栽培し、苗年齢が6a、初期栽植密度は833株／ha（行間隔が3m×4m）で、コマツナギは実生の苗を栽培し、苗年齢が1a、初期栽植密度は2,500株／ha（行間隔が1m×4m）である。植栽した後、各植物の給水は15kg／株、マルチフィルム0.8m×0.8mを被せる。調査は2011年8月に実施され、6つのフィールドがあり、そのうちヨーロッパアカマツ植林が3組、ヨーロッパアカマツとコ

表11-11 現地状況表

地帯番号	処理方式	地形タイプ	海抜	地形	坂向き	土壌
1	混成	風砂地区	1129	風を受ける坂	NW	風砂の土壌
2	混成	風砂地区	1133	風を受ける坂	N	風砂の土壌
3	混成	風砂地区	1145	風を受ける坂	N	風砂の土壌
4	純粋林	風砂地区	1119	風を受ける坂	N	風砂の土壌
5	純粋林	風砂地区	1132	風を受ける坂	NW	風砂の土壌
6	純粋林	風砂地区	1138	風を受ける坂	N	風砂の土壌

出典：筆者作成。

マツナギの混成林3組（対照用）を設定した。

1 混成林の主要技術

モウス砂地において、ヨーロッパアカマツとの混成に適した樹種は中国の沙棘（Hippophae rhamnoides subsp sinensis）、カラガナ（Caragana korshinskii）、コマツナギなどの灌木であり、その中で最も常用されるのはコマツナギである。ヨーロッパアカマツとコマツナギを混成する方法は線状混成と帯状混成の2種類がある。線状混成の中に、ヨーロッパアカマツの株間隔は3m×4m（初期栽植密度が833株/ha）で、コマツナギの株間隔は1m×4m（初期栽植密度2,500株/ha）である。帯状混成において、ヨーロッパアカマツの初期栽植密度は500株/ha、333株/haで、相応株間隔はそれぞれ4m×5m、5m×6mであり、コマツナギの2行を1帯、帯状のうちに株間隔が1m×1mで、初期栽植密度がそれぞれ500株/ha、333株/haであり、それに相応する帯状間隔はそれぞれ3m、4mである。保護作用と造林の効果を高めるため、一般的に先に砂の障壁を掛け、それからコマツナギを植え、最後にヨーロッパアカマツを植える。それと同時に、苗木は帯状の砂の障壁から一定の距離を保って風下側に植え、格子状の砂の障害が方形の角のところに栽培し、そして植えた後で根系に給水し、膜を被せていく。

2 混成林により土壌養分を高める

表11-12から見ると、混成林の土壌の有機質、全窒素と加水分解性窒素、

図11-3　ヨーロッパアカマツ混成林と単純林の生存と成長の状況

出典：筆者撮影。

　有効態リン、速効性カリウムの含有量が単純林地より著しく高く、全リン、全カリウムの含有量も単純林地よりかなり高い。50cmの地層での予測では、混成林は林地の土壌の有機質、全窒素、加水分解性窒素、有効態リン、速効性カリウムの含有量がそれぞれ11,112.12kg/ha、275.52kg/ha、40.34kg/ha、16.19kg/ha、183.50kg/ha増加し、割合はそれぞれ267.77％、51.74％、54.35％、66.43％、66.43％である。同時に、混成林は土壌の全リン、全カリウムの含有量をそれぞれ286.82kg/ha、19,558.89kg/ha増加させることができ、割合はそれぞれ16.42％、13.40％である。このように、ヨーロッパアカマツの中にコマツナギを混成させることは土壌の有機質、全窒素と加水分解性窒素、有効態リン、速効性カリウムの含有量を大幅に向上させることができ、それと同時に一定程度全リン、全カリウムの含有量、特に土壌の有機質の含有量を2.5倍以上に高めることができる。

表11-12　混成林と単純林の土壌養分含有量および有意差分析

処理方式	有機質(kg/ha)	全窒素(kg/ha)	全リン(kg/ha)	全カリウム(kg/ha)	加水分解性窒素(kg/ha)	有効態リン(kg/ha)	速効性カリウム(kg/ha)
混成林	15261.93 A	808.01 A	2033.45 Aa	165483.37 Aa	114.56 A	40.56 A	459.75 A
単純林	4149.81 B	532.49 B	1746.63 Ab	145924.48 Ab	74.22 B	24.37 B	276.25 B

出典：筆者作成。

3　混成林により造林効果を高める

　表11-13から、混成林の中ではヨーロッパアカマツの保存率は93.33％まで高まるが、単純林の中のヨーロッパアカマツ保存率は75.00％にすぎない。有意差分析結果から見ると、混成林の中のヨーロッパアカマツ保存率が単純林よりきわめて高く、割合で18.33％上回る。このように、ヨーロッパアカマツの保存率の高低はコマツナギと混成するかどうかにかかり、コマツナギと混成することがヨーロッパアカマツの造林保存率を大幅に高めることができる。

　表11-14から見ると、混成林の中でヨーロッパアカマツの樹高、地面位置

表11-13　混成林と単純林の保存率の比較

処理方式	地帯番号	統計数量（株）	保存数量（株）	保存率（％）	
混成林	1	20	18	90.00	93.33A
	2	20	19	95.00	
	3	20	19	95.00	
単純林	1	20	16	80.00	75.00B
	2	20	15	75.00	
	3	20	14	70.00	

出典：筆者作成。

での直径、樹冠幅成長量と樹冠被覆率、地上生産力が単純林地よりきわめて高く、それぞれ36.8%、36.07%、40.28%、155.6%、781.25%上回る。これにより、コマツナギを混成し、ヨーロッパアカマツの成長量を大幅に向上させることができ、特に樹冠被覆率と地上生産力を数倍に増加させる。

表11-14から見ると、混成林の樹冠被覆率は44.05%に達するのに対し、単純林はただ2.57%だけであり、混成林は単純林の16.31倍で、混成林の地上生産力は4.18t/haに達し、単純林はわずか0.16t/haであり、混成林が単純林の26.13倍である。このように、ヨーロッパアカマツとコマツナギの混成により、樹冠被覆率と林地の生産力を飛躍的に高めることができ、林地を形成する過程を促進し、人工林の初期の収益の増加に貢献する。

4　混成林によって群落を形成することを促進する

混成林と単純林が森林群落の形成速度に影響することを理解するために、林地の灌木と草本層の種の多様性と生物学的土壌クラストの特徴を統計する。その結果、混成林の灌木層は5～7種類で、植被度が30%より大きいのに対して、草本層の種類は2～3種で、植被度が5%～15%である。単純林の灌木層は3～4種類で、植被度が5%より小さいのに対して、草本層は1種類で、植被度が5%より小さい。混成林の生物学的土壌クラストの被度は5%～15%、厚さ1cm～2cmで、単純林の生物学的土壌クラストの被度は1%で、厚さは0.5cmである。その結果から、混成林の中でヨーロッパアカマツ虫害率は3%より小さく、単純林の中でヨーロッパアカマツの

表11-14　混成林と単純林の成長量および有意差分析

処理方式		樹高(m)	地面位置での直径(cm)	樹冠幅(m)	樹冠被覆率(%)	地上生産力(t/ha)
混成林	ヨーロッパアカマツ	1.71A	4.98A	1.01A	6.57A	1.41A
	コマツナギ	0.62	0.75	1.20	37.48	2.77
ヨーロッパアカマツ単純林		1.25B	3.66B	0.72B	2.57B	0.16B

出典：筆者作成。

虫害率は5%〜10%である。これによって、ヨーロッパアカマツとコマツナギを混成することは林地の植物被度、種の多様性および生物学的土壌クラストが明らかに増えることとなり、ある程度の虫害を抑制し、砂地のヨーロッパアカマツ群落の安定性と生態保護効果を高める基礎を築くこととなる。

5 混成造林により造林のバイオマス投資と分配を調整する

表11-15のデータの計算により、混成林の中のヨーロッパアカマツの樹幹、枝、葉、根系のバイオマス投資（乾燥重量）は単純林の中のヨーロッパアカマツに比べ、それぞれ2.13、2.50、1.83、1.74倍になる。バイオマス総投資量は単純林の2.03倍である。このように、コマツナギと混成することは、ヨーロッパアカマツのそれぞれの部分のバイオマス投資量（蓄積）を高め、その生長のための物質とエネルギーの保障となる。

表11-15から見ると、混成林の地上、地下のバイオマスの分配は90.79%、9.21%になり、単純林の地上、地下のバイオマスの分配は87.69%、12.31%である。ヨーロッパアカマツのバイオマスは再分配する過程において、混成林と単純林では明らかな相違が存在する。その中で、混成林の枝、葉に対するバイオマス分配率は53.95%で、単純林が枝、葉のバイオマスの割合は

表11-15 混成林と単純林におけるヨーロッパアカマツのバイオマス投資と分配状況

処理方式	バイオマス	バイオマス投資量と分配				合計
		樹幹	枝	葉	根系	
混成林	生体重（kg）	1.60	0.94	0.82	1.43	4.79
	乾燥重量（kg）	0.66	0.35	0.33	0.47	1.81
	含水率（%）	63.25	58.42	53.45	63.24	59.65
	バイオマス配分（%）	36.42	16.32	37.55	9.71	100.00
単純林	生体重（kg）	0.69	0.29	0.37	0.69	2.05
	乾燥重量（kg）	0.31	0.14	0.18	0.27	0.89
	含水率（%）	52.12	53.23	48.63	68.55	53.95
	バイオマス配分（%）	34.86	22.27	25.42	17.45	100.00

出典：筆者作成。

44.49％で、混成林は単純林より高い。混成林は根系のバイオマスの割合は9.21％に対し、単純林の根系に対するバイオマスの割合は12.31％になり、単純林は混成林より高い。混成林は樹幹に対するバイオマスの割合は36.84％に対し、単純林の割合は43.21％になり、単純林は混成林より高い。このことから、混成林では、ヨーロッパアカマツの個体群はより多くのバイオマスを枝、葉の部分に分配し、樹冠の発育を促進させ、地上の環境資源をより多く獲得することを促進する；単純林では、ヨーロッパアカマツはより多くのバイオマスを根系に配分し、根系の生長を促進させ、より多くの地下環境資源を得る。

6 要約

　ヨーロッパアカマツとコマツナギは混成することにより、林地の土壌の養分の含有量を大幅に向上させることができる。ヨーロッパアカマツの単純林に比べ、ヨーロッパアカマツ、コマツナギの混成林の土壌の全窒素、加水分解性窒素、有効態リン、速効性カリウムの含有量は50％以上高まり、特に土壌の有機質の含有量は2.68倍も高まる。土壌のやせているモウス砂地にとって、土壌の養分の含有量は大幅に向上し、林地土壌の肥沃程度と生産力を長期間維持するのに役立つ。

　土壌の養分の含有量が大幅に向上することに伴い、造林の効果も著しく向上する。ヨーロッパアカマツの単純林と比較し、混成林の中のヨーロッパアカマツの生存率は18.33％で、成長量も35％以上高まる。同時に、混成することは植物の種の多様性を高めることに貢献している。生物学的土壌クラストの形成を促進し、害虫の発生を抑えることにもなる。更に重要なのは混成することを通じて、群落の生産力を26.13倍に高め、樹冠被覆率を16.31倍まで高める。植生が希少で、風砂の多いモウス砂地にとって、群落の生産力と群落被度も大きく高まり、林地の形成を加速させ、初期収益を十分に発揮させることができる。

　土壌の養分含有量の改善は造林の効果を高め、ヨーロッパアカマツ個体群のバイオマス投資と再分配を変えることになる。混成した状況では、それぞれの部分のバイオマスの投資を数倍に増大させ、その生長のために物質の基

礎とエネルギーの基礎を強固にする。同時に、混成林の中のヨーロッパアカマツはより多くのバイオマスを樹冠の拡張に分配し、光合成物質の蓄積スピードを強化することにつなげ、それによって乾物重量の蓄積と樹冠閉鎖を加速させる。単純林においては、ヨーロッパアカマツはより多くのバイオマスを根系に分配し、地下の資源を多く獲得し、枝葉の部分のバイオマスの分配を減少し、地上部分の成長を制限する。それによって生存率と成長量が低下する。言い換えると、個体群は生存率と成長量を下げるのを代償にし、現存の植物体の生存と生長を維持する。

　上述したように、コマツナギはヨーロッパアカマツの混成林の種類として、多方面での利点がある。まず、コマツナギは窒素固定と土壌改良の効果があり［37、38］、土壌の養分の含有量を大幅に向上させ、風砂地の養分含有量の低い問題を改善することができる。その次に、コマツナギは害虫を殺す成分を持つ［39-40］。たとえば、大皺鰓金亀甲（Frenatodesgrandi）という砂漠害虫は葉を食べて、コマツナギの周囲に死んでいるのがみられることから、虫害が発生するのを抑えることができる。それ以外に、ヨーロッパアカマツとコマツナギの混成林の種間の関係は比較的適合しており、生態と経済面の効果は両者にとりメリットとなる。種間の関係にとってヨーロッパアカマツは深根性樹種であり、土壌の深層の水分と養分を吸収することができる。コマツナギの根系分布は比較的浅く、土壌浅層の水分と養分を利用することができる。生態防護作用を考えると、ヨーロッパアカマツは高木で常緑であり、一年中風砂を防ぐ。コマツナギは低くて密閉し、表層の土壌を固定するのに有効である。その上、ヨーロッパアカマツは種の分布を通じ、天然更新が可能となる。コマツナギは群落の機能の長期発揮に貢献する。このため、この造林モデルを広く推進することが大切である。

第4節　土壌を変える栽培の効果

　関連研究によると、モウス砂地の砂岩と砂は陝西省の土地の生産力を弱め、生態を退化させる2大「元凶」であるとされる。砂岩の俗称は赤色粘土で、水がない時非常に硬く、水を与えると柔らかい泥になり、ふだんは利用することができず、水とともに大量に流失し、「環境の癌」と称せられる。砂の構造が緩慢で、水と肥料は流出するため、土壌の団粒を形成できなくなる。同時に、両者は、一方で水を守り、他方で水を滲みこませ空気を通す特性がある。どのように長所を利用し短所を克服し、土壌力を高めるかは、砂漠を改造する際に直面する重要なチャレンジである。

　実験、観測、模擬などの技術方法を通じて、モウス砂地に多く分布している砂岩と砂の特性、凝集作用および土壌形成コア技術を対象に、研究と試験が行われている。ケーススタディによると、砂岩と砂を混合した後に、砂岩の混合割合の増加に従って、土壌の砂粒の含有量は下がって、粉粒と粘粒の含有量が増加し、土壌の材質は砂土から砂壌に転化する。それと同時に、混合土壌の有効な水含有量も高められ、水分を保持する能力を次第に高める。砂岩と砂はそれぞれ2：1～5：1の比率で合理的に配置した後、土壌が緩く、通気性がよく、構造が適当な地層に形成され、作物の生長に最も有利となる。そして、作物を栽培する期間の増加とともに、土壌断面の中で粉粒と粘粒が蓄積している地層が深く移転する傾向がある。その中で、直径2-4cmの砂岩を混合することは水分の吸収に最も有益であり、しかも砂漠地帯の肥料を保持するのにも有益である。

　土壌の交換、マルチフィルムを被せる措置により、その年のヨーロッパアカマツの活着率は90%以上、保存率は85%以上に達する。5年生のヨーロッパアカマツの平均樹高は1.25mで、最大樹高は1.75mである（植栽時の苗木は0.2m）。

　ヨーロッパアカマツ、コマツナギの総植被率は50%以上に達する。ヨーロッパアカマツの新しい苗の平均成長量は5～10cmで、5年樹木の毎年の平均成長量は30cm、最大成長量は72cmに達している（表11-16）。ヨーロッ

図11-4　5年間の一般造林と土壌を変える栽培によるヨーロッパアカマツの
保存状況

出典：筆者撮影。

パアカマツとコマツナギの種間の関係は安定的で、互いの促進効果が明らか
であり、生長が旺盛である。

　比較すると、一般的な造林術（マルチフィルムを被せず、土壌交換しない）
を採用した場合は、ヨーロッパアカマツの活着率は60％、保存率はわずか
40％であり、ウサギ、ネズミの危害率は90％に達する（表11-17）。

表11-16　ヨーロッパアカマツ各年度の高さ成長量の調査表

プロジェクト	2001	2002	2003	2004	2005	平均
調査数	726	848	697	667	618	
その年の平均成長量（cm）	7.6	13.4	22.7	26	28.6	19.7
調査地	陝西省楡陽区昌漢界					

出典：筆者作成。

表11-17　土壌交換被膜造林とヨーロッパアカマツ一般造林技術の比較

造林方式	栽培密度（m）	調査数	当年活着率（％）	ネズミとウサギの危害率（％）	保存率（％）
土壌交換被膜造林技術	4×5	851	91	3	86
一般造林技術	2×3	406	60	91	40
調査地	陝西省楡陽区昌漢界				

出典：筆者作成。

第5節　結論

1　砂の障壁の建設、バスケット造林と被膜、土壌混交はすべてモウス砂地の造林効果を高められる

　モウス砂地において、風蝕と砂漠化、干ばつと水不足、土地不毛などの原因により、造林効果は悪影響を受ける。例えば造林の保存率、林木の生長を制限し、林地の形成を緩慢にする。この現状に対応して、楡林市の林業従事者は砂の障壁を建造し、バスケットを被せて栽培し、土壌混交の措置をとるなどにより造林の効果を明らかに改善している。どのような造林措置の採用にしても、造林の保存率、林木の成長量を著しく高めている。それと同時に林地の生産力と樹冠被覆率を高めて、林地を形成する過程を加速させている。対照の標本と比較し、バスケットを被せる栽培技術はヨーロッパアカマツの生産力を3.04倍、樹冠被覆率を2.24倍高める。また、土壌混交措置を採

用することは、ヨーロッパアカマツの生産力を7.81倍、樹冠被覆率を1.56倍高め、群落の生産力を26.13倍、樹冠被覆率を16.31倍高める。同時に、この2つの措置は林地の生物多様性を高め、林地の生物学的土壌クラストの形成を促進する。それによって森林群落と環境の形成を促進することができる。

2　バスケット造林と被膜は、風蝕軽減と土壌水分の保持、土壌養分の増加という多様な効果がある

バスケット保護によって、日光を遮り、砂防、防風のような多種な効果があり、風化を軽減し、土壌の水分を保持し、土壌養分の含有量の増加、動物の危害防止などの多重の効果がある。研究結果により、バスケット造林は風蝕や、砂漠が造林効果に及ぼす影響を軽減し、植物の倒壊、樹幹曲げの現象を明らかに減少させる。バスケットがない場合に比べ、土壌の含水量は2.49t/ha 増加し、割合を54.13%高める。しかも土壌の有機質、全窒素、全リンをそれぞれ83.86%、100.05%、49.99%高める。林地の土壌の加水分解性窒素、有効態リン、速効性カリウムについてもそれぞれ27.84%、60.61%、20.02%高める。これらの効果は風食がひどく、土壌が乾燥しているモウス砂地にとっては、林地の土壌の水分保持、土壌力と林地の生産力を維持する点で大きな意義がある。

3　土壌交換、混交造林はモウス砂地における効果的モデルである

コマツナギは窒素の固定や、虫害を防止する役割があり、ヨーロッパアカマツの混成は著しく造林の保存率と、林木の成長を促進し、土壌養分含有量を明らかに増加させることができる。林地の条件を改善することを通じ、植物の発育と砂の土壌クラストの形成を促進し、それによって森林群落と環境の形成過程を加速できる。ヨーロッパアカマツの単純林と比較し、混成林の土壌の有機物の含有量は2.68倍高まり、全窒素、加水分解性窒素、有効態リン、速効性カリウムの含有量は50%以上、全リン、全カリウムは10%以上高まる。そのため、群落の生産力、樹冠被覆率は10倍まで高められる。風食がひどく、土壌が乾燥しているモウス砂地において、ヨーロッパアカマツとコマツナギを混成することは造林の保存率、林木の成長量を高めるばかりで

第11章　陝北モウス砂地における針葉樹造林の総合技術および応用研究　295

なく、更に重要なのは群落を著しく加速的に形成し、林地の土壌力と生産力の長期維持にも有利である。

4　造林の効果を高めた原因はヨーロッパアカマツ個体群のバイオマス投資と再分配を変えたことによる

　バスケット造林と混成などの措置を採用することは造林の効果を著しく高めることができる。その理由は環境条件の改善によりヨーロッパアカマツ群のバイオマス投資量と再分配を通じ適応した調節をするからである。環境条件の有利な状況（例えば、バスケット造林と混成）で、個体群はそれぞれの部分のバイオマスの投資を増大し、それぞれの部分の発育のために物質とエネルギーを保障する。個体群のバイオマスを再分配する過程で、ヨーロッパアカマツはより多くのバイオマスを地上部分の発育に転送し、それによってより多くの地上の資源と乾物重量を蓄積する。バイオマス投資と分配を調節する結果、最後に保存率が高く、成長量が大きく、林地形成が速くなる。環境条件の不利な状況（例えば、バスケット造林と混成を不採用）で、個体群は各部分のバイオマスの投資を減らしただけではなく、さらにバイオマスの再分配過程においてより多いバイオマスを地下部分の生長に割り当て、それによってより多い地下の資源を得る。個体群の地上部分に対するバイオマスの分配を減らして、それによって植物個体の生長と生存を制限している。言い換えると、個体群は成長量と生存率を下げるのを代償にして、現存の個体の成長と生存を維持しているわけである。

おわりに

　モウス砂地における造林の実践において、乾燥、水不足、風蝕、土壌不毛の影響に対して、各地の林業従事者は多くの実用的な技術と有効な措置を提出し、造林効果を高めている。例えば被膜、樹幹を切って造林をする、枝と根での造林、高圧注射のような点滴灌漑、アスピリンの砂糖の溶液吹きかけなどである。中でも砂の障壁を設け、バスケット造林と被膜、土壌交換混交

造林などの造林技術は簡単で、効果も明らかである。そして上述の研究結果から、この3種類の技術を組み合わせることがより効果的であろう。しかし、現在、研究対象が不足しているため、効果とメカニズムの視点から探求することができなかった。

　上述の原因から、本稿は砂の障壁を設け、バスケット造林と被膜、混交造林などの技術を対象に、技術的ポイントを総括すると同時に、これらの措置の造林の効果、および環境の条件に対する影響を分析し、造林効果を高められるバイオマス投資と分配システムを議論した。このほか、いくつかの問題、例えば、保護バスケットの幼木の生理生態過程に対する影響、コマツナギの林地風化に対する影響などについての研究にも意義があると考える。今後、更に進んだ研究が必要である。

参考・引用文献

[1] 蘇世平，張継平，付広軍ほか．楡林沙区荒漠化成因及防治対策 [J]．西北林学院学報，2006, 21（2）: 16-19頁。

[2] 漆喜林．陝西毛烏素沙地砂漠化治理現状及対策 [J]．陝西林業科技，2002（3）: 61-63頁。

[3] 漆喜林，張柱華．陝西防沙治沙現状及対策 [J]．楡林学院学報，2008, 18（4）: 4-6頁。

[4] 史社裕，白増飛，李炳．風蝕沙埋対毛烏素沙地植物的影響及防治 [J]．安徽農学通報，2011, 17（15）: 168-170頁。

[5] 屈昇銀，葉竹林．搭設障蔽控制樟子松風蝕沙埋危害的効果 [J]．西南林業大学学報，2011, 31（5）: 22-35頁。

[6] 米志英，周丹丹，呉亜東．風蝕沙埋対沙柳形態的影響 [J]．内蒙古林業科技，2005,（1）: 10-13頁。

[7] 蘇延桂，李新栄，賈栄亮ほか．沙埋対六種沙生植物種子萌発和幼苗成長的影響 [J]．中国砂漠，2007, 27（6）: 968-971頁。

[8] Brown J F. Effects of experimental burial on survival, growth, and resource allocation of three species of dune plants [J]. Journal of Ecology, 1997 (85): pp.151-158.

[9] Ren J, Tao L, Liu X M. Effect of sand burial depth on seed germination and seedling emergence of Calligonum L. species [J]. Journal of Arid Environments, 2002, 51 (4) : pp.601-609.

[10] Maun M A. Adaptations of plants to burial in coastal sand dunes [J]. Canadian Journal of Botany, 1998, (76): pp.713-738.
[11] 張風春，蔡宗良．活沙障適宜樹種選択研究［J］．中国砂漠，1997，17 (3)：304-308頁。
[12] 柴発盛．土方格沙障在防沙治沙造林中的作用［J］．青海農林科技，2001，(3)：58-60頁。
[13] 房世波，許端阳，張新時．毛烏素沙地砂漠化過程及其気候因子駆動分析［J］．中国砂漠，2009，29（5）：796-801頁。
[14] 雷金銀，呉発启，劉建忠ほか．毛烏素沙地土壤風蝕的気候因子分析［J］．水土保持研究，2007，14（2）：104-105頁。
[15] 李孙玲，李甜江，李根前ほか．毛烏素沙地中国沙棘存活及生长対灌水和密度的響応［J］．西北林学院学報，2011，26（3）：107-111頁。
[16] 丁暁纲，李吉跃，哈什格日楽．毛烏素沙地气候因子对樟子松，油松生长的影響［J］．河北林果研究，2005，20（4）：309-313頁。
[17] 李根前，趙一慶，唐德瑞ほか．毛烏素沙地中国沙棘生长过程与水熱条件的関係［J］．西北林学院学報，1999，14（1）：10-15頁。
[18] 張東忠，屈昇銀，孫占峰．毛烏素沙地干旱缺水对植物群落的影響及其解决途径［J］．内蒙古林業調査設計，2011，34（5）：36-38頁。
[19] 朱显谟．黄土高原土壤与農業［M］．北京：農業出版社，1989。
[20] 中国科学院南京土壤研究所．中国土壤［M］．北京：科学出版社，1980。
[21] 苗恒录，吕志远，郭克貞ほか．毛烏素沙地土壤养分空間变異性初步研究［J］．中国農業水利水電，2011，(8)：89頁。
[22] 楊梅焕，曹明明，朱志梅ほか．毛烏素沙地東南縁沙漠化过程中土壤理化性質分析［J］．水土保持通報，2010，30（2）：169-176頁。
[23] 榆林地区農業計画委員会編．陝西省榆林地区農業区画［M］．榆林：榆林地区農業計画委員会，1987。
[24] 趙晓彬，劉光哲．沙地樟子松引種栽培及造林技術研究総述．西北林学院学報，2007，22（5）86-89頁。
[25] 焦樹仁．樟子松沙地造林技術総述［J］．防護林科技，2010，(6)：52-54頁
[26] 張耀，張治来，柳忠勇．陝北地区节水抗旱造林実用技術的探討［J］．陝西農業科技，2003，(3)：83-85頁。
[27] 孫栄華，劉玉山，劉志和ほか．沙質荒漠化土地生物沙障結构与配置技術研究［J］．林業科学研究，2006，19（1）：125-128頁。
[28] 王懐彪，潘鵬，高保山．毛烏素沙地樟子松抗旱造林关键技術研究［J］．西北学院学報，2009，24（6）：70-73頁。

[29] 徐兆忠，于洪軍．施肥対沙地樟子松人工林生長的影響［J］．防護林科技，2006，(5)：11-12頁。

[30] 曹文生，于洪軍，石才．樟子松固沙林施肥試験研究［J］．防护林科技，2002，(3)：9 -10頁。

[31] 葉竹林，劉世挙．毛烏素沙地樟子松与紫穂槐混交造林效果研究［J］．西南林業学報，2011，31（4）：49-52頁。

[32] 唐艳芸，潘春霞，党兵．榆林沙区毛细滲灌節水技術在樟子松造林中的応用研究［J］．中国農業通報，2008，24（3）：423-425頁。

[33] 朱教君，曾地慧，康宏樟ほか．沙地樟子松人工林衰退机制［M］．北京：中国林業出版社，2005，222-223頁。

[34] 劉明国，蘇芳莉，馬殿愛ほか．多年生樟子松人工纯林生长衰退及地力衰退原因分析［J］．瀋陽農業学報，2002，33（4）：274-277頁。

[35] 呉祥云，姜凤岐，李晓丹，薛杨，邱素芬．樟子松人工固沙林衰退的規律和原因［J］．応用生態学報，2004b，15（12）：2225-2228頁。

[36] 蘇芳莉，劉明国，韓輝．樟子松不同林型沙地土壌肥力的差异［J］．東北林業大学学報，2006，34（6）：26-28頁。

[37] 趙淑梅，張从景．紫穂槐的総合利用及栽培種技術［J］．防護林科技，2005，(3)：125-126頁。

[38] 王印川．紫穂槐及其経済利用価値［J］．山西水土保持科技，2003，(1)：21-23頁。

[39] 曹艳萍，卢翠英，白根挙．紫穂槐葉殺虫化学成分的研究［J］．中草药，2005，36（10）：1468-1469頁。

[40] 曲秋耘，白志誠，石得玉ほか．紫穂槐葉殺虫成分的研究［J］．西北植物学報，1998，18（2）：311-333頁。

[41] Rózsa Z, Hohmann J, Szendrei K, et al. Amoradin, amoradicin and amoradinm, three prenylflavanones from Amorpha fruticosa [J]. Phytochemistry, 1989, 23（8）: pp.1818-1819.

[42] Carison D G, Weisleder D, Tallent W H. NMR Investigations of rotenoids [J]. Tetrahedron, 1973, 29（18）: pp.2731-2741.

[43] 毛烏素沙地砒砂岩与沙复配成土核心技術研究成果通过鉴定．中国科学報告，2011.09.08.

翻訳：張夢園
監訳：北川秀樹

第12章　陝北黄土高原の困難現地における植生回復の総合的技術措置、収益と影響

張偉兵、陳全輝

はじめに

　中国黄土高原は世界で黄土に覆われている面積が最大の高原であり、黄河の上流および中流域に広がるおよそ62万平方キロメートルの面積の高原である。山西省、陝西省北部、甘粛省、青海省、寧夏回族自治区と河南省などの行政区域にわたっている。この地域は長期にわたって半乾燥気候の影響を受け、春季干ばつが起き、夏季に降水が集中し、過剰な開墾、放牧、乱伐などにより、高原の植生は深刻に破壊された。さらに、黄土の土質がゆるく、流水による土壌浸食が進んでおり、溝、谷、梁、丘陵など切れ切れになっている地形が広く分布している。水土流失の範囲は広く、土壌の流失が加速され、当地域の自然環境の悪化を招き、1年あたりの土壌泥砂の流失量が22億トンにも達した。黄土高原は中国更には世界中でも水土流失が最も激しく発生している地域であり、生態環境が最も脆弱な地域でもある。

　新中国成立後に、中国政府は黄土高原地区の水土流失の管理と植樹活動を重視してきた。20世紀70、80年代から、中国政府はこの地域で一連の植生回復措置を実施し、大規模な植林活動をおこなってきた。特に「三北」（東北・西北・華北）の保護林建設工程と退耕還林工程を実施した結果、この地区の水土流失の状況を大幅に改善し、植生被覆率を増加させるなど、著しい効果を挙げた。

　しかし以前の林業管理の多くは有限な単一の措置に頼り、特に多くが技術措置に重点を置き、総合的な措置を採用することが少なかった。このため、管理効果は大きく制限され、特に樹木成育率と保存率の向上と植生回復改善効果に限界があった。林業は管理と技術中心のみでなく、同時に重要な社会

活動であるため、社会、政治、経済と法律が造林の成功と失敗、造林地の保護と経営管理、林業の持続可能な発展に対して極めて重要な影響を有する。いくつかの場所の造林の成育率と保存率は低く、技術問題についても、管理と構造、林業の社会の属性をよく考慮しないと、住民の造林と経営についての積極性を高めることはできない。伝統的な林業の粗放的な管理も大量に資金、人力、資源の浪費をもたらした。我々はこれを十分重視しないと、中国の造林事業と林業の持続可能な発展に重大な影響を与えることとなる。林業を成功に導くには必ず広範な農民に頼らなければならず、彼らの森林資源を保護する積極性を高めることにより、中国の林業が長期的、持続的に発展することを保証することができる。

以上の問題に対し、陝北黄土高原の造林の成育率を高め、水土流失を減らし、黄土高原地区の劣悪な自然環境を改善し、当地区の植生を回復させる足並みを加速させることが、林業の持続可能な発展を実現することになる。本章は中独協力による陝西省延安市の造林プロジェクトの実践を踏まえて、陝北黄土高原の現地における植生を回復させるための総合的技術措置について述べる。

第1節　プロジェクトを実施する地区概況

中独が協力する陝西省延安市の造林プロジェクトは陝西省延安市北部の呉起、志丹、安塞3県をフィールドとしている。

1　自然条件

プロジェクト区は典型的な黄土高原の溝の地形に属し、概ね黄土地帯の丘陵、梁、両者の組み合わせという3種類に分けられる。黄土地帯の丘陵と梁の起伏、溝と谷が交錯する地形を有している。

当地は半乾燥、半湿潤の気候移行地区に属し、年間平均気温9.1℃、最低気温が1月の6.8-7.4℃、最高気温が7月の21.6-22.3℃で、年間降水量は398.6-551.2mm、と年間の変動幅が大きく、最大688mm、最小270mmに達

する。降水量はほぼ7、8、9月に集中し、この3ヶ月で年間降水量の70%を占め、そのうち豪雨が多く、乾燥度は1.5-2.0である。

　土壌は黄土土壌を主体に、水と肥料を保持する性能が劣り、有機物含有量が通常1％に届かない。土質・構造がゆるく、炭酸塩に富み、水に解けやすく、水土流失の主要物質原因である。土壌はやせて、水土流失は深刻で、泥砂が黄河に流入する。水食と重力浸食が同時に出現し、溝と谷を拡張し、河岸は倒壊しやすく、沈泥が流入し、危害が極めて大きい。

　プロジェクト区の荒山は植生がまばらで、主に低い草本植物と灌木から構成され、傾斜度が10%～45%の間にあり、人為的破壊が厳しく、植生はきわめて不良の状態である。一旦破壊されば、回復しにくいので、陝西省においても人工造林の難度が比較的大きい地区である。

　干ばつ、暴雨、雹、霜害、大風という自然災害は常に現れる。このうち主要な災害は干ばつで、極端なものが非常に多く、危害が大きく、発生が頻繁で、一般的に春期干ばつと夏期干ばつの形で出現し、確率は60%-70%を占める。

　人為的な活動が活発なため、薪を採取したり、開墾したり、放牧したりすることが続けられ、天然植生がひどい破壊を受ける。僅かな天然次生森林が残っているが、一部の地区には小さいブロック状の人工林が存在している。

2　社会経済と林業状況

　プロジェクトの実施地区では3県の20郷（鎮）、81行政村、173村民チーム、農家6,043戸があり、受益者24,442人が居住する。2000年の3県の農民1人当たりの収入は1,000元足らずである。

　農業生産は単位面積当たりの収量が少なく、広い面積の傾斜地と耕地が主として山の上部に位置しており、有効な土地は限られている。98年に実験地区の3県の土地利用を調査した。プロジェクト村は実際に1人当たり耕地面積が16.8ムー（畝・1/15ha）、平均労働力が負担する耕地面積は40.1ムーに達し、水土流失を激化させ、生態環境は悪化している。

　プロジェクト地域は林地の面積が小さく、森林被覆率が低く、しかも分散しているため、森林の生態防護機能が十分に発揮できない。98年に3県のプ

ロジェクト計画のため、土地利用の現状を調査した。これによると、森林被覆率は僅か4.7%であった。

3県のコミュニティにおける過去の造林事業は一般的に政府から提唱され、主に農民の義務労働に頼り、農民の積極性は十分に発揮されていない。毎年造林していても、森林はほとんど見られない。造林の成育率は長期に低いレベルに留まっており、平均50%にも達していない。

コミュニティの荒山、林地はほぼ伝統的な集団の方法で管理されている。土地を利用する長期計画は不十分で、農家は独立の土地使用権を持たず、土地の有効利用を制限され、現地集団林の発展を制約している。

3 問題点

伝統的な林業の思想の束縛を受け、長い間林業の管理は粗放で、苗木の品質が低く、技術も後れていた。措置が単一で、成育率と保存率がかなり低く、造林の質を更に高めることが必要である。林業の生態プロジェクト建設の理念、方法、技術の指導が不足しており、住民達の造林の積極性を高めることが必要である。従来、能力建設と技術指導は軽視され、造林の工事の管理体系は完全でなく、厳格な造林の品質検査制度と林地管理保護制度もなく、林地破壊と過度の放牧がおこなわれている。これらの問題はひどく現地の造林を制約し、当地区の植生回復に影響し、林業の発展速度、持続可能な発展と現地の生態環境にも影響している。

この地区は黄河中流で水土流失がひどい地域であり、陝西省でも生態環境の脆弱な重点地区である。生態面での位置の重要性も高い。そのため陝北黄土高原の植生について総合的回復技術措置を展開することは、この地区の問題を解決し、徹底的にこの地区の水土流失を改善し、林草植生の回復と再建を加速することとなる。当地区の生態環境と農業の生産条件を改善し、林業工事の品質も高め、比較的完全な造林プロジェクトの管理体系を確立することは、林業の持続可能な発展にとって重要な現実的な意味と深遠な歴史的意義がある。

第2節 「自然に近づく」森林育成技術

1 森林育成技術

　人工造林は、陝西省の黄土高原地区の大面積の荒山造林の主要な方法の一つである。統計によると、2005年末までに、全省は112.52万 ha の公益林の建設を完成しているが、その中で陝西省は毎年人工造林の面積が百万ムー以上あり、全省の造林任務の80% を占めている。しかし人工造林の樹種が単一のため、コストが高く、安定性に欠け、さらに造林地と造林後の人工林の自然度が高くなく、造林の成育率と保存率に影響している。造林の効果を保証するため、大量の人力と物資を投入することが必要で、植林後に管理保護に対する巨大な圧力をもたらした。人工造林の生産においてこの問題を解決するため、持続可能な発展の角度から、コストが低く、自然度が高く、植林後に管理保護する必要がない建設モデルを陝北黄土高原荒山の造林に応用している。人工営造と自然成長の結合を通じて、荒山の上に「自然に近づく林地」を建造し、造林地区の植物群落、生態系と景観の多様性を高め、植物、動物のために生息地を提供し、「人間と自然の共生」などの目的が実現できる。したがって、プロジェクト区で陝北黄土高原地区の「自然に近づく林地」を造るモデルを試行することにより、陝西省の黄土高原地区に通した造林モデルを探求し、人工造林モデルを改善することができる。

　「自然に近づく林地」は原生の森林植生を参考に育成、経営することである。主に現地の郷土樹種、しかも多種類と混成し、次第にマルチレベルの空間的構造と異なる樹齢がある森林の時間的構造を形成できる。発展の傾向から見て、「自然に近づく林地」は今後森林経営の新しい理念、新しい方向になる可能性が高く、その育成技術も未来の森林建設の主要な方法になることが期待される。

　自然に近づく人工林を設計、育成する時、自然に近づく林地技術の原理にしたがうのは：

(1) 森林の生態学の理論を根拠にして、周辺地域における地域性の自然的な

クライマックス群落（climax community）の構成を模倣し、樹種を配置し、林分の最大の安定性を獲得する。
(2) 造林緑化を主要な目的として、美化効果にも配慮する。緑化の効果とともに、プロジェクト区の独特な自然地理の特徴と森林景観の効果を充分に考慮する。マルチレベルの森林構造と、変化する季節景観を通じて、荒山の緑化要求を満足させる一方、変化の景観効果もある。
(3) 木の種類を選択する間、森林植生遷移規則および段階中森林群落の種類の構成ということを参考にし、構造の特徴から造林の樹種を選ぶとすれば、選ばれた郷土の樹種は強い自然更新能力を持ち、乾燥と干ばつの現地の環境に適応している。

大量の野外調査、周辺の自然植生の分布と生長の特徴および遷移する規則の研究を通じ、コノテガシワ、アカマツ、小葉ポプラ（Lobular poplar）、ブンゲ（Pyrus xerophila）などの木の種類を目標の樹種とする。クロウメモドキ、ヒッコリー、アプリコットなどの樹種を「自然に近づく林地」灌木層を造る優位種として選ぶ。現地の潜在する自然植生タイプにしたがい、目標の林地モデルを確定することができ、群落の樹種と灌木層の優位種を選択し、「自然に近づく林地」の試験地を建造する。

自然に近づく林地営造技術：喬灌木の複層林を作る計画に基づき、プロジェクト地区の乾燥気候で、土壌のやせている特徴を持ち、先に簡単で後が難しいとの考えにしたがい、先にクロウメモドキ、ヒッコリー、アプリコット３つの種類を上層の灌木の種類として植えることで、造林成育率を高めて、林地被覆度を増加する。クロウメモドキの株間隔は２ｍ×２ｍ左右を維持し、ヒッコリー、アプリコットの株数は１haに500本ぐらいをセットし、不均一に分布させる。一方、灌木林は先に下層部の木の生長のために一定程度光を遮る環境とミクロ森林の環境を提供できるよう、コノテガシワ、アカマツの成長初期における光の影響を減少し、同時にその落葉はまた土壌の養分の増加に役立ち、「光を遮る」と「施肥する」効果を果たすことができる。また混成林によって、その下層部でコノテガシワ、アカマツ、ブンゲなど２〜３種類の木を混ぜ、長年の生長を経て、最後に２〜３層の安定的な複層林を形成する。

表12-1 自然に近づく林地樹種の成長状況調査

県別	作業区	樹種	造林年度	現地タイプ		成長状況						成長品質
				地形部位	坂向き	樹齢年	樹高cm	地面位置での直径cm	育成数（個）	樹冠幅	2012年新枝cm	
志丹	雨安窪	サネブトナツメ	2001	急斜面の坂上部	南の坂	11	235	4.5	25	252		優
		山桃				9	132	6.5		168	12	優
		山のアンズ				9	145	7.0		212	10	優
		コノテガシワ				7	210	4.2		129	41	優
		小葉のポプラ		溝の底部		7	365	7.0		74		優
	劉家湾	サネブトナツメ	2002	梁の坂上部	南坂	10	226	4.2	13	231	75	優
		山桃				8	127	0.6		155	9	優
		山アンズ				8	138	6.5		189	8	優
		アカマツ				6	193	2.6		103	35	優

出典：筆者作成。

　プロジェクトのめざす自然に近づく森林は、一般的に３つ以上の樹種を混成し、樹冠層がはっきりし、景観の自然度が高く、しかも森林の生態系の発育と形成を促進させる。林分の安定、抵抗力、現地における生産力、群落の構成などには同齢の人工単純林より優れている。

　2013年７月に志丹県雨安窪と劉家湾のプロジェクト区における自然に近づく林地の種類の調査によると（表12-１）、６年生アカマツの高さは193cmに達し、地面位置での直径は2.6cm、新しい梢は35cmまで成長し、姿も良い。７年生のコノテガシワの高さは210cmに達して、地面位置での直径は4.2cm、新しい梢の成長量は35cmで、姿も美しいとのことである。

2　主要な樹種の苗木育成技術と品質標準の設定

造林後に苗木が悪条件に適応できず、造林成育率が低く、何度も再建を繰り返し、大量の苗木と人力を浪費することを改善する。本プロジェクトにより最初から苗木の品質の要求を強調するとともに、現地の個人の苗畑の建設を促進し、優先的に購買する。

（1）プロジェクトの主要な造林の種類の苗に関する育成技術のハンドブックの編集

個人の苗畑を高い品質の造林の苗木を育成するように指導するため、プロジェクトでは主要な造林の樹種のアカマツ、コノテガシワ、ハリエンジュ、シンジュ、コナシ、ペキンヤナギ、ギョリュウ、新疆ポプラ、コマツナギ、砂のサネブトナツメ、山桃、山アンズ、レモン条、ナシ、杏などの15の主要な造林の樹種の苗に関する育成技術のハンドブックを編纂し、そしてプロジェクト技術教材として広めて、プロジェクト区の農民に無料で配布した。同時に苗を育てる技術の養成訓練班を組織し、専門家たちが郷・鎮の林業員、プロジェクトの技術員と農民に対し技術指導と現地指導をおこなった。

（2）苗木の質に関する基準、1ムー当たりの最高苗木生産量の基準を制定する

現地の苗の単位面積生産量が大きく、苗木の品質が劣化する問題に対して、プロジェクトが苗木を成熟する基準と、1ムーあたりの最高生産量の基準を制定し、苗木の品質を保証することとし、農民が苗の数量だけを追求して、苗木の品質の方法を重視しないことを改善した。

苗を育てる技術の要求の厳格な実施を通じて、苗木の品質も大幅に改善され、苗木で作った林分の成育率は以前の60%から80%以上まで上げられ、林木の生長もよい。針葉樹については、すべてポットで苗を植えた。苗を育てる技術指導を通じ、プロジェクトは407戸の模範農民を育成し、苗を育てる面積は累計3,091.5ムーに達し、各類の優良品質の苗木5,760万本を生産し、農民の収入は1,353.6万元に上った。

表12-2 干ばつに抵抗する造林の苗木の規格基準と効果

樹種	育苗種類	苗木規格cm				平均生育率%	新しい成長した枝の成長量cm	成長状況
		苗齢	苗の高さcm	地面位置での直径cm	1cm以上長いひげ根数			
アカマツ	容器苗	3	25	0.50	10個以上	83	5	優
コノテガシワ	容器苗	3	35	0.50	10個以上	88	6	優
ハリエンジュ	裸苗	2	150	2.0	8個以上	89	85	優
山桃	裸苗	2	150	1.5	10個以上	86	45	優
山アンズ	裸苗	2	150	1.5	10個以上	85	45	優
コナシ	裸苗	2	50	0.50	6個以上	80	3	優
シンジュ	裸苗	2	80	1.0	8個以上	85	5	優
ポプラ	裸苗	1	200	2.2	10個以上	90	100	優
コマツナギ	裸苗	1	20	0.5	6個以上	90		優
サネブトナツメ	裸苗	2	80	2.0	10以上	90		優

出典：筆者作成。

3 黄土高原の干ばつを克服する造林統合技術

プロジェクト区の気候の干ばつ、少ない降雨量、土壌の劣悪な水分肥料を保存する性能、低い造林の成育率など、黄土高原地区の悪条件に適する干ばつ造林統合技術を大面積において実施した。すなわち、干ばつに対する抵抗力の強い苗木＋土壌の水分保持技術＋苗木の脱水防止技術＋造林栽培技術という統合技術である。造林の成育率を著しく高め、プロジェクト地区の低い造林成育率の技術の難題を解決する。制定する干害防止の造林の苗木の標準規格によって、干ばつに対する抵抗力が強く、乾燥土壌に適応するとともに自然条件が悪い土壌に適応できる苗を選ぶ（表12-2）。

Ｖ型貯水穴で土壌を整備、水を蓄積する技術を実施する。等高線に沿って栽培穴をセットし、穴を坂の反対側に設ける。穴の正上方の斜面の上に、木の穴の中点から、両側の斜めな上方向に深く掘り15cmのＶ型の貯水区を形成して、Ｖ型の内で地表水の流れを集め、樹の穴に流入する。それに

表12-3　Ｖ型貯水穴コノテガシワ造林効果

処理	成育率 %	保存率 %	苗高cm		地面位置での直径径 cm	
			2002年	2003年	2002年	2003年
Ｖ型	86.9	78.6	48.3	49.2	0.68	0.73
対照	32.0	15.7	43.2	43.5	0.60	0.61

出典：筆者作成。

　よって土壌の含水量を増加させ、造林の成育率を高める。2002年の春季と2003年の春季に安塞県の白猪山の作業区において、コノテガシワのポット苗とＶ型貯水穴で土壌を整備、水を蓄積する技術の実験調査を行った、その比較結果を表12-3に示す。

　Ｖ型貯水穴によるコノテガシワの成育率は54.9％、保存率は62.9％高まり、苗の高さと地面位置での直径が2002年それぞれ5.1cmと0.08cm高まり、2003年が5.7cmと0.12cm高まった。Ｖ型貯水穴での整地技術は日当りの傾斜面の条件下で造林の成育率を高めることができ、乾燥地域における造林成育率の向上には効果的である。

　栽培苗木に対して脱水防止技術を使用した。

(1) 樹幹を切り、土壌を被せる干ばつ対応の造林技術

　プロジェクト区の乾燥した気候は、造林の成育率に影響する主要な原因である。樹幹を切り、干ばつに対応する造林技術は秋季の造林の後で、苗木の生理活動が緩慢なため、苗木の根部が土壌の中から水分を吸収する能力が弱い。苗木自身は風と空気の乾燥のため、蒸散作用を激化させ、苗木の体内の水分が過度の影響を受ける。プロジェクト区の干ばつと土壌の乾燥という２重の影響により、苗木の生理乾燥を引き起こし、苗木の体内の含水量は下がり、苗木の水分が失われ、最後には枯死することとなる。造林の成育率を高めるため、広葉樹のアカシア、アンズ、サクラ、ムレスズメ、紫のスパイクなどの発芽力の強い広葉樹について、苗木の地面から15〜20cmの所で幹部を切断し、その根部で林地を作り、造林の後で苗木を埋め、４月下旬に温度が上昇した後、苗木を土の中から取り出す。この時、苗木の生理活動は始まったばかりで、根系と土壌が既に緊密に接触し、土壌を吸収する水分の能

力が強化され、苗木の水分平衡を保持する。それによって成育率を高めることができる。2002年の秋季に安塞県白猪山の作業区において同じ条件の下で、樹幹を切り、干ばつに対応する造林技術の成育率に対する影響について実験調査をおこなった（表12-4）。

調査結果によると、プロジェクト地区の乾燥と強風の条件下で、針葉樹あるいは広葉樹の樹幹を切り土壌を被せるという造林技術を通じ、苗木の体内の水分平衡を保証することができ、よって造林の成育率を高め、また、冬季のウサギ、ネズミによる危害防止にもなる。これは有効な干害防止の造林技術の措置の一つである。

（2）水と泥に浸すことにより干ばつを克服する造林技術

プロジェクト区の乾燥気候の造林生育率への不利な影響を減らすため、造林の前に裸苗を水と泥につけ、栽培前期の苗木の体内の水分の消耗を減らし、苗木を植えた後の根系に充分な水分の供給を保証する。苗木を植える前に、水と泥につけることは有効で、造林の成育率を大幅に向上させた。2003年4月に志丹県雨安窪の作業区における成育率についての調査を行い、成育率を14-23%高める結果を得た。

干ばつに抵抗力の強い苗木を選択し、V型貯水穴を使用して苗木の脱水

表12-4　樹幹を切り土壌を被せることの造林成育率に対する影響

樹種	苗木規格	幹を切り、土壌を被せる（cm）	土壌を被せる（cm）	対照（cm）
コノテガシワ	ポット苗		91	49
アカマツ	ポット苗		88	56
ハリエンジュ	裸苗	86		63
山桃	裸苗	84		72
山アンズ	裸苗	84		76
カラガナ	裸苗	89		71
コマツナギ	裸苗	90		62

出典：筆者作成。

表12-5 水と泥につけることの造林成育率への影響（単位：cm）

樹種	造林地	造林時間	対照	苗木規格	成長状況 平均苗高（cm）	地面位置での平均直径（cm）	成育率%
ハリエンジュ	雨安窪	2003.4	浸水と泥をつける	2年裸根	25	1.4	90
			未処理	2年裸根	21	1.2	76
山桃	雨安窪	2003.4	浸水と泥をつける	2年裸根	15	0.7	91
			未処理	2年裸根	16	0.6	68
山アンズ	雨安窪	2003.4	浸水泥をつける	2年裸根	11	0.8	94
			未処理	2年裸根	120	0.7	73

出典：筆者作成。

防止技術を採用すると同時に、科学的な栽培造林技術に重点を置く。針葉樹についてポット苗を採用し、林地を造る。ポット苗を植えるときには以下の技術ポイントに留意する。

　まず、ポット苗が芽生える時間を正確に把握する。プロジェクトの造林の前に、苗床に一回給水し、何日か後に苗を発育させることが鍵である。アカマツのポット苗の生える時間を比較する：アカマツの苗が水をやった後の1～2日に、ポット苗の土壌の含水率は非常に大きく、運送過程で、押し出され、容器内の土壌構造が変化しやすく、泥水の状態を形成する。水が漏れてしまうと、土壌が固くなり、苗木の成長に不利である。水を入れた3～4日後に、容器の中の含水率は19.5%～21.7%の間で推移し、土壌が分散する現象がなくなり、造林の成育率と成長量はともに高くなるので、最適の時間である。5～6日の後には、土壌が分散する現象は始まり、成長量に対する影響は大きくないが、成育率の低減は比較的大きい。したがってポット苗の造林の前に3～4日水を入れることが、苗の成長効果が最も良い。

　次に、運送過程で苗木を保護する条件を正確に把握する。ポット苗の運送

過程で、ビニール袋で包装し、縛り、上向きに置き、車の中で上下に揺れることで容器の土が散って根系を傷つけるのを防止することが必要である。若苗の上端を損傷しないように注意する。

第3に、植栽方法に留意する。植栽する時、先にポット苗を穴の中で植え、両手でしっかり握って、そっと押し出し、養土が緊縮した後に、そっと容器袋を抜き出し、表土で垂直に栽培する。

特に以下の点に注意すべきである。①容器袋と一緒に栽培することはできない。このようにすると、根が絡みつくことを引き起こしやすく、根系が土壌から水分と栄養を吸収することを阻害し、最後に枯死を招く。②栽培する時ポットの養土の分散の防止に注意する。根系を傷つけて、ポット苗の造林の効果を失うこととなる。③針葉のポット苗の先端をしっかり保護し、もし梢が断ち切られると、苗木の生長と樹幹の形に影響する。

第4に、苗木の根系を保護することである。プロジェクトでは厳しい苗木育成、仮植技術を制定し、最寄りの所で苗を育てることを提唱する。各村1名の管理人を置き、本村の苗木配分管理と検査を担当させ、苗木に対する仮植を監督させる。不合格な苗木の使用を厳禁し、良い苗を確保する。広葉樹の苗を植える時、規格に従い、先に穴を掘り、苗木の根系の伸びを保証する。栽培する時には何回かに分けて土を被せ、根を延ばし広げ、苗をまっすぐに置き、土壌をしっかり踏む。

4　林木虫害とウサギ害の防止技術

プロジェクト実施過程において、2002年の冬季から、現地は広い範囲でウサギの害が発生し、さらに次第に激化する傾向が現れ、造林プロジェクトに対して深刻な被害をもたらした。プロジェクト実施機関と多数の農家は極めて大きな経済的損失を被った。ウサギ害はすでにプロジェクト区の木の品質にひどく影響し、プロジェクトの造林効果に影響する主要な原因の一つである。

ウサギ害の原因は多方面にわたる。まず、国家が退耕還林と天然林プロジェクトを実施してから、林地の面積は大きく増加し、植生が回復し、生態環境が明らかに改善されたため、動物に生息地を提供することとなった。2

つは野生のウサギには天敵の種類と数量が少なく、ウサギの個体群をコントロールすることが難しい。3つはウサギの繁殖能力が強く、個体群の数量拡大が迅速である。4つは伐採放牧を一定期間禁じて造林すること、猟銃を接収することは、黄土高原区におけるウサギの個体群の急速な拡大につながり、特定の地域で突然災難が到来し、厳しい危害に直面する。突然発生するウサギ害に対して、各地ではいくつかの予防措置を採用している。各地によく採用される予防方法は木の幹に石灰を塗ったり、林地に羊の血を振りかけたり、木の幹の保護かごを作ったりするほか、化学的な防除、キツネなどの天敵の動物の人工飼育がある。P－1薬の予防などの方法は、労力やコストが重なるため、プロジェクト区においては相応しくない。一部の方法は標的でない野生動物と天敵の動物を誤って殺しやすく、環境汚染をもたらすかもしれず、プロジェクト区で使うことは厳禁すべきである。一部の方法は現在まだ条件が十分でない。各地によく採用する予防方法を評価した上で、ロープでウサギを捕まえる方法が効果的と思われる。その長所は住民が容易で、設置しやすく、捕獲する数が多く、コストも低くて、プロジェクトに適用し、普及するのに優れている。

(1) 被害現状の調査

2004年9月の省監視測定センターの調査によると、プロジェクト区の圧倒的部分のいくつかの造林場所はウサギ害を被り、特に日当りの斜面、山頂部、ゆるやかな地域の造林地は、破壊の程度が壊滅的であり。プロジェクト区の木の生長に大きく影響した。被害程度の比較的重い種類はアプリコット、ニセアカシア、ヒッコリー、コノテガシワなどで、被害率は70％－100％に及ぶ。程度の比較的軽い木の種類はサネブトナツメ、カラガナ、コナシ、アカマツなどで、被害率40％-70％に及ぶ。被害を及ぼさない木の種類はシンジュ、コマツナギ、ポプラなどである。広葉樹は主に樹皮、樹幹の被害がある。針葉樹のほうは主に尖端が侵され、若苗が生長点を失うことになる。11月中旬から翌年の3月末が被害期である。2004年11月、このプロジェクトを6つの等級に分け（0級＝被害なし；Ⅰ級＝被害1％-20％；Ⅱ級＝被害21％-40％；Ⅲ級＝被害41％-60％；Ⅳ級＝被害61％-80％；Ⅴ級＝被害81％-

100%）とし、現地調査を行った。その結果、被害面積はプロジェクトの造林の総面積18,392ヘクタールのうち、84.7%を占めた。その中のⅠ級被害面積は4,657.3ha、Ⅱ級面積は5,680ha、Ⅲ級面積は3,961ha、Ⅳ級面積は1,205ha、Ⅴ級は75.4haであった。Ⅲ級以上は被害面積が総面積の29.3%を占めた。

（2）防止と改善技術

　ウサギは一般的に比較的固定的な生息地を持ち、子を育てる期間のみ、固定的な巣があるほか、普段は流浪する生活を送る。しかしウサギは活動範囲が一定で、生活地域からなかなか離れられない。春季、夏季には、密生する植林と灌木の中で生活する一方、秋季、冬季には、一般的に明け方と日没後、樹林に潜り活動し、固定的なコースで活動することを好む。一定の範囲内におけるウサギの通行路線は固定的で、特に灌木林の中の痕跡ははっきりとしている。作業区の林道と道路上で、ウサギは主に道路の両側に行き、中間に行かない。造林地の中の植生の疎らなところを横切ることが好きで、しかも通行する痕跡もはっきりしている。

　ロープでウサギを捕らえる技術はウサギの生活習慣により、冬季に草が枯れ、ウサギの危害が深刻な時期に、ウサギが野外で食物を探すコースにおいて、事前にロープを設置して通行する間に捕まえ、駆除する。これは危害を減少させる技術措置の一つである。その長所は農民たちが技術を掌握しやすく、方法が簡単で、予防と改善の範囲も大きく、普及しやすく、コストも低い。環境保護にも有利で、ほかの野生動物と天敵の動物を誤って殺すことがないというメリットを有する。

（3）防止と改善の効果

　2004年－2006年、プロジェクトは26回のウサギ駆除の養成訓練を行った。138の村落、84の造林の作業区を含み、農民856人を訓練した。技術者、農家、作業区の山林保護員などを動員し、大規模なウサギ害の予防と改善活動を展開した。3年間に24万のロープを設定し、かじることを防止する薬剤を6トン使用し、21万ムーの面積を予防した。3年間の有効な予防と改善を経

表12-6　プロジェクト地区における３回のウサギ災害防止監視測定効果比較表

単位：ha

監視測定時間	評価時間	合計 面積 ha	ウサギ災害等級					
			０級 面積 ha	１級 面積 ha	２級 面積 ha	３級 面積 ha	４級 面積 ha	５級 面積 ha
2005年4月	2004年9月	18392.1	2345.6	4976.5	5679.3	3961.5	1205.7	223.5
	2005年4月	18392.1	6908.3	9516.8	1706.0	261.0	0.0	0.0
2006年4月	2005年9月	18392.1	7534	8944.5	1652.6	261.0	0.0	0.0
	2006年4月	18392.1	12698.3	4806	717.9	169.9	0.0	0.0
2007年3月	2006年9月	18392.1	12268.1	4732.8	1148.4	242.8	0.0	0.0
	2007年3月	18392.1	16456.6	1618.6	316.9	0.0	0.0	0.0

出典：筆者作成。

て、73,897匹のウサギを捕らえた。2007年の春季まで、プロジェクト区が幼木にウサギ害を与える現象は明らかに減り、特にウサギが主に樹皮、樹幹をかじる現象を有効に抑制した。プロジェクト区のウサギ害は局部的に発生したが、2005年4月、2006年4月と2007年3月の3回の監視測定結果によると、ウサギ害の予防と改善は明らかな効果があり、被害等級と面積は明らかに減少した。措置を採用した後の第1回と第3回を比較して、3級程度の被害面積は261.0haから0haになった。2級の被害面積は1,706.0haから316.9haになった。1級の被害面積は9,516.8haから1,618.6haになった。0級の被害面積は6,908.3haから16,456.6haに上昇した。ウサギ害の予防技術を普及することを通じ、ウサギ害の拡大を抑制した（表12-6と図12-1参照）。

プロジェクトで使用されるウサギ害を予防する技術は、効果が突出しており、国家林業局によって実施する「中独協力枠組みによる北方砂漠化予防プロジェクト」の最優秀の例となり、すでに甘粛、遼寧、寧夏、内モンゴル、

第12章 陝北黄土高原の困難現地における植生回復の総合的技術措置、収益と影響 315

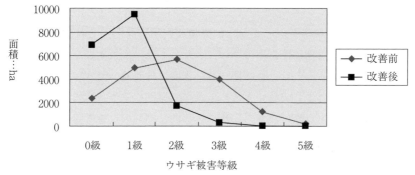

図12-1 プロジェクト区ウサギ被害改善効果評価図

出典：筆者作成。

河北などの省・区にまで広められた。

プロジェクトの実施期間に、その地区の林木の病虫害の種類および被害に対する調査をおこなった。

2007年～2008年の期間、プロジェクト区の林木の病虫害の種類および被害に対する専門の調査を行った。西北農林科技大学の教授による指導の下に、調査結果と疑問に対する評価を行い、訓練教材として『虫害とネズミ害を防止する知識の育成訓練ハンドブック』を編集した。プロジェクト区には、林木の病虫害が約68種類あり、その中の病害が約18種類、虫害が約50種類であることが明らかとなった。分布は比較的広くて、深刻な病虫害が7種類、その中に虫害が5種類、病害が2種類、一般的な病虫害は22種類、その中に病害が8種類、虫害が14種類ある。

同時に、メディアを通じて予防技術の育成訓練を展開し、7種類の被害が深刻な病虫害と16種類の林木の病虫害の認識と予防技術を普及した。プロジェクトは技術者、プロジェクト区の郷・鎮の林業の技術者と作業区の山林保護員、村の幹部と農民達に向けて、6回の病虫害予防養成訓練を実施、405人が参加し、優れた効果を挙げた。広範な動員と積極的な予防を通じ、危害が深刻な Trabala vishnou gigantina（Yang）(Lepidoptera: Lasiocampidae) などの病虫害を有効にコントロールし、プロジェクトの造林の成果を高めた。

5　黄土高原混成林の営造技術

　混成林を営造する際の重要な点は樹種間の適切な関係を維持することであって、主要な樹種は伴生樹の助けにより最も良い成長効果を得る。樹種間の関係を調節することは造林時間、造林密度、株間隔、苗木年齢および造林方法などの措置により実施できる。これらの原則に基づき、当プロジェクトは混成林を設計する際に、さらに次の具体的な細部の点を考慮することになる。

　混成林の樹種を選ぶ時、自然に近づくため林地に郷土の樹種を主に、技術が成熟した外来樹種を導入する。混成樹種の組み合わせに当たっては、多種類を考慮し、一つのブロックで混成する樹種は3つ以上を維持する。このように比較的安定的な林分の構成の形成に有利で、造林密度を1ヘクタール2500本に制御し、合理的な林分の密度を形成し、植生を急速に回復することを保証する。急な傾斜と水土流失の深刻な断層地塊の上では、栽培する苗木の株数が一般地域の15%以下とする。既存灌木など原生植物を最大限度に保留する。混成する割合は、一つのブロックの中では一つの種類が総量の70%以下、最小の割合の樹種は10%以上とする。混成する方法は、斜面に比較的完全な梁の坂で帯状の形で混成する。一つの帯状地区に少なくとも3列以上を維持し、1つの樹種を一列だけ植えず、できるだけ各樹種を植える列の間にほかの樹種を混成し、全体的に「ブロック状に混成する特徴」に形成させる。切れ切れになり、斜面が起伏する溝の坂において、ブロック状に混成する方法を採用する。一つの樹種の面積は0.5ha以下、一つの樹種の面積の直径は1本の木の高さ（約15〜20メートル）以上、つまり一つのブロックに200本の苗木があることとなる。きわめて急な傾斜と水土流失の深刻な断層地塊の上で不規則な混成方法を採用する。樹種について、条件の良い地域では高木を植え、比較的劣る地域では灌木を植栽する。きわめて急な傾斜と水土流失の深刻な断層地塊の上では、灌木を主にし、灌木と高木の混成林を形成し、不規則な株の間隔を確保する。

　当プロジェクトでは8種類の混成林のタイプを設計し、現地の混成林モデルの造成を試みた。

① コノテガシワ×サネブトナツメ×山桃

　コノテガシワは現地の郷土樹種なので、また先鋒的造林の樹種で、適応性と成育率が高く、プロジェクト区の景観を改善する。黄土高原の海抜1,200m以下の日向の溝、坂と黄土丘陵などの地帯に、サネブトナツメ、山桃をブロック状に混成する。サネブトナツメはマメ科でない窒素固定の樹種で、コノテガシワの窒素供給を改善することができ、その成長を明らかに加速させる。サネブトナツメは干ばつに強く、幼木時に成長するのが速く、コノテガシワ保護の役割を果たす。コノテガシワが成長中期に入り、サネブトナツメが衰える時、山桃を郷土の灌木として残し、混成林を形成する。このタイプは同じ地形の地区で急速に拡大する。西北農林科技大学林業学院の羅偉祥研究員による2011年5月の安塞県白猪山作業区の調査では、1株9年生のサネブトナツメは、株の高さ2.4cm、地面位置での直径6.0cm、冠幅が3.0m、主幹から65cm以外に根から出す芽の7本（約3㎡）、最大の1本の直径は3.5cm、株の高さは2.5cmに達する。

② アカマツ×コノテガシワ×サネブトナツメの混成林

　コノテガシワは陽性の樹種で、幼木時の樹冠が狭くて、アカマツの成長初期には日陰傾斜面に成長するのに適している。アカマツ、コノテガシワ、サネブトナツメと混成するタイプがプロジェクト区の黄土丘陵地帯、あるいは梁の部分の造林に優れている。同じ地形の地区で強力に広めることができる。西北農林科技大学林業学院は2011年5月にプロジェクト区のアカマツ、コノテガシワ、サネブトナツメの混成林に対する調査をおこなった（表12-7）。

③ アカマツ×山のアンズ×サネブトナツメの混成林

　アカマツは陽性の樹種で、根系が発達している。しかし幼齢時に成長するため、適切に光を遮らなければならない。一方で、サネブトナツメの根系は比較的浅く、二者は混成し、土壌各層の栄養の物質を十分に利用することができ、サネブトナツメはさらにアカマツのために、風を防ぎ、光を遮る。同時にモグラはアカマツの若い苗への被害予防に効果的である。アカマツ、サネブトナツメはすべてプロジェクト区の代表的な造林樹種なので、干ばつに耐え、土壌不毛にも適し、適応能力が非常に強い。喬木と灌木を結合し、林

表12-7 アカマツ、コノテガシワ、サネブトナツメの混成林の成長状況調査表

県別	作業区	樹種	造林年度	立地タイプ		成長状況					
				地形部位	坂の向き	樹齢	高さ(m)	地面位置での直径cm	胸径cm	樹冠(草むら)幅(m)	2010年新梢cm	成長状況
安塞	白猪山	アカマツ	2003	峁坂の上部	南	8	0.8	1.3	3.4		65	優
		コノテガシワ				8	2.3	1.8		0.65	34	優
志丹	辺崖根	アカマツ	2002	梁坂の上部	東北	7	2.45	2.5	3.75	1.6	45	優
		コノテガシワ				7	2.3	3.2		1.2	42	優
呉起	韓溝	アカマツ	2001	梁坂の上部		10	0.7	1.2		0.9	57	優

出典：筆者作成。

地になると複層の混成構造を形成し、水土保持能力が高い混成林である。
　アカマツ、山のアンズとサネブトナツメの混成により安塞、志丹は安定的な群落になり、成長が良好である。
④ ハリエンジュ×ムレスズメ（Caragana intermedia）×サネブトナツメの混成林
　ハリエンジュ×ムレスズメ×サネブトナツメの混成林は、プロジェクト区

の自然群落の中でも広範囲で優れている。ハリエンジュの適応範囲は広く、黄土高原の溝の各種の条件下で成長でき、特に溝の底、川の近く、梁の坂、溝の坂の下部において生命力が最高である。条件が悪い山（梁 ridge、溝）の坂の上部、中下部の日向にハリエンジュとサネブトナツメの混成林を採用し、ハリエンジュが成長することに役立つ。西北農林科技大学林学院では2011年5月にハリエンジュ×ムレスズメ×サネブトナツメの混成林に対して調査を実施した。（表12-8）

⑤ ポプラ×ペキンヤナギ×サネブトナツメの混成林

　ポプラ、ペキンヤナギとサネブトナツメの混成林はプロジェクト地区での成果が良好である。小川の両岸、川底下部などの条件の下でも適応できる。その混成方法は主に線状、帯状、ブロック状と3つの種類を採用し、3回にわたって植栽する。株間隔については、サネブトナツメは2m×2m、ポプラとペキンヤナギは4m×4mである。数年間の観察によると、ポプラとサネブトナツメの成長は良好である。西北農林科技大学林学院は2011年5月、プロジェクト区のポプラ、ハリエンジュとサネブトナツメの混成林と、ポプラの1種の純粋林の成長に対して調査をおこなった（表12-9）。

⑥ ハリエンジュ×山桃×山のアンズの混成林

　日向の風蝕の溝の坂の中上部の条件下で採用される。山桃、アンズはプロジェクト区の郷土の灌木で、防護するのに有効であるだけではなく、一定の経済的価値があり、1ムーあたりのアンズと山桃によって生産する副産物として果実の皮、種、殻などがあり平均収入は100元に達する。ハリエンジュ、アンズ、山桃は混成し、混成林として経済効果を高めることができる。その混成方法はブロック状で、虫害がより少ない。

⑦ アカマツ×コマツナギ×山のアンズの混成林

　休耕地の中下部の条件下での採用に適している。アカマツは高木の郷土樹種で、コマツナギは窒素固定の灌木の樹種で、土壌の肥沃度を改良する効果が著しく、アカマツとコマツナギの混成により、林地の生産力と林地の安定性を高められる。混成する方法は線状と帯状である。

⑧ ハリエンジュ×コマツナギ×コノテガシワの混成林

　溝の中上部の風蝕条件下の休耕地に適している。ハリエンジュとコノテガ

表12-8 ハリエンジュ×ムレスズメ×サネブトナツメの混成林の成長状況の調査表

県別	作業区	樹種	造林年度	立地タイプ		成長状況					
				地形部位	坂の向き	樹齢	高さ(m)	地面位置での直径cm	胸径cm	樹冠(草むら)幅(m)	2010年新梢cm	成長状況
安塞	白猪山	ハリエンジュ	2003	峁(hill)坂の上部	南の坂	8	4.0		3.4		90	優
		サネブトナツメ				8	1.6	4.0		1.7		優
呉起	韓講	ハリエンジュ	2001	梁(ridge)坂の上部	南の坂	10	6.9		4.6		75	優
		サネブトナツメ				10	2.5	5.0		0.8		優

出典:筆者作成。

**表12-9 黄土高原におけるポプラとサネブトナツメの混成林および
ポプラ純粋林の成長比較表**

林のタイプ	年齢	平均胸径 (cm)	平均樹高 (m)	林状況
小葉のポプラとサネブトナツメの混成林	7	6.5	6.0	林には雑草なし、土壌が湿潤肥沃で、小葉のポプラが樹幹は垂直、皮の色が浅緑、樹冠が尖塔の形。
小葉のポプラ純粋林	7	5.5	4.2	林下の雑草が生い茂り、土壌が乾燥し、樹幹の尖度大、樹皮が古く、樹冠が円形に近い。

出典：筆者作成。

シワはプロジェクト区の主要な荒山造林の樹種である。ハリエンジュとコノテガシワの混成により、伴生樹の成長量を高められる。その主要な原因はハリエンジュが根瘤バクテリアを持ち、土壌力を高めることができる。資料によると、混成林の土壌0～40cmの内のすべての窒素量が純粋林より倍に高められたこと、ハリエンジュは雑草との競争能力が強く、ハリエンジュ林地の密度は0.7に達する場合、カルカヤ（Themeda japonica）が枯死し、コノテガシワなどの成長に役立つ。

6　黄土高原における水土流失総合的制御技術

当プロジェクトは黄土高原の生態環境の回復、水土流失の制御、自然災害の軽減により、農業生産と住民生活の基本的条件を改善するという目的を持つ。そのため、造林における水土流失制御の総合造林技術の採用を重視して、魚鱗溝状の穴整地技術を採用する。

完全な流域の山体あるいは溝を単位にし、地形の浸食の特徴に応じ、水土流失の規則に基づき、異なった条件下で防護林のタイプを配置し、防護林構造体系の下で合理的に分布し、機能がそろうという特徴を持ち、作業区の水土流失を制御するという全体の効果に貢献する。当プロジェクトが選んだすべての作業区は1つの完全な小さな流域で、水土流失を改善する基本単位であるため、このような集中的管理方法が水土流失を改善させる効果は更に明らかで、過去の造林が分散的で、効果が発揮できなかったデメリットを克服

できる。

(1) 魚鱗溝状の穴で整地技術を全面的に応用することによって水土流失を制御する

　造林プロジェクトで新しい水土流失の発生を防止するため、防護林について、魚鱗溝状の穴で整地技術を高める。魚鱗溝状の穴の規格はその地区の傾斜度にかかわり、最大限度に地表の流水と雨水を収集するため、穴を三角形に配置すべきである。魚鱗溝状の穴での整地により、水土流失を有効に制御するだけでなく、現地の粗放的な造林の整地方法を変え、地表原生植生の保護につながった。この整地方法の効果は著しいので、プロジェクト区以外にも広範に普及し、すでに延安市の13の県の退耕還林、東北・西北・華北保護林プロジェクトにおいて広範に応用されている。

(2) 防護林のタイプの設置と造林技術

　このプロジェクトは黄土高原の溝谷区の水土流失の規則に基づき、作業区の流域、山体あるいは溝に従って防護林を合理的に配置する。黄土地帯の丘陵（梁）の頂から、斜面（陰面、陽面）、溝の頭、溝の坂（陰面、陽面）、溝の底、溝の道、川岸、溝の口などの異なる地形の部位に5種類の異なる防護林のタイプを配置した。

丘陵の頂点における防護林：

　丘陵の頂点に位置し、地形が高くて、風が強く、蒸散作用が強烈で、植生被覆率が30％ぐらいしかない場所は、主に喬木と灌木の混成林による帯状あるいはブロック状の方法を採用する。樹種はコノテガシワ、サネブトナツメ、ハリエンジュ、アカマツ、山桃などを選び、高木、灌木の種類の割合を3：7で配置する。アカマツ、コノテガシワは3年生のポット苗で林地を造る一方、サネブトナツメ、ハリエンジュ、山桃は2年生の乾を切った苗で造林する。干害防止、覆土、泥水をつける優先的な造林技術を用い、整地造林の実施過程において、粗放的な整地方法を改め、魚鱗溝状の穴での整地技術を採用し、株間隔が2ｍ×2ｍとして、原生植生の保護を提唱し、人為的な新たな水土流失を避け、制御効果を高める。

梁の坂の防護林：

　丘陵の下部に位置し、傾斜度が緩く、植生状況がよく、被覆率は約50％である。さらに日陰の坂の地層が厚く、主に喬木と灌木の混成林を形成し、帯状とブロック状で混成する方法を採用する。帯状の林は等高線に沿って設けられ、樹種は主に郷土樹種を選ぶ。日向の傾斜地にコノテガシワ、ハリエンジュ、カラガナ、アンズ、サネブトナツメなどを植え、喬木、灌木の種類の割合を５：５に配置する。日陰の坂にはアカマツ、山桃、サネブトナツメを植え、喬木、灌木の割合を６：４で配置する。アカマツ、コノテガシワは３年生のポット苗を採用し、サネブトナツメ、ハリエンジュ、山桃の２年生の挿木の苗を採用する。干害防止、覆土、泥水をつける造林の優先的な技術を用い、魚鱗溝状の穴による整地技術を採用し、株間隔は２ｍ×２ｍである。

溝の坂の防護林：

　プロジェクト区内の溝と谷はＶまたはＵの形で形成され、風蝕、水浸食のため、浸食は活発で、倒壊、地滑りなどの被害がよく見られる。造林緑化による総合的改善の重点地域である。斜面における植生は少なく、被覆率は35％である。主に喬木と灌木の混成林を形成し、ブロック状で混成する方法を採用する。樹種はコノテガシワ、ハリエンジュ、サネブトナツメ、山桃、アンズ、ペキンヤナギ、コナシなどを選び、喬木、灌木の割合は４：６、あるいは３：７に配置し、局部の傾斜面には灌木で造林することもできる。コノテガシワは３年生のポット苗で林地を造り、サネブトナツメ、ハリエンジュ、山桃は２年生の挿木で、コナシは２年生の裸苗を採用する。干害防止、覆土、泥水をつける造林の優先的な技術を用い、魚鱗溝状の穴による整地技術を採用し、株間隔は２ｍ×２ｍとする。

高地の辺と溝の頭の防護林（高地：周囲が溝で中央が平たい高台）

　ここの樹種設計は傾斜の崖と溝の頭を浸食する辺において、高地の地表の流水と雨水が集まって溝に入り、浸食を引き起こし、溝の頭に前進させ、溝の岸も拡張させることを防止する。３～５ｍの幅のサネブトナツメの灌木の森林帯を作り、魚鱗溝状の穴による整地技術を採用し、株間隔は1.5ｍ×1.5ｍである。水を保持する工事措置と結合することにより総合的に管理す

溝の底における水流の侵入を防ぐ林：

　溝の谷の拡大と深くなることを防止するため、溝に水が進入することを防止し、流失する水土の沈殿を促進するため、水流が比較的遅いところ、流水があまりないところ、または水食があまりひどくないところの、溝の底に進水を防ぐ森林地をセットする。主に広さが20-30mの喬木と灌木の混成林を採用する。主要な栽培樹種はヤナギ、ポプラ、サネブトナツメ、コマツナギなどで、中小の穴で整地し、喬木の株間隔が2m×2mで、灌木の間隔は0.5m×1.5mである。

(3) 防止と保護の効果

　プロジェクトを実施している過程で、生物工学の技術を十分に利用し、異なった条件に応じて、適当な樹種を選び、その再配置を通じ、合理的に混成する方法により、樹種と混成方法の多様性を実現した。防護林の配置は合理的であるため、構造が完全で、防護機能を強められ、水土流失を飛躍的に減らし、水土保持と水を蓄積する役割を果たす。省監視測定センターの調査結果（表12-10）によると、水土流失を防止する能力が中等以上である地域は総面積の97.6%を占め、作業区における植生被覆率が90%以上に達する面積

表12-10　水土流失制御結果

プロジェクト県	監視測定総面積（ムー）	水土流失制御能力（植生被覆率%）					
		強（≥90）	監視測定総面積（%）	中（75～90）	監視測定総面積（%）	弱（≤75）	監視測定総面積（%）
延安プロジェクト区合計	7332.8	2163.2	29.5	4897.5	66.8	176.5	2.4
呉起県	2308.7	619.5	26.8	1667.7	72.2	21.5	0.9
志丹県	2619.3	1087.0	41.5	1409.6	53.8	50.1	1.9
安塞県	2404.8	456.7	19.0	1820.2	75.7	104.9	4.4

注：1 ha =15ムー
出典：筆者作成。

は総面積の30%を占め、植生被覆率が75%～90%の面積は67.6%を占める。プロジェクト区では植生が明らかに保護されるため、土壌は有効に改良され、大部分の造林ブロックでは雨で斜面が流失する箇所は見られない。

7 造林水準の観測

当プロジェクトの1つの著しい特徴は品質第一であり、「品質がなければ数量もない」ことを強調し、品質をプロジェクトの生命線として重視し、この考え方を造林事業の各段階に貫く。プロジェクト実施のそれぞれの段階で品質を強調する。まず各工事の基準を制定する。例えば造林苗木の品質の基準、造林の品質の基準は、各部分に品質検査の根拠があることを保証する。必ず優良な種であることを要求する。造林に使った苗木は必ず標準的な1級、2級の苗でなければならず、苗木畑の管理を強調して、苗木に等級をつけ、苗木の運送と保護などそれぞれの技術が規定に合うかどうかを重視する。植栽する時には、整地する規格と方法、栽培する植物数、混成する割合と株間隔、栽培品質、保護管理することが正確かどうかを強調する。各ブロックの書類については偽りなくカードに登録、更新し、相応の図面も要求し、科学的に基準を設け、厳格な検査で各部分の技術が基準に適合することを保証する。工事の中で品質に合わないものは用いず、改善策を採用しなければならない。

当プロジェクトの監視測定技術により、成育率の指標、造林の密度、苗木の品質、混成割合、ブロックの株数などの数量を全面的に評価した。同時に整地する方法と造林後の水土流失制御、苗木の被害程度、苗木の生長状況の評価などの品質評価、および図面資料と書類の評価などの指標により、全面的に品質測定を行った。これらの評価によって、今後の改善措置を提起した。プロジェクトの監視測定技術は厳格であり、各ブロックごとに観測し、3年連続で監視測定し、毎回の観測は造林後成長季節の後に行った。プロジェクトの厳格な監視測定により、造林面積の保存率は、100%に達し、造林合格率は99%である。造林の品質に加え造林の数量も増加させることにより、真の林業の発展が可能となる。

中独の協力プロジェクトは全過程の管理を非常に重視しており、プロジェ

クトをいくつかの要素で構成したシステムとして認定する。これらの要素の間で互いに連絡、制約することが、システム存在の基礎である。いかなる要素でも破壊されれば、システム全体の機能は喪失する可能性がある。すべての標準に適合すれば、全体の品質を保証することができ、総目標を実現することができる。プロジェクトの開始から、各部分に対する厳格な監督実施を強調した。例えば種、苗木畑の管理、苗木の等級認定、苗木の運送と保護、苗木の整地、保育、保護などの段階において技術的要求を重視した。

このプロジェクトは従来の中国における先に造林の任務を設定し、それから造林結果を検査するが、最後の検査のみを重視し、その中間のそれぞれの部分に対する監督管理を軽視する伝統的な事業の方法を変えた。特に技術標準に合うかどうかの問題を、以前は最後に発見されたため、問題を是正するにはすでに人力、物資と財力の浪費をもたらしただけではなく、再び大量の人力、物資と財力を投じることが必要になるため、時すでに遅く、取り返すことができないという情況も多かった。造林の工事の全過程において、すべての部分を工業生産の流れのように監視し、すべての部分が要求に適しているかどうかをチェックすることにより、ようやくプロジェクト全体の基準を保証することができるようになった。

8 造林の情報化の管理技術

中独協力のプロジェクトは常に新技術と手段で管理水準と効率を高めることを重視し、プロジェクトマネジメントと実施の各部分における先進的な管理方法と手段の採用を強調し、プロジェクトマネジメントのレベルと効率を高めることを目的としている。プロジェクトは情報管理システムと財務のソフトウェアによる管理システムを確立した。これは陝西省が全国で最初に導入したもので林業生態の造林プロジェクトをコンピュータで管理するプロジェクトである。これらの新技術と方法の応用を通して、プロジェクトの管理水準を高め、方針を決定するスピードと正確性を加速し、プロジェクト業務の能率を高めた。

情報はプロジェクト実施過程における重要な資料なので、プロジェクトの正確さを担保する基礎である。プロジェクトの実施に従って、情報も多くな

る。このプロジェクトは蓄積した情報を非常に重視し、特にコンピュータを十分に利用し、これらの情報を管理、加工、処理することを加速させ、より早くデータを獲得し、早期に正確な方策を決定し、仕事の能率を高めた。同時により早く問題を発見でき、不足を是正し、問題とリスクを発見することについて情報を提供でき、速やかに防止と措置を採用できる。例えば土地利用計画を立てた後に、情報の管理システムを通して、すぐ今後の造林に必要な各種の苗木の種類と数量をただちに把握することができ、苗を育てる計画を策定するための情報の提供が可能である。これは林業プロジェクトの実施にとって非常に重要である。林業では苗木を育成する時間が長いため、早目に苗木の需要を掌握し、適切な時期に苗を育てる作業を行い、時間どおりに必要な各種の苗木を提供して、それによってプロジェクト実施を順調に進行させることができる。プロジェクトはコンピュータシステム会計を採用し、財務人員を繁雑な帳簿の仕事から解放させ、より多くの労力と時間をプロジェクトの財務マクロ管理に投じることができる。地理情報システムの確立は正確かつ迅速でそれぞれの造林区の動態入手、造林管理の計画、苗木の需要と調達に貢献した。

　当プロジェクトの情報管理システムは採集、処理、データ管理と分析、実用性に優れている。造林プロジェクトが必要とする他の情報に対して、データ収集、検索、統計、分析機能を提供し、農家に対する検査、育成訓練、管理に役立つ。ブロックの登録カードの管理は、主に造林の小規模組合のデータの情報の獲得に有利である。システムは集中的な検索と組合せの検索機能を提供し、組み合わせ条件が多様である。ユーザーのニーズに応じて自由に組み合せることができ、すべての検索した内容に対して、統計的情報を提供できる。ブロックの当時の栽培状況、監視結果、各種の評価結果、会計の情況などの情報をいつでも検索できる。しかも、現地の地理情報は造林プロジェクトのすべての地図情報を含んでおり、地形図と作業区の関係を確立し、ある特定の小組をクリックすれば、図の上にあるすべての関連情報を入手できる。

　報告表管理においても、このシステムはプロジェクトマネジメントの必要なすべての報告表を提供する。各報告表は県によって、年度によって、造林

の季節、作業区、木の種類、合格の面積、清算する回数および監視回数など異なる条件によって作成できる。報告表の方法も多様で、県、作業区、各組を単位として選ぶことができる。システムのデータを管理することは出力、入力とデータ伝送機能も提供できる。各県はデータの出力、アップロードする機能（フロッピーディスクあるいはインターネットで）により、上級部門に伝えることができる。このシステムは更新と集約の機能を通じて、報告したデータを自動的に更新でき、省プロジェクト管理センターはすぐに正確に各県の造林プロジェクトの実施の進度と完成情況をチェックできる。

　当プロジェクトはコンピュータを主な手段として情報管理システムを確立し、情報資料を以前の手作業からコンピュータで管理することになり、過去の情報収集、処理、とりまとめなどの方面の時間、人力の節減につながった。仕事の能率を大きく高め、情報統計と応用の方面のミスを減少させ、林業管理部門の管理水準を高め、新時期の林業発展要求に適応した。当情報管理システムの操作は容易で、管理方面の必要なデータを提供し、検査する効率を促進し、造林の品質を速やかに測定し、補償栽培、財務の清算進度、資金交付情況などの動態の情報を獲得しやすくした。基礎的な書類情報、地理学の情報、工事監視情報を互いに結合することを可能にした。省、市、県の3級のプロジェクトマネジメントの情報と資源を共有でき、プロジェクトの技術と管理水準をより高い段階に引き上げた。コンピュータを主な手段とした情報管理システムは現代の林業のプロジェクトマネジメントになくてはならない手段の一つであり、現代の林業の発展する要求に順応したシステムである。プロジェクトによって確立した情報管理システムは国外の専門家にも賞賛され、全国同種のプロジェクトへの応用にも推奨されることとなった。

〇効果

　植生回復の総合的技術措置の実施を通じて、当プロジェクトは著しい効果を挙げた。高水準で品質のよい30.29万ムーの林地を形成し（表12-11）、森林被覆率は増加し、30万ムーの水土流失が非常に深刻な土地に対して植生の回復と再建を行った。この措置はすでに生態効果を表しており、かつこの効果は林齢の増加に伴い、より顕著になるだろう。また、このプロジェクトは94の防護林モデル基地を作り上げ、3つの万ムー以上の造林管理区において、

第12章　陝北黄土高原の困難現地における植生回復の総合的技術措置、収益と影響　　329

5,895ムーの経済林を造成し、行政村の被覆率の割合を平均12.1%高めた。

　作業区を選ぶ時に、1つずつが完全な流域である。完全な流域を単位に水土流失を改善する。特に集中することによって、水土流失改善効果は更に顕著となり、断層、地塊が分散し、効果が著しくないという欠陥を克服できる。プロジェクトの実施は、現地の水土流失問題をほぼ解決し、現地の生態環境と生活生産条件を著しく改善し、陝西省の黄土高原の溝谷区の生態環境の建設と経済社会の持続可能な発展を促進させた。ドイツ復興銀行の評価チームの2012年における当プロジェクトの最終結論によると、「実施地区では極めて劣悪な環境を考慮に入れた。例えば降水量が少なくかつ平均的でなく、土壌不毛、困難な地形条件、干ばつと大量のウサギ害などの条件に対応し、当プロジェクトはすばらしい成功を勝ち得た」と評価された。

　プロジェクト造林と管理保護で、植生被覆率は著しく高まり、流域に対して重要な影響を与えた。土壌の浸食は75%減り、水の浸透と土壌湿度を増加させ、造林のためにより良い条件を提供し、土壌の有機質を増加させた。水路の泥砂の堆積と流量を減らし、それによって洪水のリスクを下げた。水利工事による有効使用年限を延長した。

　プロジェクトは封山放牧を実行し、その効果が明らかである。羊を囲った飼育を提唱し、自然植生を有効に保護し、天然植生更新を促進し、基本的に

表12-11　造林目標と完成状況の比較表

造林タイプ	財政計画 ha	2003年目標設定 ha	2007年目標拡張 ha	第一回監視測定面積 ha	第三回監視測定面積* ha	保存率% %
保護林	15,700	17,999	19,802	19,802	19,583	99%
経済林	2,300	393	393	393	393	100%
合計	18,000	18,392	20,195	20,195	19,976	99%

注1)
　第1回の監視測定は：植えた直後に実施。
注2)
　第3回の監視測定は：3つの成長季節の後に実施。
出典：筆者作成。

天然植生と人工植生が共存することを実現した。林地の保護措置により、林木の種類も増え、自然環境はより改善され、生物多様性に効果が表れ、野生動植物の群の数量は明らかに増加した。調査過程で発見されたのは、いくつかの小組に天然のノニレ、黄のバラ、ライラックとコナシなどの幼木が分布し、多数の動物の痕跡も調査により発見され実証されることとなった。

プロジェクトの実施は、現地の土地利用構造を変化させ、林地の面積を増やし、荒山の面積を減少させ、土地利用にも根本的な変化を引き起こした。調査によると、プロジェクトの造林区の荒地の割合はプロジェクト実施前の90％から、2010年には8％まで下がった。1人当たりの現有防護林の面積は、2001年の1人当たり3.8ムーから2005年には13.1ムーに、3.45倍も増加した。これによって、現地の農業の単位面積あたりの収量が少ない状況を変え、現地の居住環境を有効に改善し、プロジェクト区の景観変化、生態回復と安定性に積極的な促進作用を果たした。

また、プロジェクト実施過程において、6,546人の従業員、12,123人の農民を訓練し、育成時間は31,800人日に及び、その中で、女性の割合は30％〜40％まで占めた。全部で20テーマの育成課程を設けた。主な形式は土地計画参入、契約管理、干害防止と造林技術、苗木育成、経済林と景観林の豊作技術と管理、林木の疾病と虫害防止、ウサギ害防止技術とプロジェクトマネジメント技術などであり、林業技術管理人員のレベルを大幅に高め、林業管理技術と最新の理念を掌握するチームを養成し、コミュニティの住民たちの自己生産能力も大幅に向上させた。

第3節　収益と影響

植生を回復する総合的技術措置の実施を通じて、プロジェクト区に著しい生態、経済と社会的効果がもたらされ、制度と管理の方面に重要な影響を与えた。

1　生態効果

プロジェクトは生態方面に著しい効果を及ぼした。水土流失は基本的にコントロールされ、水分の浸透と土壌水分の増加は造林地の条件を改善し、土壌の有機質の改善は土壌の物理化学的性質を改善した。沈泥の量が減少するため、瞬間に洪水の発生するリスクは下がり、水利工事の実施の必要性を少なくさせた；炭素の蓄積量を増加させ、生態の安定性と生物多様性を改善した。それ以外に、プロジェクト区の広大な面積に森林資産を形成し、その景観にも著しい変化をもたらした。

『陝西省における森林の生態系サービスの機能と評価』（陝西北部の指標）のパラメーターによって、プロジェクト区には実施面積が302,925ムーで、その後に毎年発生する各種の生態効果を計算した（表12-12）。これらの生態効果は植生の回復と保護作用によってもたらされた。主に貯水価値、土壌保有価値（肥料保持など）酸素提供価値、自然災害軽減価値、二酸化炭素固定価値である。

この表から見ると、このプロジェクトによる毎年の生態収益は約8.1億元である。

2　経済収益

プロジェクト実施過程で、投資はプロジェクトに参画する村民にかなりの経済収益をもたらした。

造林段階で、当プロジェクトは約6,000戸の家庭の収入に対して巨大な影響をもたらした。造林による労働の補助総額は約3,460万元に達した。参加農家に平均約5,700元／戸の金額を補償し、最高で22,800元に達した。プロジェクトの実施初期段階には、これらの補助金が農家の家庭の総収入のレベルを引き上げた。プロジェクトの初期に、受益者は依然としてとても貧しく、他の収入源もなかった。しかし、調査結果では、このプロジェクトが地元の人の年収を高め、増加しつづけたことがわかる。収入の道の増加および衛生と教育のレベルの向上、更には便利な生活様式をもたらした。プロジェクトは407戸の模範的な農家、累計で苗を育成する面積3,091.5ムー、各種の

表12-12：中独協力陝西延安造林プロジェクト森林生態システムの
サービス機能価値量

サービス機能	サービス機能の項目	陝西省北部 単位面積（元/ha・a）	プロジェクト区 総量（万元/a）
貯水	水量調節	3,300	6,664
	水質浄化	1,129	2,280
土壌保有	土壌固定量	813	1,614
	肥料保有量	13,739	27,745
炭素固定・酸素提供	炭素固定量	1,640	3,311
	酸素提供量	3,650	7,371
栄養物質蓄積	栄養物質蓄積量	971	1,961
大気環境浄化	マイナスイオン生成量	3,858	7,791
	二酸化硫黄吸収量	142	287
	弗化物吸収量	0.35	1
	酸化窒素物吸収量	96	194
森林保護	森林保護価値	808	1,632
生物多様性	種の保育	10,000	20,195
森林レクリエーション	森林レクリエーション価値		
合計			81,072

出典：指標は康永祥、劉建軍ほか編『陝西省における森林の生態系サービスの機能と評価』により、筆者作成。

　優良品質の苗木は累計で5,760万本を生産し、農民は1,353.6万元の経済収益を獲得した。プロジェクトは他の建設工事、例えば、林道の建設、農家による森林保護活動への参加により、彼らに一定の収入をもたらした。調査によると、約10年の間に、92人の山林保護員を任用し、彼らの総収入は275万元に達した。1名の山林保護員は毎年平均3,000元の収入を獲得することができた。

　造林の後期で、労働力の補助金は非農業作業の給料に比べて25—35％下回った。しかし、出稼ぎができない農家にとって、プロジェクトの活動から提供される臨時的な労働機会は依然として重視されている。

さらに、ウサギ害の予防と改善に参加する農家を奨励することは、収入増加に貢献した。そのうち、ウサギの尾を回収することが92,100元、ウサギ肉の販売高は360,000元である。2010年の年末まで、92人の山林保護員の総収入は275万人民元に達し、2001年の一戸あたり平均4,300元の収入と比較し、プロジェクトを開始した最初の数年においては、農家の現金収入の伸び幅が比較的大きい。

未来のプロジェクトにはまだいくつかの潜在的な収入源がある。プロジェクトで作った林分は、若い林を育てる計画を採用した後、毎年1ヘクタールごとに1,500元の収入がある。すべての防護林は生態系のサービス機能を提供することができ、毎年森林からの生態系の補償方案（公益林計画）の現金は1ヘクタール150元に達する。また非木質の林産物の潜在力もある（野生の桃とサネブトナツメ）。条件が優れた現地に栽培している防護用の木の種類も、一定の収入をもたらす。

プロジェクトの実施から10年間に、これにより形成された「持続可能な発展プロジェクト」の理念、方法と技術は、周辺地域のプロジェクトの実施に積極的な先導作用を果たし、延安市の13の県区の東北・西北・華北の生態保安林、退耕還林と天然林保護プロジェクトの中で広範に促進された。

2001年から2010年まで、延安市の13の県の造林面積を1,128.79万ムーまで広めた。四川省農科院『農業科学技術の仕事の経済的評価方法』によって、当プロジェクトの経済効果について計算分析をおこなった。計算結果によると、プロジェクトの収益の増加は6.96億元に達し、その中で防護林を造る経費を3.8億元節約し、技術の改善によって費用を2.63億元節約し、新たに増加した純収入は5.57億元である。プロジェクトの成果を押し広め、造林の効果を高め、造林コストを減少し、造林プロジェクトの品質を高め、中国の林業の生態建設の全体のレベルを向上させることに積極的な効果を発揮した。

3　社会的効果および制度への影響

プロジェクト実施過程において、現地の農民の生計、経済社会、能力の発展、環境建設に対して多方面の正の影響を与えた。

(1) 参加式の方法

参加式の造林方法は下から上までが実施する仕事モデルで、以前の対立を避けることから、今の対立を直視して解決することに変化する。同時にこのような方法は新しいプロジェクトの中の情報の交流を促進する。造林計画の中で参加式方法を導入し、技術者と農民の間の伝統的仕事関係を根本的に変え、プロジェクトの従業員の仕事の方法と態度の面で非常に大きな変化が生まれた。この斬新な方法は以下の変化をもたらした。

a) 計画の方法の変化。下から上まで行う方法を通じ、仕事を計画する効率を向上させた。

b) 技術者と農民の間、政府機構と私営の事業の間の交流に変化が生じた。政府は農民から発生した問題を考慮し、同時に農民の資源管理の方面での意見はより重視されることとなった。例えば、退耕還林プロジェクトにおいて顕著にみられる。

参加式方法が農民に認められ、農家の造林プロジェクト参加を大きく促進した。175の村落、81の行政村と20の郷の約6,000農家がプロジェクトの工事に参加した。

プロジェクトの従業員と企画者は将来の林業の領域でこの方法を大幅に採用することを明らかにしており、この革新は持続的な効果を持つこととなろう。

(2) 土地使用権：プロジェクトは伝統的土地使用権の慣行を変えた。集団の林地を個人に配分し、林地の管理保護と経営責任は更に明確にされたため、林地の使用者の積極性と投資動機を高めた。

(3) 農民の態度と能力：プロジェクトは農民の環境保護意識を明らかに向上させた。参加性、開放性と業績誘導の方法で、農民の自信と責任感を育成した。同時に政府機構との信頼関係を醸成した。

(4) プロジェクトの農民に対する育成訓練を通じ、林業技術の取得と自己発展の能力の育成により、貧困から脱却することができた。農民の中には苗を育てる事業に参加し、ウサギと病虫害の予防と改善などに参加し、食糧を植えることにより多くの収入を獲得した。

(5) 林業人材を育成し、プロジェクトの実行能力を強化し、林業の管理水準を高めた。

プロジェクト実施過程において、各級プロジェクトの従業員に対しても多くの育成訓練を行った。育成訓練、考察、学習、仕事の交流、外国の専門家との協働は、プロジェクトの管理者と技術者の林業の管理水準を高めた。国際的林業プロジェクトの規格、技術要求と管理方法を把握し、先進的な林業の理念を受け、外国の専門家の仕事の態度とプロフェッショナル精神を学んだ。プロジェクト県での技術、管理、林業知識を持つ専門人材を育成した。今はそれらの人材がすでに業務の中核となっている。

(6) 良い方法を採用し、林業技術を高め、現代の林業の過程を推進した。

　プロジェクトは一連の新技術と新しい方法を採用した。例えば参加式の計画技術、プロジェクトのデータベース管理、科学的な監視測定体系、財務管理のソフトウェア、自然に近づく生態の混成林、水土保持の総合的技術、多数の干ばつに抵抗する造林技術、苗木育成技術、経済林の豊作栽培、虫害、ウサギ、ネズミ災害の防止技術、小組の造林登録カード、造林プロジェクトの設立による土地の持続可能な利用、環境保護、技術の調和と社会経済の持続可能な発展の保証体制などを強化した。これらの新技術、新しい方法の応用は、プロジェクトの管理水準を高め、林業の建設に対して新しい構想を生み、新しい活力を注ぎ込んだ。

(7) 柔軟な造林設計方法：

　樹種の割合を規定することと樹種の選択リストを提供することを通じ、以前のように、ただ樹種の割合と間隔を規定することに変化をもたらした。これは、農民の造林の樹種の選択に良い基礎資料を提供し、適地適木の要求を満たした。農民は彼らの好きな木の種類を選ぶことができ、造林設計の実施可能性を非常に高めた。

(8) 一連の革新イベントを通して、当プロジェクトはそれに関係する多種の管理プログラムを大きく変化させた。

　監視活動過程における管理の効力を保証する方面で重要な効果を発揮した。新しい観測理念にも他の造林監視理論にも大きな影響をもたらした。3級のモニタリング・システムは品質と業績の方向誘導性、精確性と信頼度を高めた。陝西省監視測定センターは陝西省林業庁のために一つの提案を行い、このモニタリング・プログラムを他の林業プロジェクトの中でも採用す

ることとなった。
○放牧を禁止すること
　囲って飼育することを提唱したり、飼料を栽培したりするプロジェクトの模範作用を通じて、陝北全域の山道を閉鎖し、放牧を禁止し、全省に適用する法令を制定したりすることは、長期に存在する全省の放牧問題の解決に大きな影響があった。
○ウサギ害の予防と改善
　環境にやさしい方法、環境を汚染しない方法の使用を強調した。プロジェクトはロープでウサギを捕まえる方法を使った。その効果は著しく、ウサギの危害を有効に制御した。国家林業局は「中独協力で北方の枠組みの砂漠化を予防するプロジェクト」を最優秀の実例とし、すでに甘粛、遼寧、寧夏、内モンゴル、河北などの省・区にまで広めた。
○コンピュータの情報管理システムの確立
　情報システムの構築はプロジェクトの管理に極めて大きく貢献し、方策を決定するスピードと仕事の能率を高め、新時期の林業の発展の要求に適応させた。
○品質優先の思想
　この思想の指導により、厳格な管理と監視とともに、1つずつの部分が標準、技術要求に合うように保証した。これはプロジェクトの成果の高い品質を可能にした。

　陝北黄土高原における植生回復の総合的技術措置の実施は、この地区の植生回復、林業の管理水準を高めることと持続可能な発展モデルを確立した。プロジェクトは比較的に完全な林業プロジェクトの管理システムを確立し、陝西省の黄土高原の造林プロジェクトの運行メカニズムを統合し、造林地の計画と設計から栽培、資金、検査の全過程を対象とした。この過程で、参加式の方法、財産権の実行、契約制の管理、品質のコントロール、過程の管理、情報の管理、資金の管理、効果の評価などを強調し、管理方法と過程に実用性がある指針とハンドブックを作成して、管理と監視測定の根拠を示した。先進的な理念をプロジェクトに導入し、プロジェクトの実施を指導し

た。黄土高原に適用できる造林技術と水分保持措置を統合し、水土流失事業で使用した。林業社会の特徴を組み込み、多角的かつ長期にわたり林業の発展に影響する障壁を解決し、黄土高原の水土流失改善と生態環境を改善する目標を実現した。情報管理システムの確立を通じ、仕事の能率、方策を決定するスピードと正確性を向上させた。このように、本プロジェクトにより陝北黄土高原における植生回復の総合的技術措置の応用は陝北黄土高原の植生回復と再建の動きを加速させ、造林プロジェクトの管理水準を高め、林業の持続可能な発展の実現に重要な役割を果たしている。

参考文献
1．呂樹英編『中徳合作雲南省造林項目系統管理概述』昆明：雲南民族出版社、2002年、254頁。
2．康永祥、劉建軍編『陝西省森林生態系統服務功能及其評估植被恢復』楊陵：西北農林科技大学出版社、2010年、172頁。
3．張偉兵、温臻、呂茵、白立強「借鑒中徳合作項目的成功経験、探討我国造林項目管理的新思路」、章紅燕、蘇明、葉鏡中編『国際発展合作的理論与創新』北京：中央編訳出版社、2004年、45-54頁。
4．鄒年根、罗偉祥編『黄土高原造林学』北京：中国林業出版社、1997年、571頁。
5．呉斌、葉敬中編『国際発展項目的理論与実践』北京：中国林業出版社、2000年、334頁。

翻訳：張夢園
監訳：北川秀樹

編著者紹介

北川秀樹（きたがわ・ひでき）
1979(昭和54)年京都大学法学部卒業、京都府庁勤務の後、1996年大阪大学大学院国際公共政策研究科修了。龍谷大学法学部教授を経て、現在同大学政策学部教授。
(主要著作)『中国の環境問題と法政策』（編著書、法律文化社、2008年）、『中国の環境法政策とガバナンス―執行の現状と課題―』（編著書、晃洋書房、2012年）、『はじめての環境学（第2版）』（共著、法律文化社、2012年）、『現代中国法の発展と変容』西村幸次郎先生古稀記念論文集、（編集・共著、成文堂、2013年）、『町家と暮らし』（編著書、晃洋書房、2014年）。

執筆者

氏名	所属	担当
北川秀樹	龍谷大学政策学部　教授	序章、2章
増田啓子	龍谷大学経済学部　教授	1章
何彦旻	京都大学経済研究所附属先端政策分析研究センター研究員	3章
窪田順平	総合地球環境学研究所　教授	4章
山田七絵	(独)日本貿易振興機構アジア経済研究所新領域研究センター　副主任研究員	5章
村松弘一	学習院大学国際研究教育機構　教授	6章
奥田進一	拓殖大学政経学部　教授	7章
金紅実	龍谷大学政策学部　准教授	8章
谷垣岳人	龍谷大学政策学部　講師	9章
郭俊栄	陝西省森林資源管理局　局長	10章
谷飛雲	陝西文冠果業科技開発有限公司　会長	10章
漆喜林	陝西省林業庁治砂弁公室　高級工程師	11章
張偉兵	陝西省林業庁林業国際合作プロジェクト管理センター高級工程師	12章
陳全輝	陝西省林業庁林業国際合作プロジェクト管理センター高級工程師	12章

龍谷大学社会科学研究所叢書第104巻
中国乾燥地の環境と開発―自然、生業と環境保全―

2015年2月25日　初版第1刷発行

編著者　北　川　秀　樹
発行者　阿　部　耕　一

〒162-0041　東京都新宿区早稲田鶴巻町514
発行所　株式会社　成文堂
電話 03(3203)9201(代)　Fax 03(3203)9206
http://www.seibundoh.co.jp

印刷・製本　藤原印刷

©2015 H. Kitagawa　　Printed in Japan
☆落丁・乱丁本はおとりかえいたします☆
ISBN 978-4-7923-3330-0　C3030　検印省略

定価（本体5000円＋税）